精解 Windows 10

摸透Win10个性 变身系统高手 第3版

李志鹏 著

人民邮电出版社
北京

图书在版编目（CIP）数据

精解Windows 10 / 李志鹏著. -- 3版. -- 北京 : 人民邮电出版社, 2021.1
ISBN 978-7-115-55285-3

Ⅰ. ①精… Ⅱ. ①李… Ⅲ. ①Windows操作系统 Ⅳ. ①TP316.7

中国版本图书馆CIP数据核字(2020)第223686号

◆ 著　　　　李志鹏
责任编辑　赵　轩
责任印制　王　郁　马振武
◆ 人民邮电出版社出版发行　北京市丰台区成寿寺路 11 号
邮编　100164　电子邮件　315@ptpress.com.cn
网址　https://www.ptpress.com.cn
北京天宇星印刷厂印刷
◆ 开本：720×960　1/16
印张：21.75　　2021 年 1 月第 3 版
字数：440 千字　　2025 年 3 月北京第 11 次印刷

定价：99.00 元

读者服务热线：(010)81055410　印装质量热线：(010)81055316
反盗版热线：(010)81055315

前言

自 2015 年 7 月 Windows 10 操作系统正式发布，至今已有整整 5 年之久，其间进行了 9 次大的版本升级，大量的系统功能都得到更新与修复。整体来说，Windows 10 功能越来越完善，越来越现代化。

本书也与时俱进，在前一版的基础上，除了修订和勘误，优化了内容结构，还对 Windosw10 的新特性进行了深入的介绍，旨在通过深入挖掘 Windows 10 的内置功能和技术，帮读者以更专业和高效的方式使用 Windows10，从而获得更佳的使用体验。

在本书的编写过程中，我得到了许多人的大力支持，在此表示衷心的感谢。由于水平以及时间有限，书中难免有错误和不足之处，殷切希望广大读者批评指正。

李志鹏

2020-11-1

目录

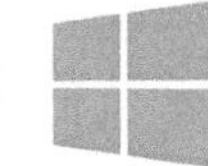

第 1 章

Windows 10 全面进化

Windows 8 操作系统是自 Windows 95 操作系统以来的又一个重大变革，但是 Windows 8 过于颠覆的设计，导致用户的学习成本增加，被用户所诟病。而 Windows 10 操作系统则在 Windows 8 的基础上，对易用性、安全性等进行了深入的改进。同时，Windows 10 还融合了云服务、智能移动设备、自然人机交互等新技术。

1.1　进化的“开始”菜单

使用 Windows 操作系统的用户一定对“开始”菜单很熟悉。在 Windows 8 中，“开始”屏幕替代了“开始”菜单，如图 1-1 所示。而“开始”屏幕对于非触摸屏幕的计算机来说意义不是很大，且“开始”屏幕属于全新功能，对于普通用户来说，学习成本较高。

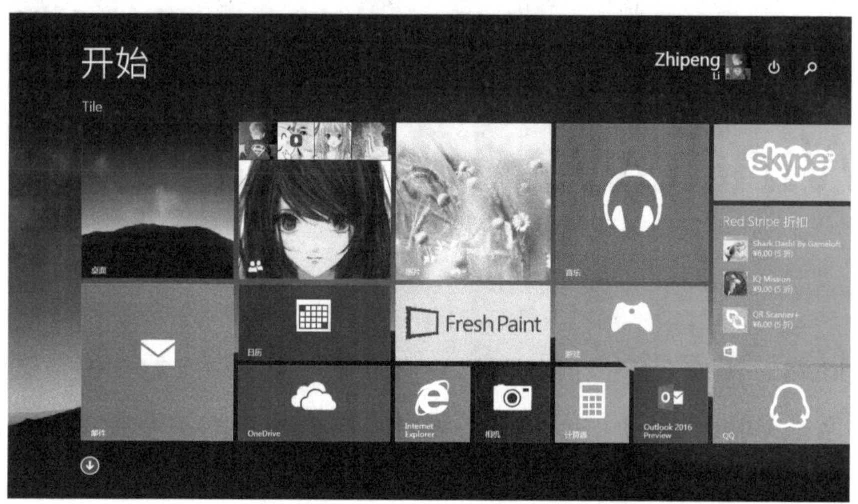

图 1-1　Windows 8“开始”屏幕

在 Windows 10 操作系统中（后文简称 Windows 10），“开始”菜单以全新的面貌回归。在桌面环境中单击左下角的 Windows 图标或按下 Windows 徽标键（后文简称为“Win”键）即可打开“开始”菜单，如图 1-2 所示。“开始”菜单左侧依次为常用的应用程序列表以及按照字母索引排序的应用列表，左下侧边栏为账户、文档、图片、设置以及电源选项；右侧则为“开始”屏幕，可将应用程序固定在其中。

在“开始”菜单的应用程序图标上单击鼠标右键（后文简写为“单击右键”）即可打开跳转列表以及常用功能菜单。

在“开始”菜单中，应用程序以名称的首字母或拼音升序排列，单击排序字母可以显示排序索引，如图 1-3 所示，通过索引可以快速查找应用程序。

“开始”菜单有两种显示方式，分别是默认的非全屏模式和全屏模式。同时，在“开始”菜单边缘拖动鼠标，可调整“开始”菜单的大小。

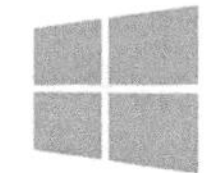

注意 在“开始”菜单中选择【设置】→【个性化】→【开始】，可自定义快捷选项列表以及设置全屏显示“开始”菜单。

图1-2 “开始”菜单

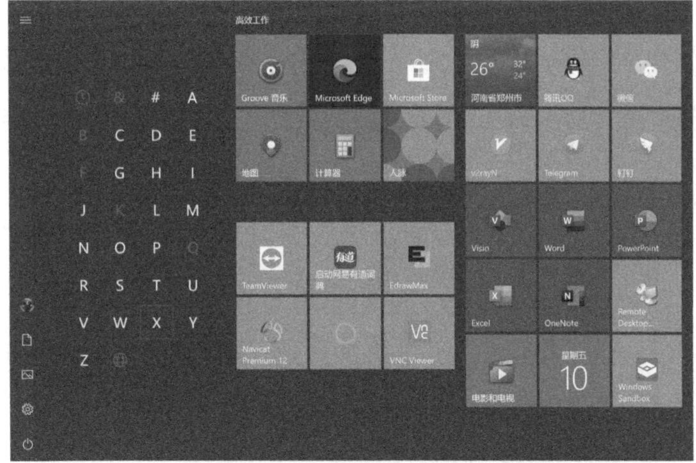

图 1-3 应用列表索引

“开始”菜单右侧界面显示的那些图形方块，被称为动态磁贴（Live Tile）或磁贴，其功能和快捷方式类似，但是它的功能不仅限于打开应用程序。动态磁贴有别于图标，它的信息是活动的，可在任何时候显示正在发生的变化。例如 Windows 10 自带的邮件应用，用户不用打开应用，就能在动态磁贴上查看邮件简要信息，非常方便。

在“开始”菜单中，右键单击固定的动态磁贴或应用程序列表中的应用程序即可显示功能菜单。如图 1-4 所示，其中可选择【从“开始”屏幕取消固定】【卸载】【固定到任务栏】【调整大小】以及【关闭动态磁贴】选项。默认情况下动态磁贴最多有 4 种大小显示方式。可拖动“开始”菜单中的动态磁贴将其自由移动至“开始”菜单的任意位置或分组。

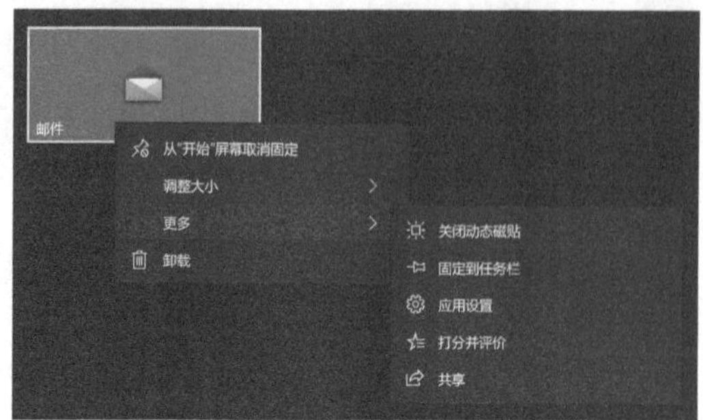

图 1-4　磁贴功能菜单

1.2　Windows 10 个性化设置

Windows 10 提供了丰富的个性化选项。比如，Windows 聚焦（Windows Spotlight）是一项锁屏壁纸功能，选择 Windows 聚焦后，每次登录操作系统时会显示不同的锁屏背景。使用 Windows 聚焦不必刻意地去设置锁屏壁纸，操作系统会自动更换壁纸并且壁纸上可能会有“热点”，提示新功能和推荐应用，如图 1-5 所示。

在 Windows 7/8 操作系统中，登录界面使用默认界面或配色，而在 Windows 10 中，用户可以设置登录界面的锁屏壁纸，如图 1-6 所示，这使 Windows 10 登录界面更美观。

此外，用户还可通过 Microsoft 应用商店下载安装更多的主题，如图 1-7 所示。

图 1-5　锁屏界面

图 1-6 登录界面

图 1-7 主题设置

1.3 平板模式

在 Windows 10 中，用户可使用的操作环境有两种，分别是桌面模式和平板模式。桌面模式也就是自 Windows 95 开始一直被使用至今的桌面环境，应用程序图标放置于桌面。平板模式是 Windows 10 中新增的操作环境，适用于触屏计算机、平板计算机以及 Surface 之类的混合形态的计算机设备。

如果您使用的是 Surface 计算机，当分离键盘后，操作系统会自动提示是否启用平板模式。启用平板模式之后，"开始" 菜单全屏显示，应用程序列表自动隐藏，但用户可通过屏幕左上角的展开按钮、电源按钮以及应用程序按钮显示应用程序列表和电源操作选项。此外，默认情况下任务栏只显示开始按钮、后退（上一步）图标、搜索图标（Cortana 图标）、任务视图图标以及通知区域图标，不显示固定至任务栏和已打开的应用程序图标，如图 1-8 所示。除此之外，文件资源管理器以及 Office 等图标也会在平板模式中调整字体间隔以应对触屏操作。

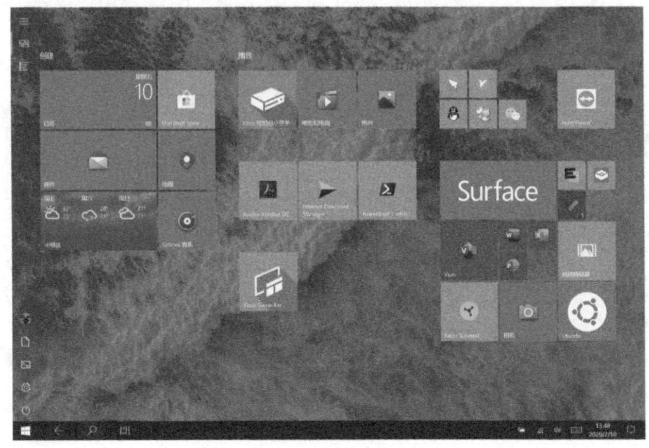

图 1-8 平板模式

在平板模式下，桌面环境无法使用，“开始”菜单将是唯一的操作环境，并且在平板模式中运行任何应用程序或打开文件资源管理器窗口，都将全屏显示。

打开“开始”菜单后，右侧是功能按钮，单击顶部第一个按钮即可完全显示功能按钮，如图 1-9 所示。单击【已固定的磁贴】，就会显示所有已经固定在“开始”屏幕中的磁贴，该选项也是平板模式默认显示模式；单击【所有应用】，即可显示所有应用程序列表，如图 1-10 所示，同样使用首字母或拼音升序排列，单击排序字母可以显示排序索引。

图 1-9　“开始”菜单功能列表

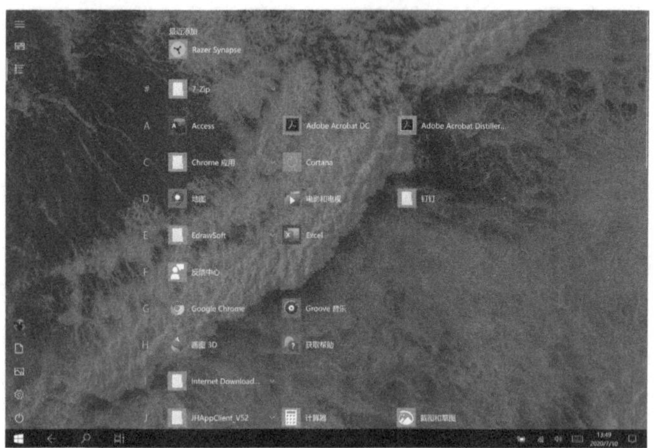

图 1-10　“开始”菜单应用程序列表

单击“开始”按钮，可进入“开始”菜单或返回上一个打开的应用程序；单击后退图

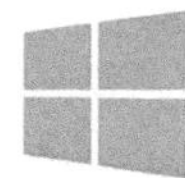

标，可返回上一步界面；单击任务视图图标，可切换应用程序或关闭应用程序。如图1-11所示，单击任务视图图标，可显示多任务视图。

注意 在“开始”菜单中选择【设置】→【系统】→【平板模式】，可对平板模式进行设置。

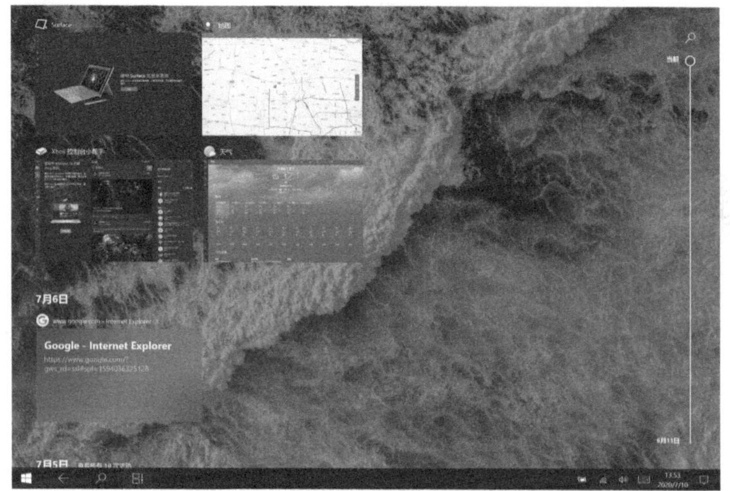

图 1-11 多任务视图

1.4 Windows 设置

随着 Windows 10 的更新，越来越多的功能设置选项被移至“Windows 设置”。相较于控制面板，Windows 设置中的功能分类更加合理，设置选项更加简洁易懂，而且 Windows 设置具备强大的搜索功能，用户可以使用关键词快速查找需要的设置选项。

单击“开始”菜单左下方齿轮状的设置图标或按下 Win+I 组合键即可打开 Windows 设置界面，如图 1-12 所示，其中包含 13 项设置。值得一提的是，Cortana 功能的存在感越来越低，因此本书不再对其深入介绍。

注意 进入 Windows 设置的方法是，在“开始”菜单中单击左下方的【设置】按钮。后文不再重复描述。

图 1-12　Windows 设置

1.4.1　系统

在【系统】设置中，最常用的是有关电源和睡眠、存储、显示以及多任务的选项，如图 1-13 所示。用户可以将 Windows 设置中的设置选项固定至“开始”菜单，只需在左侧选项列表中右键单击要固定的设置选项，然后在弹出菜单中选择【固定到“开始”屏幕】即可。

图 1-13　系统

系统分类中默认显示关于显示器的设置选项，包括文本和应用的显示比例、屏幕的分辨率、显示方向、多显示器设置等。同时，在桌面右键菜单中选择【显示设置】即跳转到【显示】界面。控制面板中关于显示设置的选项已被移除。

相较于早期版本，在 Windows 10 的最新版本中，Windows 设置的一级与二级选项进行了合并，设置选项在一级界面中就能完全显示，减少了用户的操作步骤，提升了用户体验。

个人推荐大家尝试一个体贴的显示功能，那就是“夜间模式”，此功能可自动调节屏幕的色温，减少蓝光对眼睛的过多刺激，这在暗光环境下非常有用。

启用夜间模式后，操作系统会根据当天日出日落时间自动开启和关闭夜间模式，当然用户也可以自定义开启和关闭时间，如图 1-14 所示。向左拖动滑块，显示效果就越偏向红色，意味着色温升高，反之就偏向黄色和白色（正常颜色）。

图 1-14　手动调整屏幕色温

另一个实用的功能是【存储】，可以显示所有硬盘分区的空间使用情况，并且它具有存储感知功能，当硬盘空间不足时会自动删除不需要的文件。此外，在这里还可以修改 Windows 应用、游戏、音乐、视频、图片、文档的默认保存位置，如图 1-15 所示。

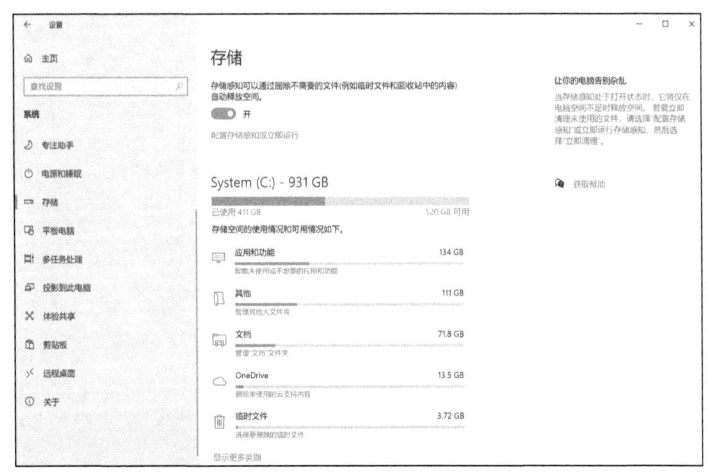

图 1-15　存储感知

1.4.2　设备

【设备】设置中主要包含了计算机外围设备和功能（如鼠标、打印机与扫描仪、蓝牙等）的设置选项，如图 1-16 所示。

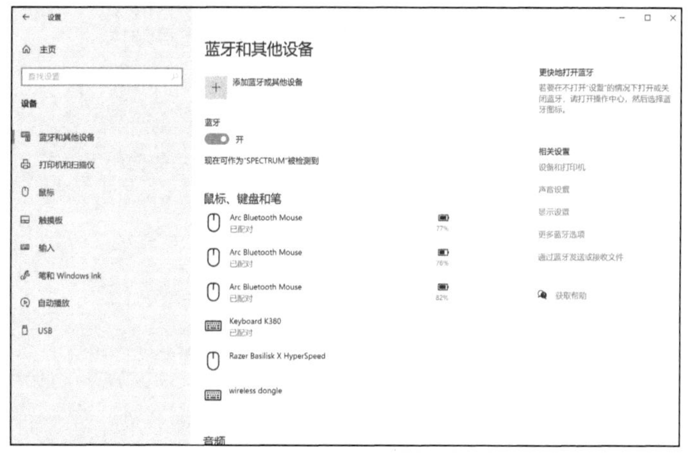

图 1-16　设备

1.4.3　手机

为了更方便地实现跨设备应用，Windows 10 中增加了【手机】设置选项。通过在手机端安装相应的应用程序并与电脑绑定，用户可以更方便地实现手机与计算机之间的联动操作，如图 1-17 所示。

图 1-17　手机

1.4.4 网络和 Internet

在【网络和 Internet】中可以对无线网络、宽带拨号、代理、VPN、飞行模式、移动热点进行设置，如图 1-18 所示。

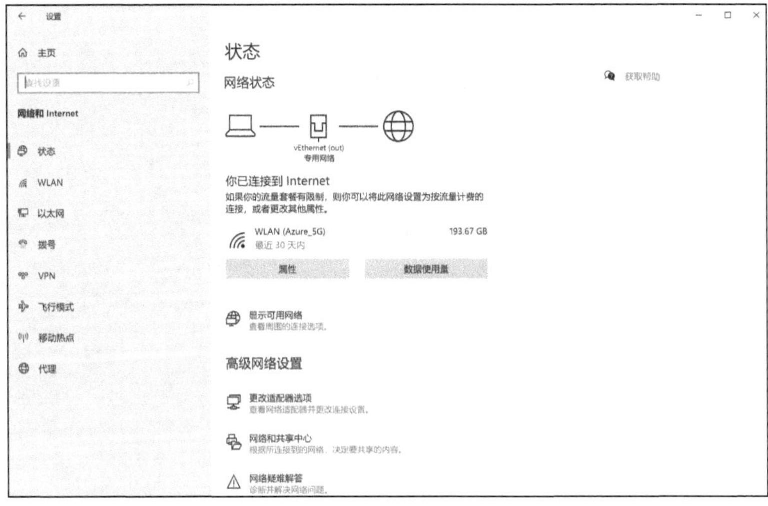

图 1-18　网络和 Internet

使用移动热点功能，用户可以方便地将自己的网络连接分享给其他计算机或手机设备使用，如图 1-19 所示。

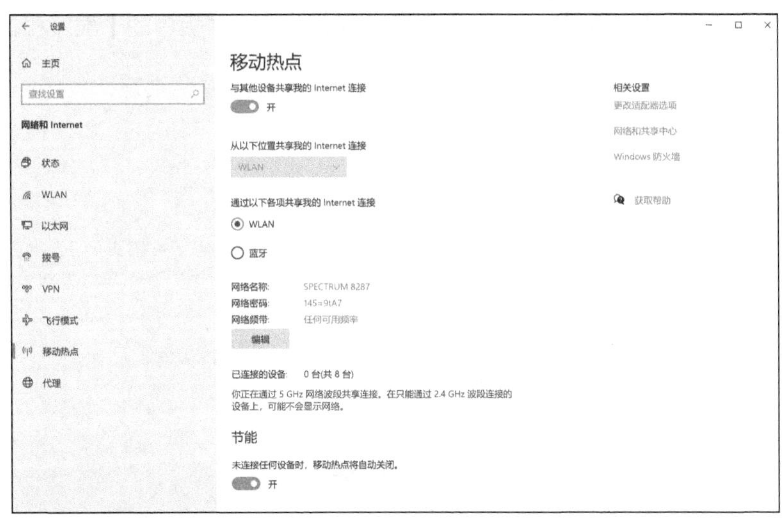

图 1-19　移动热点

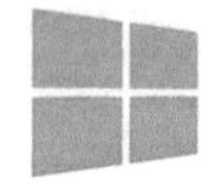

1.4.5　个性化

在【个性化】中可以设置背景、主题、锁屏界面、窗口颜色、“开始”菜单以及任务栏，如图 1-20 所示。

图 1-20 【个性化】设置界面

1.4.6　应用

在【应用】设置中，用户可以调整应用程序安装 / 卸载、默认应用、视频播放、开机启动程序以及离线地图等选项。

其中，在【应用和功能】选项里，操作系统会自动检测已安装的应用程序大小并以列表显示，如图 1-21 所示。选中列表中的应用程序并单击【卸载】按钮，即可删除该应用程序。【应用和功能】部分替代了早期 Windows 控制面板中的【程序和功能】。

在【应用和功能】选项中，用户还可以限制应用程序的安装来源，如图 1-21 所示，比如只允许安装来自 Microsoft 应用商店中的应用。

图 1-21　限制应用来源

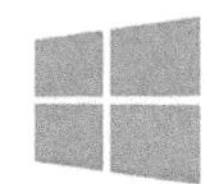

此外，用户还可以在图 1-22 所示的【启动】子选项中设置开机启动程序。

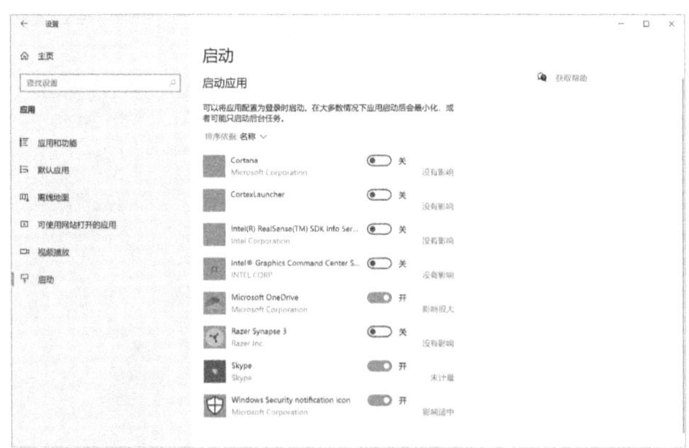

图 1-22　开机启动设置

1.4.7　账户

【账户】（本书图片中“账”同“帐”）设置包含了有关账户的选项，如图 1-23 所示。用户可在【账户】中启用或停用 Microsoft 账户，还可管理其他账户。此外，还可以选择同步保存 OneDrive 中的操作系统设置、个性化设置、密码以及浏览器收藏夹等信息。【账户】设置在一定程度上替代了控制面板中的【用户账户和家庭安全】。

图 1-23　账户设置

1.4.8　时间和语言

在【时间和语言】设置中，用户可对时间、显示语言、输入法、区域等选项进行调整，如图 1-24 所示。此外，Windows 10 日历中支持农历显示，如图 1-24 所示。

图 1-24　时间和语言设置

1.4.9　游戏

【游戏】设置主要为游戏体验而设计，包括游戏录屏、屏幕截图、游戏 DVR 以及游戏模式等选项，如图 1-25 所示。

图 1-25　游戏设置

1.4.10　轻松使用

【轻松使用】主要包含操作系统辅助功能的设置选项，如显示、讲述人、放大镜、高对比度、鼠标指针、语音、音频、字幕、键盘等，如图 1-26 所示。

图 1-26 轻松使用

1.4.11 搜索

【搜索】设置中包含了 Windows 搜索相关的设置选项，如搜索权限、历史记录以及 Windows 搜索索引设置等，如图 1-27 所示。

图 1-27 搜索设置

1.4.12 隐私

【隐私】主要包括位置、摄像头、麦克风、联系人等有关计算机隐私方面的选项，如图 1-28 所示。

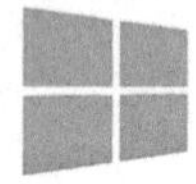

图 1-28　隐私设置

1.4.13　更新和安全

【更新和安全】中包括 Windows 更新、激活、系统备份、系统恢复以及 Windows 安全中心等选项，如图 1-29 所示。此分类中的设置选项会在后续相关章节中详细介绍。

图 1-29　更新和安全设置

1.5　操作中心

Windows 10 引入了全新的操作中心，可集中显示操作系统通知、邮件通知等信息以

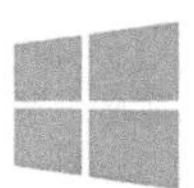

及快捷操作选项。

默认情况下，操作中心会在任务栏通知区域以图标方式显示，图 1-30 所示为操作中心有通知信息和没有通知信息状态下的图标样式。单击图标即可打开操作中心，如图 1-31 所示。此外，使用 Win+A 组合键可快速打开操作中心。

图 1-30　操作中心图标状态

图 1-31　操作中心设置

操作中心由两部分组成，最上方为通知信息列表，操作系统会自动对其进行分类，单击列表中的通知信息即可查看信息详情或打开相关设置界面。

操作中心底部为快捷操作按钮，默认显示 4 种，单击快捷操作按钮右上角的【展开】即可显示全部快捷操作选项。单击快捷操作按钮可快速启用或停用网络、飞行模式、定位等功能，也可快速打开连接、Windows 设置等界面。

在“开始”菜单中打开【设置】→【系统】→【通知和操作】，在右侧单击【编辑快速操作】，可以在打开的界面中修改快捷操作按钮的位置以及增加、删除快捷操作按钮，如图 1-32 所示。此外，还可以在该设置界面中设置操作中心是否接收特定类别的通知信息。

图 1-32　通知和操作设置

1.6　搜索

Windows 10 支持全局搜索。在任务栏的搜索框中输入关键词或打开“开始”菜单直接输入关键词即可使用搜索功能。此外，按下 Win+S 组合键也能使用搜索功能。使用搜索功能时，系统会自动根据输入的关键词显示最佳匹配项目，如图 1-33 所示。

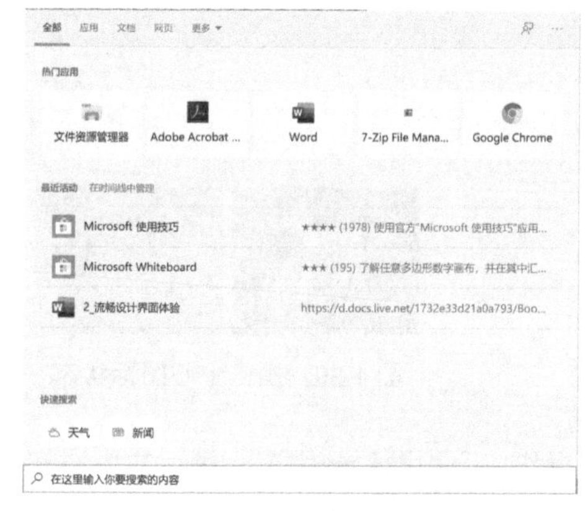

图 1-33　搜索列表

1.7　关机

Windows 8 的关机按钮不在显眼的位置，这给用户造成了很大的困扰。好在 Windows 10 的“开始”菜单中添加了直观的关机按钮。

默认设置下，用户按下计算机电源按钮（Power 按钮）即可关闭计算机，但此种关机方式不一定适用于所有用户，因此还有另外两种关机方式。

一是打开“开始”菜单，在其底部单击【电源】选项即可弹出选项菜单，如图 1-34 所示，单击【关机】即可关闭计算机。

二是按下 Win+X 组合键并在弹出菜单中单击【关机或注销】，然后选择【关机】选项即可，如图 1-35 所示。

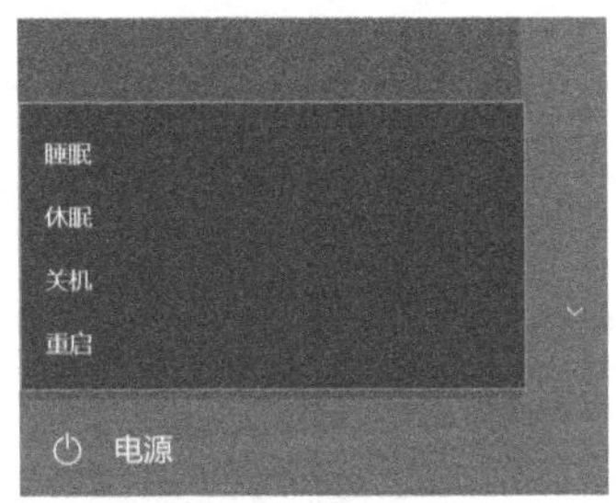

图 1-34　电源菜单

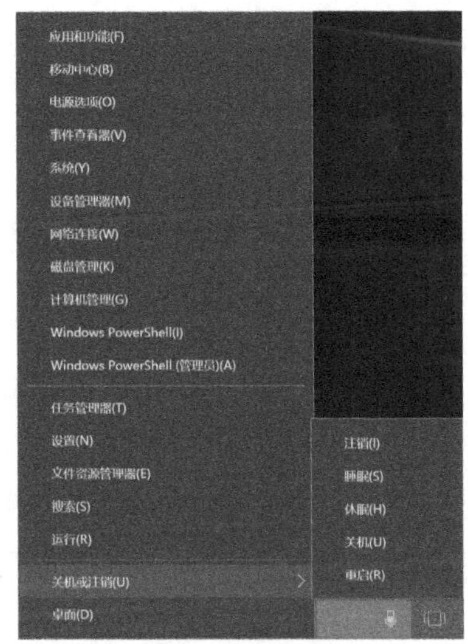

图 1-35　Win+X 菜单

1.8　Microsoft Store

Microsoft Store（后文简称为应用商店）是获取 Windows 应用的正规途径。在 Windows 10 中，应用商店得到了全新的设计，显示和分类更加合理。

用户在应用商店内购买的数字内容可在安装有 Windows 10 的设备上使用，包括手机、平板计算机、笔记本计算机、台式计算机、Surface Hub、HoloLens 和 Xbox 等。

1.8.1　Windows 通用应用程序

应用商店提供了专用和通用两种类型的 Windows 应用。所谓专用应用，是指只能在一个计算机或手机设备中安装使用的应用，也就是说要想在计算机和手机中同时使用，需要分别购买才行。而通用应用又称 Windows 通用应用程序（Universal Windows Platform，UWP），只要在某一个平台的应用商店购买了通用应用，即可在其他平台设备中免费使用。

Windows 10 自带的 Windows 应用都为 UWP。UWP 会根据屏幕或应用程序窗口的大小，自动选择合适的显示方式。例如 Windows 10 自带的邮件应用，当用户将应用程序窗口拉大，则会显示左侧的邮件文件夹列表，如图 1-36 所示。如果将其应用程序窗口拉小，则会将邮件文件夹列表隐藏至【展开】菜单并使用紧凑的界面显示方式，如图 1-37 所示。

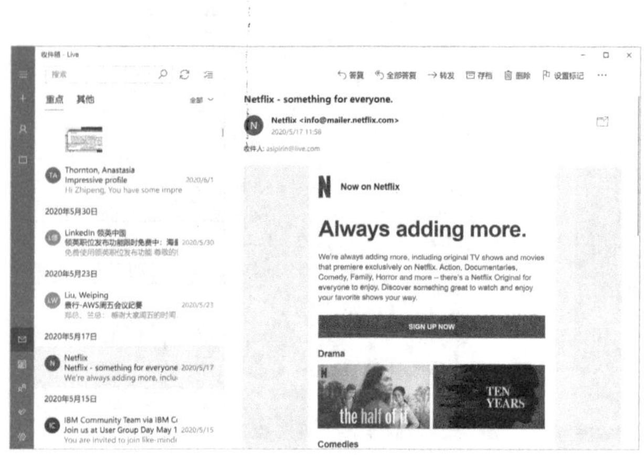

图 1-36　邮件应用常规显示方式

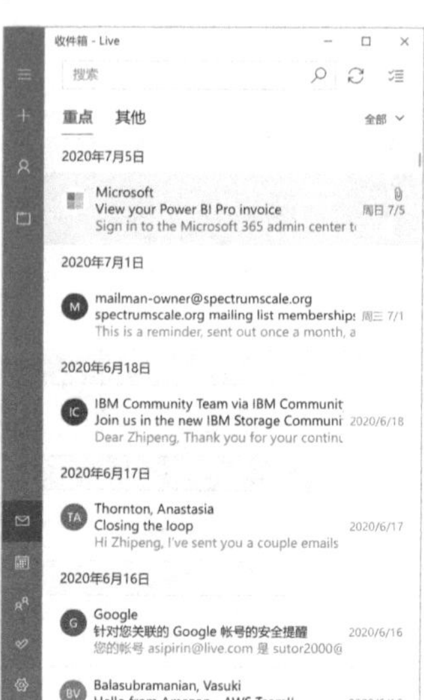

图 1-37　邮件应用紧凑显示方式

目前，QQ、微信、淘宝、唯品会、微博、百度、大麦、爱奇艺、哔哩哔哩以及优酷等，都有 UWP 版本。

1.8.2　应用商店体验

在“开始”菜单或任务栏中单击图 1-38 所示的图标即可打开应用商店，如图 1-39 所示。

应用商店会展示热门应用程序列表，如果用户要查找特定应用，可在右上角输入关键词进行查找。

图 1-38　应用商店图标

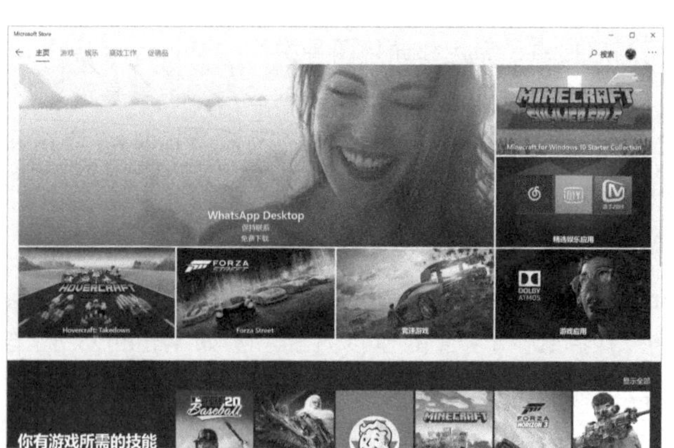

图 1-39　应用商店首页

安装 Windows 应用只需单击应用图标，然后在打开的安装界面中单击【安装】按钮（如果是付费应用，则显示标有该应用价格的按钮选项），如图 1-40 所示，应用商店将开始自动安装，安装完成之后，“开始”菜单应用程序列表中会显示该应用的图标并且操作系统会出现弹窗提示。

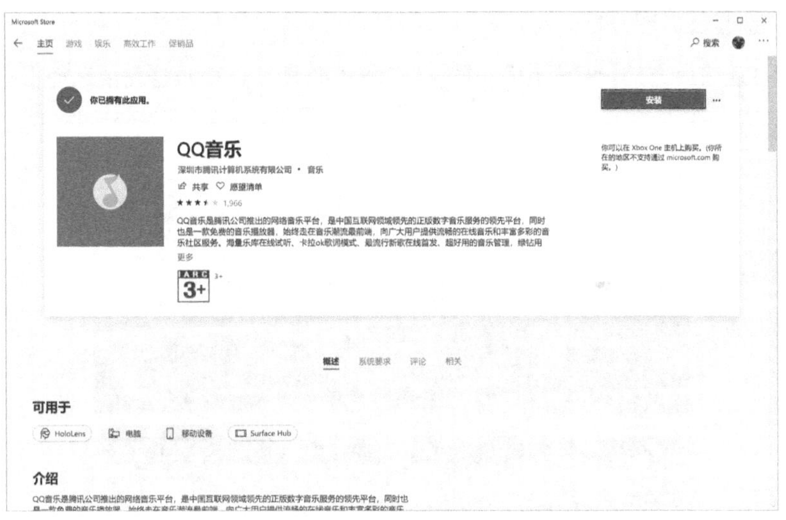

图 1-40　应用商店应用安装界面

如果已安装的应用有更新，则会在头像图标旁边显示更新提示，单击该图标后可对应用进行更新，如图 1-41 所示。

图 1-41　在应用商店中更新应用

注意 对于付费 Windows 应用，支持使用支付宝付款，按照向导提示进行购买安装即可，这里不再赘述。

1.8.3 管理应用商店

单击应用商店右上方的【查看更多】图标，如图 1-42 所示，可根据需要选择相应的选项。

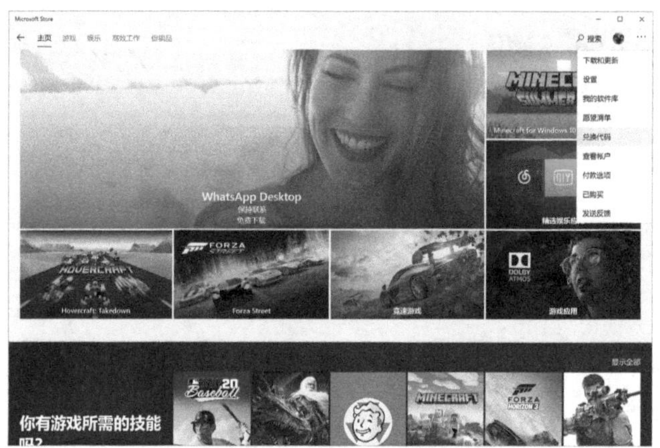

图 1-42　应用商店选项菜单

在图 1-42 所示的菜单中选择【设置】即可打开应用商店的设置界面，如图 1-43 所示，其中可设置的选项有应用更新、动态磁贴、离线权限以及购买确认方式。默认情况下，Windows 应用会自动更新，用户也可以手动查找更新。

图 1-43　应用商店设置界面

1.9 触摸手势

Windows 应用界面本身非常适合在触屏上使用。当使用触屏时，用户可以使用各种手势完成各类操作任务。

■ 长按显示更多选项

在某些情况下，长按某些项目，可以打开提供更多选项的菜单，如图 1-44 所示。

等效的鼠标操作：鼠标右键单击。

■ 单击以执行操作

单击某些内容将触发某种操作，例如运行某个应用程序或打开某个链接，如图 1-45 所示。

等效的鼠标操作：鼠标单击。

图 1-44　长按项目手势

图 1-45　单击项目手势

■ 通过滑动进行拖拽

拖曳动作主要用于平移或滚动列表和页面，也可以用于其他操作，如拖曳一个磁贴、应用程序窗口等，如图 1-46 所示。

等效的鼠标操作：按住鼠标左键并拖曳。

■ 收缩或拉伸以缩放

通过两根手指在屏幕上进行收缩或拉伸操作以实现对象的缩放，如图 1-47 所示。

等效的鼠标或键盘操作：按住键盘上的 Ctrl 键，同时上下滚动鼠标滚轮以放大或缩小某个项目。

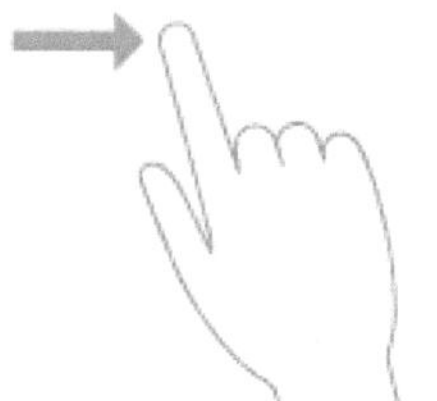

图 1-46　滑动手势

图 1-47　放大与缩小手势

■ 通过旋转完成翻转

将两个或更多手指放在一个项目上，然后旋转手指。该项目将沿着手的旋转方向旋转，如图 1-48 所示。

等效的鼠标操作：其功能类似于方向调节功能且需要得到应用程序本身支持。

■ 从边缘轻扫或滑动

从边缘开始快速轻扫手指或者在不抬起手指的情况下横跨屏幕滑动，如图 1-49 所示。

在 Windows 10 中，边缘滑动手势主要用于以下 4 种操作。

- 从屏幕右侧滑动可打开操作中心。
- 从屏幕左侧滑动可打开 Task View。
- 从屏幕顶部滑动可显示全屏状态的 Windows 应用标题栏。
- 从屏幕底部滑动可显示全屏状态的 Windows 应用任务栏。

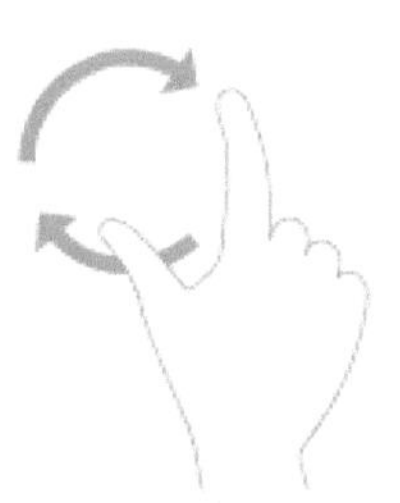

图 1-48　旋转手势

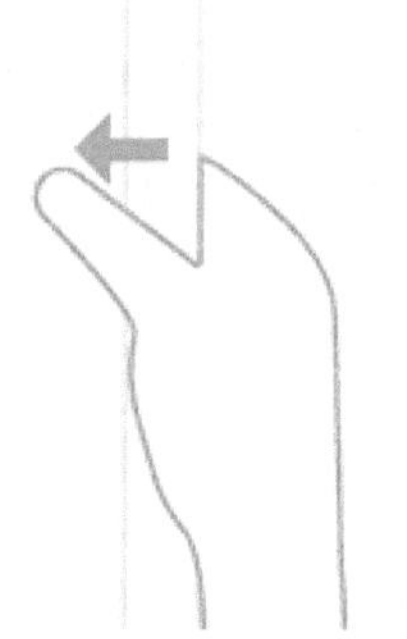

图 1-49　边缘滑动手势

■ 三指操作手势

三个指头同时点按屏幕即可唤醒 Cortana。

三个指头同时向上滑动即可启动 Task View 并显示所有打开的窗口。

三个指头同时向下滑动即可最小化所有窗口并显示桌面，反之亦然。

三个指头同时自右或自左滑动即可切换显示打开的窗口。此手势功能和 Alt+Tab 组合键功能相同，如图 1-50 所示。

■ 四指操作手势

四个指头同时点按屏幕即可唤醒操作中心，如图 1-51 所示。

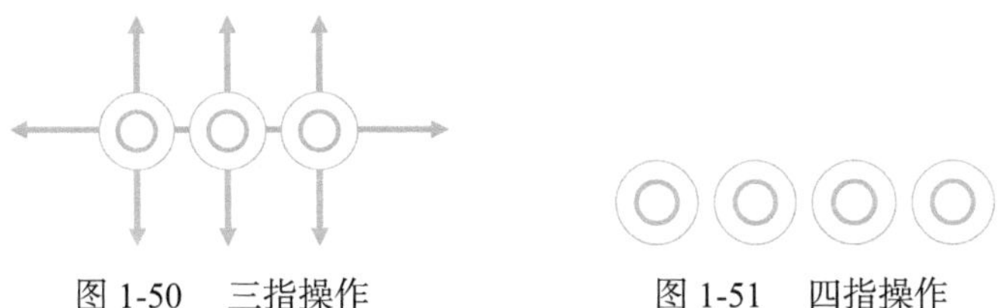

图 1-50 三指操作　　图 1-51 四指操作

1.10 快捷键

以下是 Windows 10 中的常用快捷键，使用这些快捷键可以使工作效率大大提高。

■ Win+Tab 组合键：启动 Task View。

■ Win+Ctrl+D 组合键：使用 Task View 创建新桌面。

■ Win+I 组合键：打开 Windows 设置。

■ Win+K 组合键：启动媒体连接菜单。

■ Win+P 组合键：启动多屏幕显示方式菜单。

■ Win+A 组合键：打开操作中心。

■ Win+ 空格组合键：切换输入语言和键盘布局，其功能和 Ctrl+Shift 组合键相同。

■ Win+D 组合键：显示桌面，再次按下显示打开的窗口。

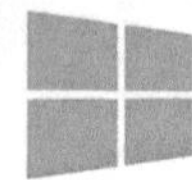

■ Win+E 组合键：打开文件资源管理器。

■ Win+L 组合键：锁定计算机。

■ Win+R 组合键：打开【运行】对话框。

■ Win+ 方向键组合键：调整窗口显示大小。

■ Ctrl+Esc 组合键：打开“开始”菜单。某些笔记本计算机或键盘没有 Win 键，所以此组合键为此类设备而设计。

■ Ctrl+Shift+Esc 组合键：打开任务管理器。

第 2 章

Windows 10 桌面使用技巧

虽然 Windows 设置界面足够精彩，但是大多数用户常用的还是传统桌面环境。在 Windows 10 中，传统桌面环境和之前的 Windows 版本操作系统相比变化不是很大，被 Windows 8 移除的“开始”菜单也重新回归到桌面任务栏。

Windows 10 桌面环境更加现代，虽然少了以往毛玻璃的华丽，但是简洁的环境也带来了良好的视觉体验。

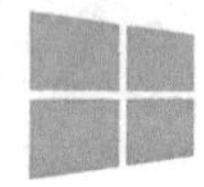

2.1 找回熟悉的桌面图标

在安装完 Windows 10 之后，用户会发现桌面上只有一个回收站图标。“此电脑”“个人文件夹”“网络”这些我们熟悉的图标去哪里了？

Windows 10 默认桌面只显示“回收站”图标，其他都被隐藏了，要找回其他图标只需三步操作即可。

① 在桌面右键单击，从弹出菜单中选择【个性化】，如图 2-1 所示。

② 在打开的界面中选择【主题】选项，如图 2-2 所示，然后单击右侧的【桌面图标设置】选项。

图 2-1 桌面右键菜单

③ 在打开的【桌面图标设置】中，勾选要在桌面上显示的图标，最后单击【确定】即可，如图 2-3 所示。

图 2-2 桌面个性化

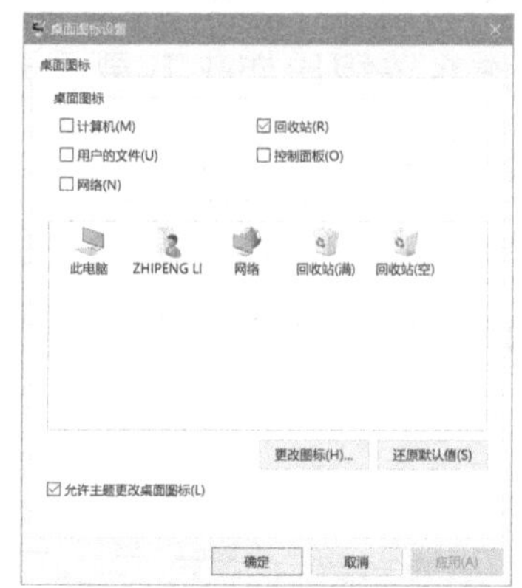

图 2-3 桌面图标设置

2.2 全新的桌面主题

Windows 10 中的窗口采用无边框设计，边框直角化，图标采用扁平化设计，更加符合操作系统的整体设计风格，如图 2-4 所示。

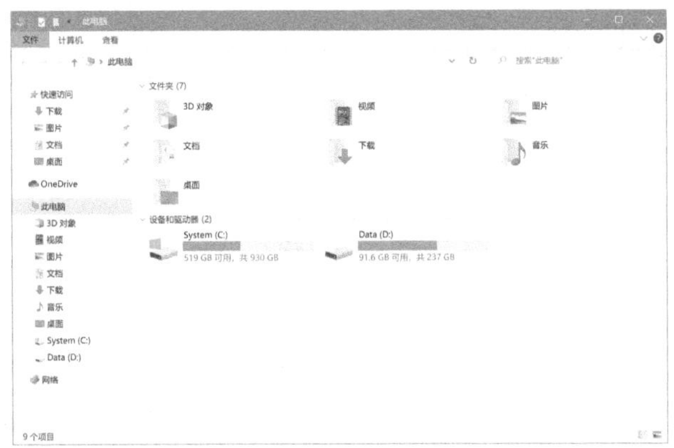

图 2-4 Windows 窗口

在 Windows 10 中，用户还可以根据壁纸的主题颜色，自动更改配色方案。在 Windows 设置中依次打开【个性化】→【颜色】，然后可在其中设置操作系统主题色。Windows 10 操作系统提供了 40 多种主题色，此外，用户还可以启用随壁纸自动更换主题色功能。默认任务栏配色方案和开始菜单配色方案一致，都为暗黑色且不随用户设置的主题色变化。如图 2-5 所示，用户可在【颜色】设置界面中勾选【“开始”菜单、任务栏和操作中心】选项，即可使相应的配色随用户设置的颜色变化。

图 2-5 Windows 10 任务栏

Windows 10 支持任务栏和“开始”菜单的半透明效果，如图 2-6 所示，启用【透明效果】选项即可。

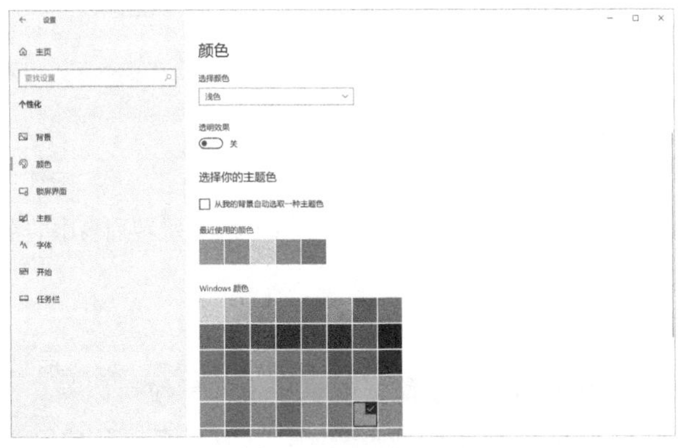

图 2-6 启用透明效果

2.3　任务栏与虚拟桌面

多任务处理一直是现代操作系统的重要特征之一，除了在内核方面对多任务处理进行改进外，Windows 10 还提升了多任务处理的用户体验。

例如，用户可使用超级任务栏和虚拟桌面（Task View）提升多任务工作效率。

2.3.1　超级任务栏

Windows 10 中的超级任务栏功能依旧强大，再配合跳转列表（Jump List），可帮助用户快速打开常用的文档、图片、音乐、网站和功能。例如，在 OneNote 图标上单击右键，即可显示跳转列表，如图 2-7 所示。

跳转列表中可显示文件或文件夹使用记录，因此可以把常用的文件或文件夹固定至跳转列表。此外，跳转列表中还会提供应用程序的常用功能快捷选项，如图 2-8 所示。

注意　此功能需要应用程序本身支持，目前大部分应用程序都支持任务栏的跳转列表功能。

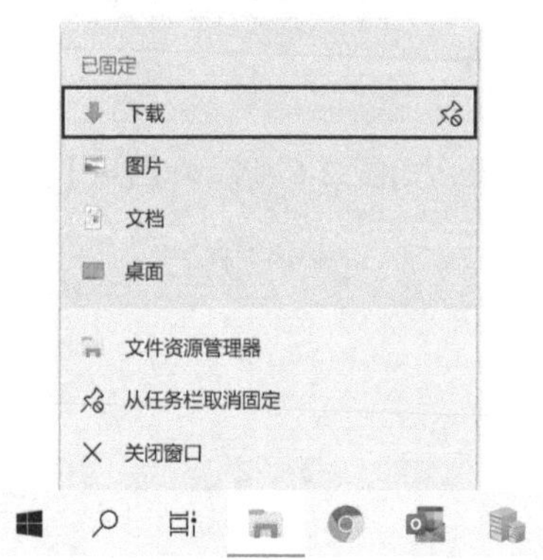

图 2-7　OneNote 跳转列表

图 2-8　跳转列表中的常用功能快捷图标

2.3.2　虚拟桌面

虚拟桌面是 Windows 10 中新增的功能，就是指操作系统可以有多个传统桌面环境，突破传统桌面的限制，给用户更多的使用空间，尤其是在打开窗口较多的情况下，用户可以把不同的窗口放置于不同的桌面环境中使用。

按下 Win+Tab 组合键即可打开虚拟桌面，如图 2-9 所示。虚拟桌面默认显示当前桌面环境中的窗口，屏幕底部为虚拟桌面列表，单击【新建桌面】选项可创建多个虚拟桌面。同时，还可在虚拟桌面中将打开的窗口拖动至其他虚拟桌面，也可拖动窗口至【新建桌面】选项，自动创建新虚拟桌面并将该窗口移动至此虚拟桌面中。此外，按下 Win+Ctrl+D 组合键也能创建新虚拟桌面。要删除多余的虚拟桌面，只需单击虚拟桌面列表右上角的【关闭】按钮即可，也可在需要删除的虚拟桌面环境中按下 Win+Ctrl+F4 组合键。如果虚拟桌面中有打开的窗口，则虚拟桌面自动将窗口移动至前一个虚拟桌面。使用 Win+Ctrl+ 左 / 右方向键组合键可快速切换虚拟桌面。

图 2-9　虚拟桌面

注意　创建虚拟桌面没有数量限制。

在 Windows 10 中，任务栏图标的下面会根据操作系统主题色显示不同颜色的横线，以表示在当前桌面环境下该窗口或应用程序已被打开，如图 2-10 所示。如果使用虚拟桌面功能，则每个虚拟桌面中的任务栏只显示在该虚拟桌面环境下打开的窗口或应用程序图标。

图 2-10　虚拟桌面任务栏图标

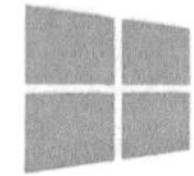

2.4　分屏功能（Snap）

使用 Windows 10 分屏功能可让多个窗口在同一屏幕显示，提升用户的工作效率。

启用分屏功能非常简单，只需拖动窗口至屏幕左侧或右侧即可进入分屏窗口选择界面。如图 2-11 所示，该功能会以缩略图的形式显示当前打开的所有窗口，单击缩略图右上角的【关闭】按钮可关闭该窗口。选择另外一个要分屏显示的窗口缩略图即可在屏幕上并排显示两个窗口。

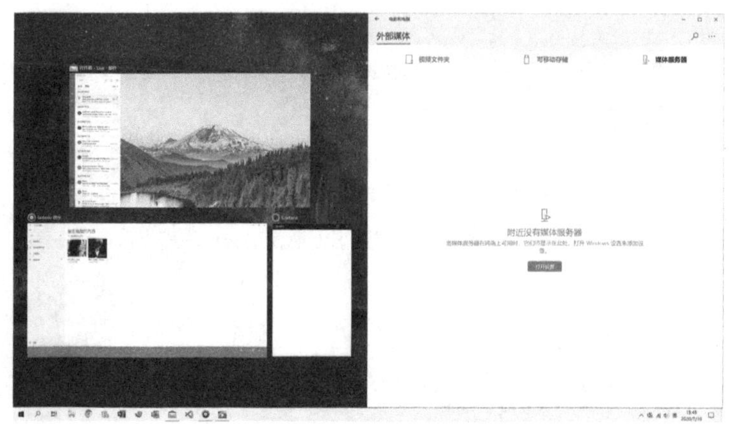

图 2-11　左右分屏模式

Windows 10 分屏功能不仅支持左右贴靠分屏，而且还支持屏幕四角贴靠分屏。拖动窗口至屏幕四角即可使该窗口使用四分之一的屏幕空间显示，如图 2-12 所示。

图 2-12　四角分屏模式

注意 在桌面环境下可使用 Win+ 方向键调整窗口显示位置。

在桌面环境下使用分屏功能时，窗口所占屏幕的比例只能是二分之一或四分之一。如果在平板模式下使用分屏功能，则可以拖动图 2-13 中间的竖条自定义窗口显示比例。

图 2-13 平板模式下分屏

2.5 Ribbon 界面

Windows 10 文件资源管理器的最大改进莫过于使用了 Ribbon 界面。Ribbon 界面最早被用于 Microsoft Office 2007，当时由于大部分用户对此界面不了解且界面改进幅度过大，所以被众多的用户所诟病。但是随着 Microsoft Office 2010 以及 Windows 7 中的部分系统组件采用 Ribbon 界面，Ribbon 界面的易用性和实用性也逐步被广大用户接受与认可。

Ribbon 界面把所有的命令都放在了“功能区”中，组织成一种“标签”，每一种标签下包含了同类型的命令，如图 2-14 所示。

图 2-14 Ribbon 界面功能区

2.5.1 Ribbon 界面优点

随着 Ribbon 界面被大量使用，其简洁性和易用性也逐渐凸显，并得到大量用户的认可。微软在其大部分的软件产品中都使用了 Ribbon 界面，而且一些非微软出品的应用程序也使用 Ribbon 风格界面，例如 WinZip、WPS offce 2013 等，这也从侧面说明 Ribbon 界面得到了业界和用户的认可。

综合来说，Ribbon 界面具备以下优点。

- 所有功能及命令集中分组存放，方便用户使用。
- 功能以图标的形式显示。
- 文件资源管理器更加简便易用。
- 部分文件格式和应用程序有独立的选项标签页。
- 更加适合触控操作。
- 以往被隐藏很深的命令变得直观。
- 将最常用的命令放置在显眼、合理的位置，以便快速使用。
- 保留了传统资源管理器中一些优秀的级联菜单选项。

文件资源管理器默认隐藏功能区如图 2-15 所示，单击图中右边的向下箭头按钮即可显示 Ribbon 界面功能区，同样，单击向上箭头按钮即可隐藏 Ribbon 界面功能区，使用 Ctrl+F1 组合键也能完全展开或隐藏功能区。

图 2-15 隐藏的 Ribbon 功能区

默认情况下功能区只会显示 4 种标签页，分别是【计算机】【主页】【共享】和【查看】。在这些标签页中都包含用户常用的操作选项。当选中相应格式的文件或驱动器时，才会触发显示其他标签页。

1. 计算机标签页

用户只有在桌面双击“此电脑”图标，才会在打开的文件资源管理器中显示【计算机】标签页，此标签页主要包含一些常用的计算机操作选项，例如查看系统属性、打开

Windows 设置、卸载程序等。

2. 主页标签页

在此标签页中主要包含对各类文件的常用操作选项，例如复制、剪切、粘贴、新建、选择、删除、编辑等，如图 2-16 所示。此外，此标签页中还有复制文件路径的功能选项，选中文件或文件夹之后，单击此选项即可复制选中对象的路径到任何位置，非常实用。

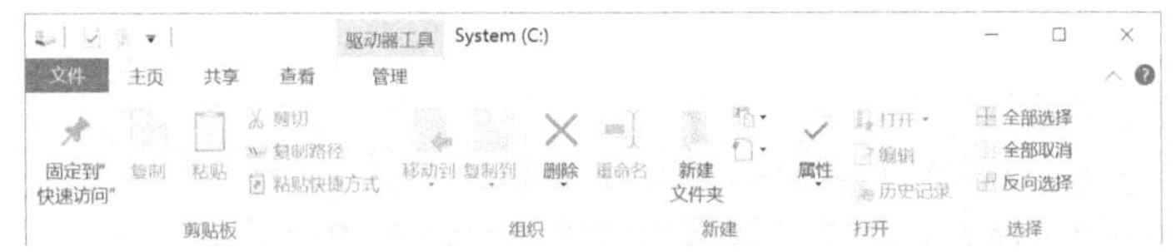

图 2-16 【主页】标签页

3. 共享标签页

此标签页主要包含涉及共享和发送方面的操作选项。在此标签页中，可以对文件或文件夹进行压缩、刻录到光盘、打印、传真、共享等操作。共享命令只针对文件夹有效。还可以单击如图 2-17 所示的【高级安全】选项，对文件或文件夹的权限进行设置。

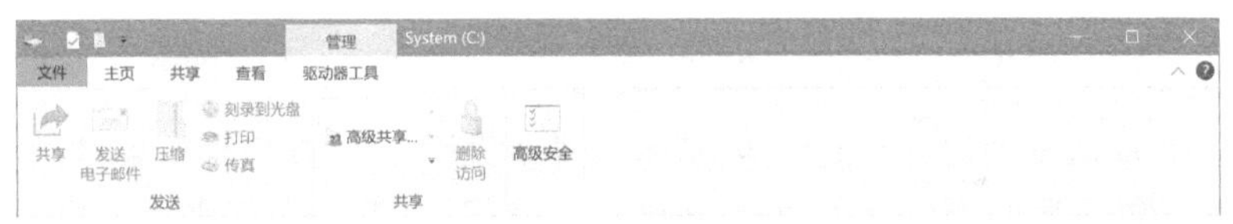

图 2-17 【共享】标签页

在这里最好用的选项莫过于【发送电子邮件】，只需选中要发送的文件，然后单击此选项，操作系统自动启动默认的邮件客户端程序，用户填写收件人邮箱地址后即可发送文件。

4. 查看标签页

此标签页中主要包含查看类型的操作选项，可以对文件和文件夹的显示布局进行调整，还可对左侧的导航栏进行设置。有时候文件的显示视图方式也能帮助用户快速找到需要的文件，在图 2-18 所示的【当前视图】分类下，包括分组依据、排序方式、添加列等操作选项，使用这些选项可快速找到需要的文件。

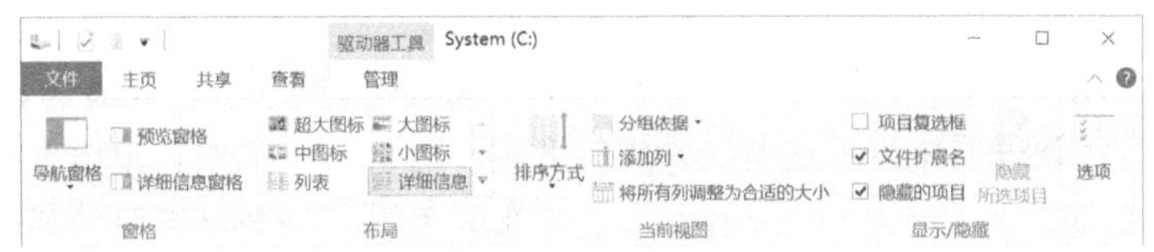

图 2-18 【查看】标签页

普通用户常用的文件夹选项也被集成至 Ribbon 功能区。在该标签页右侧单击【选项】，即可快速打开文件夹选项设置界面。

2.5.2　Ribbon 界面常用操作

根据文件资源管理器中操作对象的不同，Ribbon 界面会显示不同的功能标签页，本节将介绍 Ribbon 界面的常用操作方式。

1. 硬盘分区的快捷操作

当选中硬盘分区，Ribbon 界面就会显示【驱动器工具】标签页，其包含 BitLocker、优化（磁盘整理）、清理、格式化等操作选项，如图 2-19 所示。

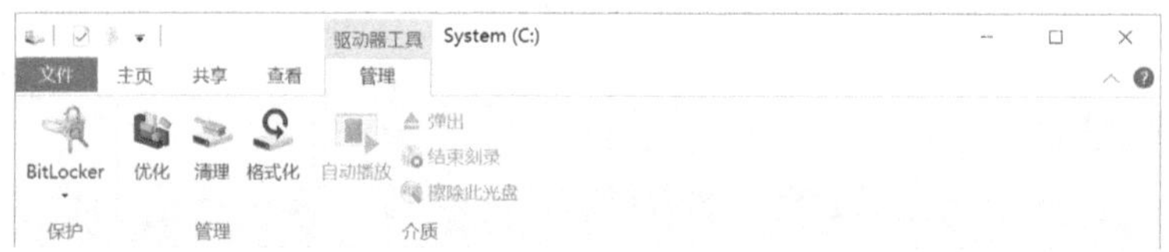

图 2-19　驱动器工具

2. 挂载或卸载映像文件和虚拟硬盘文件

Windows 10 默认支持浏览 ISO 文件和虚拟硬盘文件（VHD 文件）中的数据。微软也为这两种文件类型设计了单独的 Ribbon 标签页，即【光盘映像工具】标签页。当选中 ISO 或 VHD 文件时，Ribbon 界面中就会显示此标签页，如图 2-20 所示。

Windows 10 读取 ISO 文件的方式，是由操作系统虚拟一个 CD-ROM 或 DVD 驱动器，然后将 ISO 文件中的数据加载到虚拟光驱进行读取，读取虚拟光驱的速度和读取硬盘中数据的速度相同。而读写 VHD 文件中的数据，则是以挂载硬盘分区的方式进行。

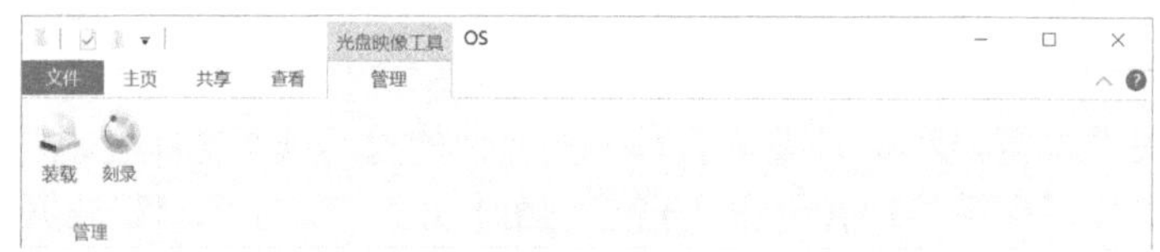

图 2-20　光盘映像工具

选中 ISO 或 VHD 文件，然后在出现的【光盘映像工具】标签页中选择【装载】选项，即可在文件资源管理器中查看这些文件中的数据。对于 ISO 文件，单击【刻录】选项，操作系统会自动调用自带的 Windows 光盘映像刻录机，将 ISO 文件中的数据刻录至 DVD 或 CD 中。

当不使用 ISO 或 VHD 中的文件时，选中虚拟光驱或虚拟硬盘分区，然后在【驱动器工具】标签页中单击【弹出】选项，即可停止使用 ISO 或 VHD 文件。

注意 如果 ISO 文件已关联了其他应用程序，则选中 ISO 文件之后不会显示【光盘映像工具】标签页。

3. 音乐文件的快捷操作

当选中 Windows 10 支持的音乐格式文件时，在 Ribbon 界面功能区中会显示【音乐工具】标签页，其中包括一些播放音乐的常用操作选项，如图 2-21 所示。单击【播放】选项，操作系统会自动调用音乐应用或视频应用进行播放。

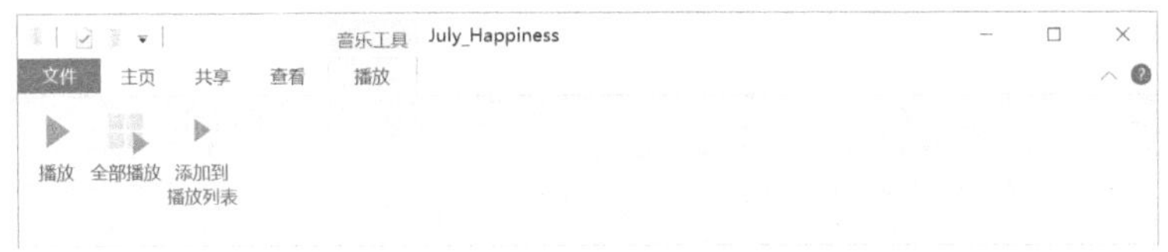

图 2-21 【音乐工具】标签页

注意 Windows 音乐应用或 Windows 视频应用支持的音频和视频格式主要有 3GP、AAC、AVCHD、MPEG-4、MPEG-1、MPEG-2、WMV、WMA、AVI、DivX、MOV、WAV、Xvid、MP3、MKV 等。

4. 图片文件的快捷操作

在【图片工具】标签页中，不仅可以以幻灯片的形式放映文件夹中的所有图片，还可以通过单击【向左旋转】或【向右旋转】对图片进行简单的编辑。遇到喜欢的图片，用户可以单击【设置为背景】，把图片作为桌面壁纸，如图 2-22 所示。此外，【播放到设备】功能同样支持图片文件。

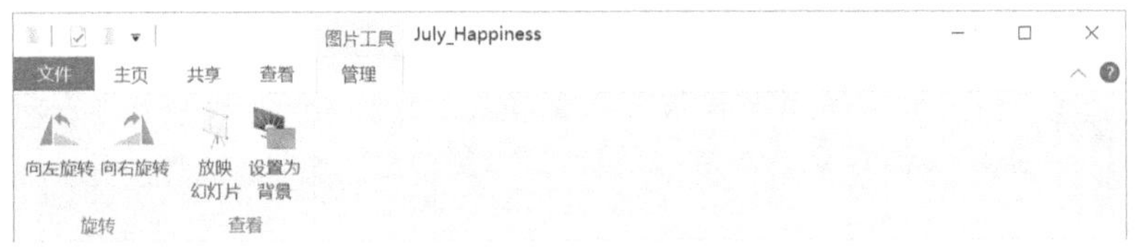

图 2-22 【图片工具】标签页

5. 视频文件的快捷操作

【视频工具】标签页，采用和【音乐工具】标签页同样的功能选项和布局，使用方法和音乐工具标签页相同，这里不再赘述。

6. 可执行文件的快捷操作

在 Windows 10 中，可执行文件也有对应的【应用程序工具】标签页，支持 .exe、.msi、.bat、.cmd 等类型文件。

当选中可执行文件时，可在标签页中使用【固定到任务栏】或【检查应用程序兼容性】等功能，如图 2-23 所示。

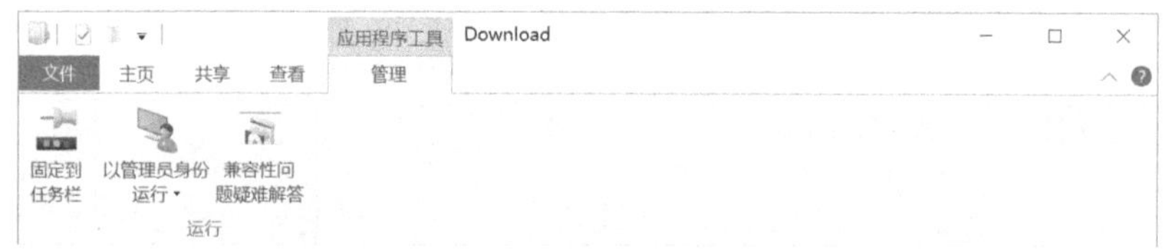

图 2-23 【应用程序工具】标签页

此外，单击【以管理员身份运行】选项下的小箭头，可在出现的菜单中选择以其他用户身份运行可执行文件，该功能适用于使用受限账户的用户。

7. 压缩文件的快捷操作

Windows 10 默认只支持 .zip 格式的压缩文件，因此，选中此类型文件才会显示【压缩的文件夹工具】标签页，如图 2-24 所示。

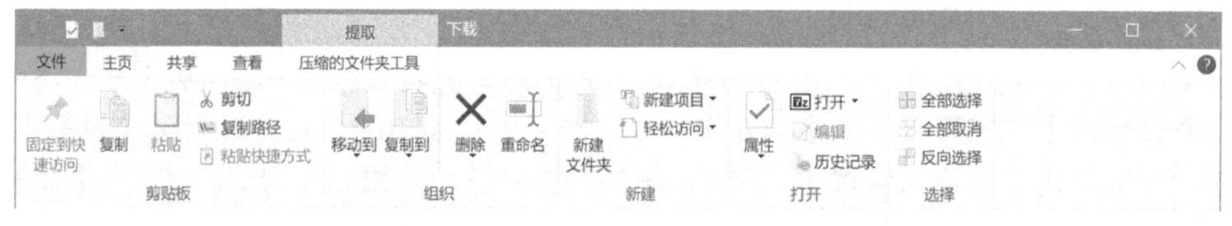

图 2-24 【压缩的文件夹工具】标签页

注意　如果 .zip 格式的文件被关联至第三方压缩软件，则选中此类文件不会出现该标签页。

2.5.3 快速访问工具栏

快速访问工具栏位于文件资源管理器的标题栏中，其中包括用户常用的操作选项，默认只显示属性、新建文件夹、撤销、恢复等操作选项，如图 2-25 所示。单击右侧下拉箭头，可在出现的菜单中选择显示其他操作选项。

图 2-25 快速访问工具栏

2.5.4 文件菜单

Windows 10 并没有完全抛弃传统的级联菜单。打开文件资源管理器，单击左上角的【文件】即可打开保留的级联文件菜单，如图 2-26 所示。菜单左侧为选项列表，右侧为用户经常使用的文件位置列表，单击最右边的图钉按钮，即可固定此文件位置至任务栏中文件资源管理器的跳转列表。

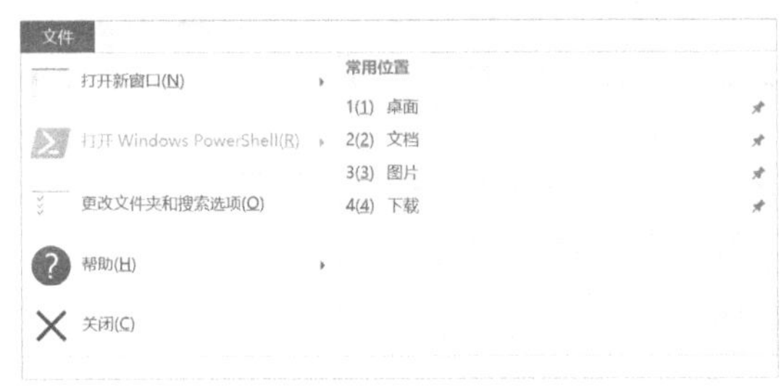

图 2-26 【文件】菜单

文件菜单中保留了两个实用的选项，分别是【打开新窗口】和【打开 Windows PowerShell】，其中最实用的就是打开【Windows PowerShell】选项。单击此选项并在出现的子菜单中选择【以管理员身份打开 Windows PowerShell】或【打开 Windows PowerShell】，则打开的 Windows PowerShell 会自动定位至当前目录，如图 2-27 所示。

图 2-27 【打开 Windows PowerShell】选项

2.6　文件的移动复制

2.6.1　直观的文件复制与粘贴

Windows 10 对文件的移动和复制方式进行了改进，不仅移动和复制的文件速度得到了提升，而且移动和复制的显示方式也更加清晰明了，用户可以在同一个界面中管理所有文件的复制和移动操作，如图 2-28 所示。

当移动或复制文件时，界面默认显示简略信息，单击图 2-29 所示的【详细信息】，即可显示详细模式。在详细模式中，操作系统会显示文件移动或复制的实时速度。每项操作都显示有数据传输速度、传输速度趋势、要传输的剩余数据量以及剩余时间。

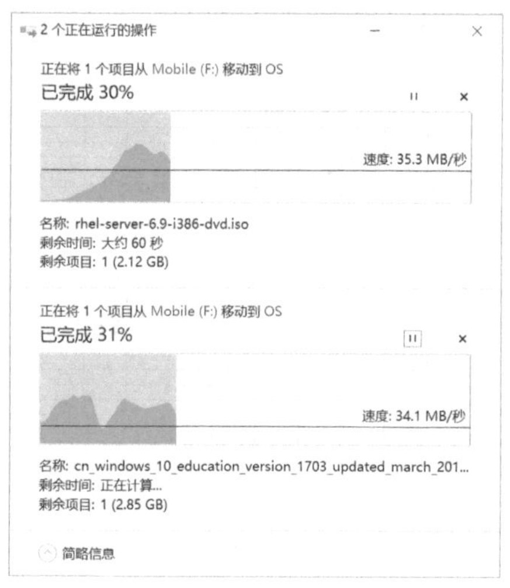

图 2-28　多文件移动界面

在之前的 Windows 操作系统中，用户不能暂停文件的复制和移动操作。有的时候同时移动和复制多个文件，会导致计算机响应异常缓慢。而 Windows 10 支持暂停对文件的移动和复制，只需单击【暂停】按钮，即可暂停对文件的操作，如图 2-30 所示。

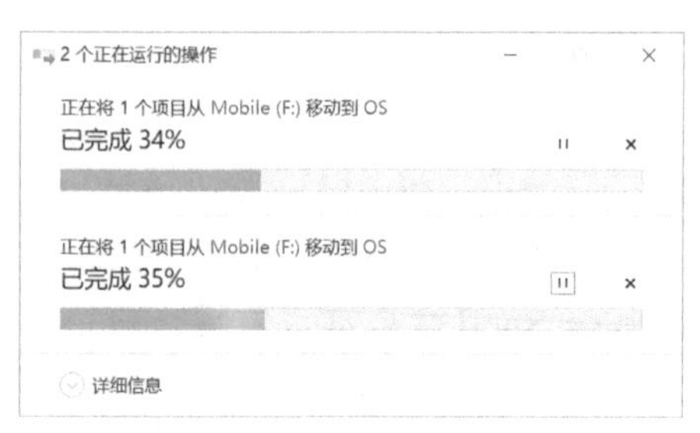

图 2-29　文件的移动（简略信息）

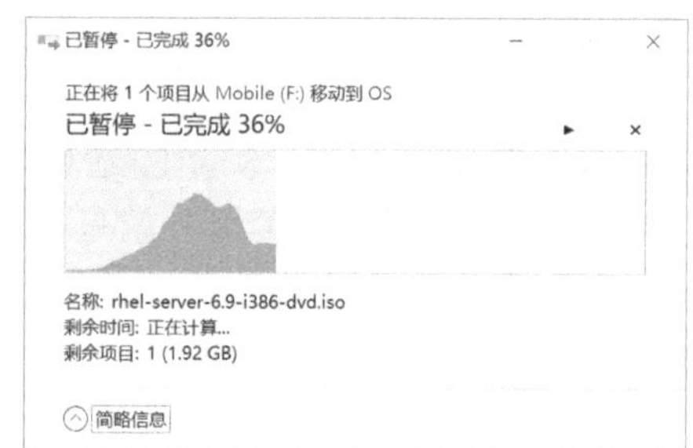

图 2-30　暂停文件移动

2.6.2　文件复制冲突处理方式

当移动或复制文件到另一个文件夹时，可能会遇到同名文件。此时操作系统会询问用户如何处理同名文件。在 Windows 7 中，复制遇到同名文件时，用户很难区分哪个文件是自己需要的，这就降低了用户的使用体验。

在 Windows 10 中，使用了全新的提示界面，更清晰、简洁、高效，如图 2-31 所示。默认有 3 个处理选项，分别是【替换目标中的文件】【跳过这些文件】和【让我决定每个文件】。选择【让我决定每个文件】选项，就会出现文件冲突处理界面，如图 2-32 所示。

在文件冲突处理界面中，源文件夹中的文件位于界面左侧，目标文件夹中存在文件名冲突的文件位于界面右侧。整个界面会集中显示所有冲突文件的关键信息，包括文件名、文件大小。如果是图片，操作系统还会提供图片的预览。

如果想了解文件的更多信息，只需移动鼠标箭头到相应的文件缩略图上，即可显示文件的完整路径。双击缩略图，即可在当前位置打开该文件。

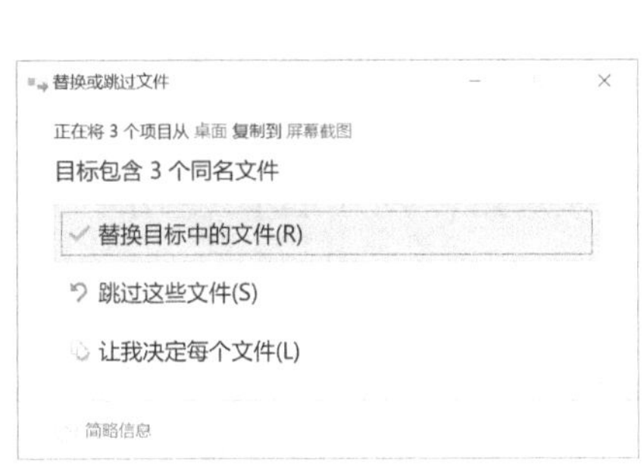

图 2-31　复制目标包含同名文件提示

图 2-32　文件冲突复制界面

第 3 章

巧用 Microsoft Edge 浏览器

2015 年微软正式宣布 Microsoft Edge 浏览器，用于替代使用了 20 多年的 IE 浏览器。2020 年 1 月，微软宣布会使用基于 Chromium 的新版 Microsoft Edge 浏览器全面替换旧版的 Microsoft Edge 浏览器。在 Windows 10 中 Microsoft Edge 为默认浏览器，但同时保留 IE 11 浏览器以便兼容旧版网页使用。本章主要介绍新版 Microsoft Edge 浏览器的常规操作以及新功能特性。

3.1 Microsoft Edge 常规操作

在任务栏或“开始”菜单中单击图 3-1 所示的图标即可启动 Microsoft Edge 浏览器，如图 3-2 所示，其界面由标签栏、功能栏、网页浏览区域组成。

图 3-1 新版 Microsoft Edge 图标

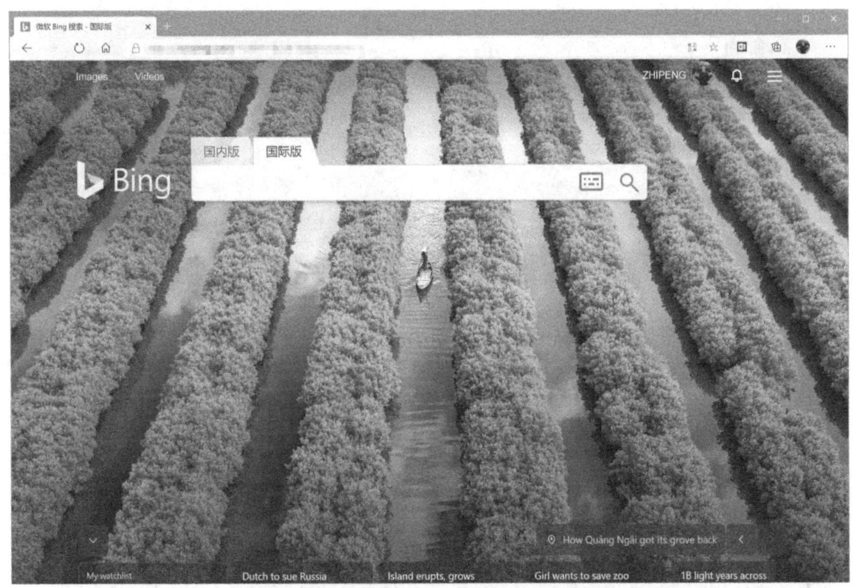

图 3-2 新版 Microsoft Edge 浏览器界面

功能栏按钮从左至右依次代表前进、后退、刷新、主页（如果启用）、地址栏、扩展程序、集锦、个人、设置及其他选项菜单。

Microsoft Edge 浏览器支持使用 Microsoft 账户登录，用户可在任何使用该账户登录的平台中使用 Microsoft Edge 同步浏览器数据。

单击右上角的【设置及其他】图标可打开功能选项菜单，如图 3-3 所示。单击【设置】即可打开 Microsoft Edge 浏览器设置界面，如图 3-4 所示。在设置中可设置个人资料、权限、语音、浏览器主题、默认首页、默认搜索引擎、以及其他隐私与服务类型的高级选项。

如果用户之前使用过 Chrome 浏览，则可以轻松上手使用新版 Microsoft Edge 浏览器。

图 3-3　Microsoft Edge 功能选项菜单

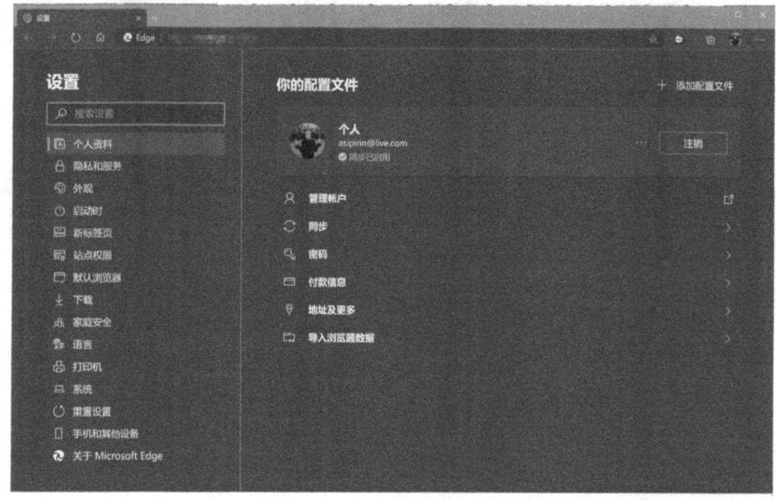

图 3-4　Microsoft Edge 设置

3.2　扩展管理

Microsoft Edge 浏览器支持安装扩展程序，用户可以方便地为浏览器增加额外的功能。在图 3-3 所示的浏览器功能选项菜单中，单击其中的【扩展】，即可打开浏览器【扩展】管理界面，如图 3-5 所示。在扩展管理界面中会显示已经安装的扩展程序列表，在这可以选择启用或关闭该扩展程序，也可以单击列表中扩展程序下的

【详细信息】，打开该扩展程序设置界面，如图 3-6 所示，其中会显示扩展程序的介绍、版本、权限等。

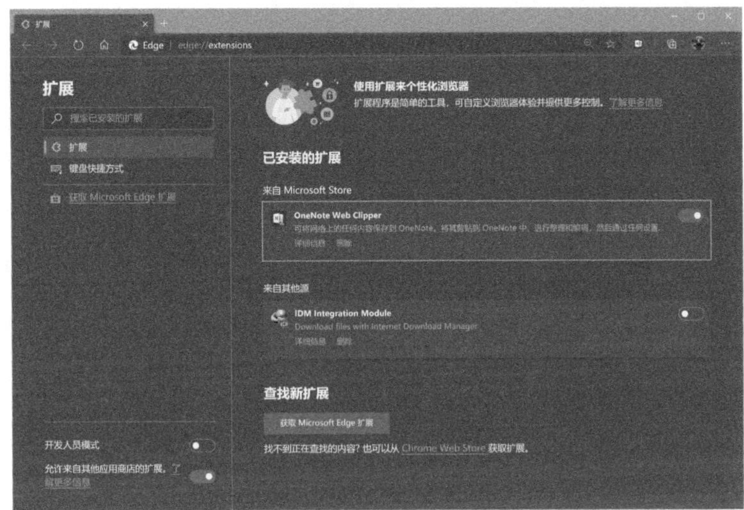

图 3-5 扩展管理

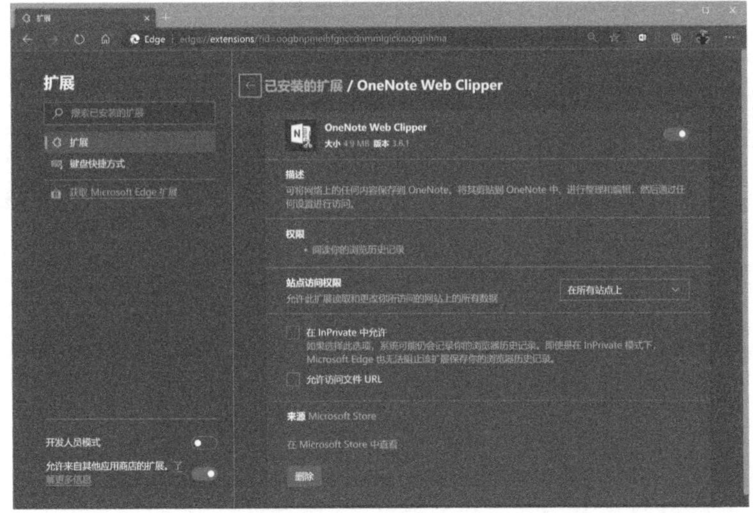

图 3-6 扩展程序设置

Microsoft Edge 扩展全部放置于 Edge 扩展应用商店，安装扩展程序非常简单便捷。单击图 3-6 所示的【获取 Microsoft Edge 扩展】，即可打开 Edge 扩展应用商店，如图 3-7 所示，在其中可以选择要安装的扩展，然后在打开的安装界面中选择安装即可。

扩展安装完成之后，操作中心会有提示信息，然后打开 Microsoft Edge 浏览器，会显示已经安装了新扩展程序，提示用户是否启用，按需选择即可，如图 3-8 所示。扩展程序的卸载只需在扩展程序设置界面中选择【删除】即可。

图 3-7　Microsoft Edge 扩展商店

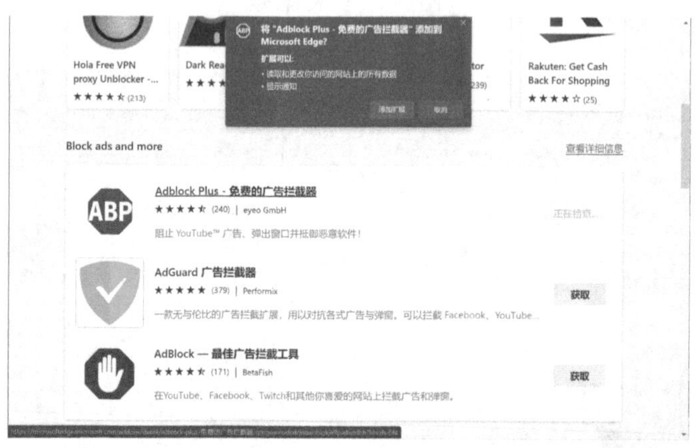

图 3-8　启用扩展

3.3　集锦

新版 Microsoft Edge 浏览器新加入了集锦功能，使用该功能可以将当前已经打开的部分网页暂时保存起来，以便稍后查看。

如图 3-9 所示，单击红色箭头指引的图标，即可打开集锦功能界面。单击图 3-10 所示的【启动新集锦】，创建一个集锦文件夹，在其中可以添加网页、打开网页、删除网页，也可以对其进行注释标记等，如图 3-11 所示。

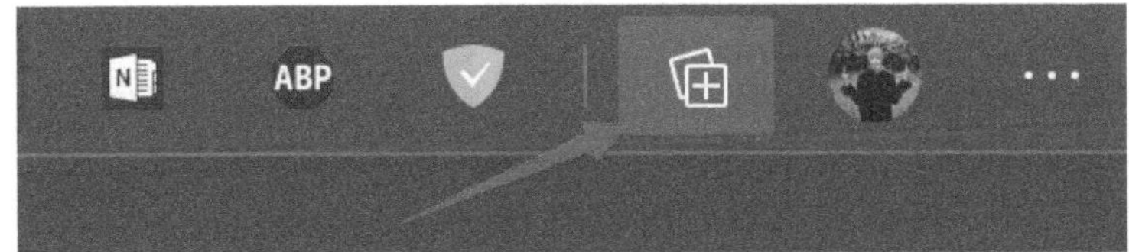

图 3-9　集锦按钮

图 3-10　集锦

图 3-11　添加页面至集锦

3.4　火眼金睛的 SmartScreen 筛选器

Microsoft Defender SmartScreen 筛选器的前身为 IE 7 浏览器中的仿冒网站筛选器，在 IE 8 浏览器中，此功能得到了加强并改名为 SmartScreen。随后发布的 IE 9、IE 10、IE 11 浏览器都包含 SmartScreen 筛选器，Microsoft Edge 浏览器也具备 SmartScreen 筛选器功能。使用 SmartScreen 筛选器可帮助用户识别钓鱼网站和恶意软件，以提高 Windows 10 的安全性。

同时，SmartScreen 筛选器还可阻止下载或安装恶意应用程序，并且 SmartScreen 筛选器已被深度集成于操作系统。因此，即便使用第三方浏览器，SmartScreen 筛选器也会对其浏览和下载的内容进行检测。

SmartScreen 筛选器主要通过以下几种措施来保护操作系统安全。

① 当用户浏览网页时，SmartScreen 筛选器在后台分析网页并确定这些网页是否包含危险特征。如果检测到有危险，SmartScreen 筛选器会提示用户。

② 当用户浏览某网站时，SmartScreen 筛选器会发送该网站的相关信息至微软服务器与微软创建的网络钓鱼站点和恶意软件站点列表进行对比。如果列表中有该网站的信息，则 SmartScreen 筛选器将阻止用户访问该网站，并显示一个红色警告界面，如图 3-12 所示。

图 3-12　SmartScreen 筛选器阻止恶意网站

③ 当从某网站下载文件时，SmartScreen 筛选器会使用该文件的信息和微软恶意软件列表进行比对，以检测下载文件的安全性。如果 SmartScreen 筛选器判断此文件为恶

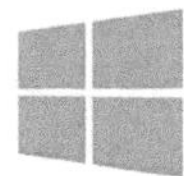

意软件，则 SmartScreen 筛选器会阻止用户下载该文件，并提示用户此文件不安全。

Microsoft Edge 浏览器默认启用 SmartScreen 筛选器。如果不想使用此功能，可在 Microsoft Edge 浏览器设置页面中选择【隐私和服务】，然后在右侧列表中的【服务】分类下，选择关闭 Microsoft Defender SmartScreen 即可。如果要重新启用 SmartScreen 筛选器，只需按照上述步骤反之操作。

修改或关闭 SmartScreen 筛选器设置，按照如下步骤操作即可。

① 在“开始”菜单中搜索 SmartScreen，打开【应用和浏览器控制】。

② 在打开的应用和浏览器控制设置界面中，选择其中的【基于声誉的保护】设置。显示 SmartScreen 的适用类型有 4 种，分别是应用和文件、Microsoft Edge 浏览器、应用程序以及 Microsoft 应用商店，如图 3-13 所示。

图 3-13　SmartScreen 设置

注意　关闭 SmartScreen 筛选器会严重影响操作系统安全，所以请慎重选择。

3.5　隐私保护小帮手 InPrivate

当在公共电脑上使用 Microsoft Edge 浏览器浏览网页时，浏览或搜索记录信息可能会被他人获取。通过使用 InPrivate 浏览功能，可以使浏览器不保留任何浏览历史记录、临时文件、表单数据、Cookie 以及用户名和密码等信息。

在 Microsoft Edge 浏览器的【设置及其他】菜单中，选择【新建 InPrivate 窗口】或按下 Ctrl+Shift+N 组合键，Microsoft Edge 浏览器会自动启用 InPrivate 浏览功能并打开一个新的浏览窗口，如图 3-14 所示。在该窗口中浏览网页不会保留任何浏览记录和搜索信息，关闭该浏览器窗口就会结束 InPrivate 浏览。

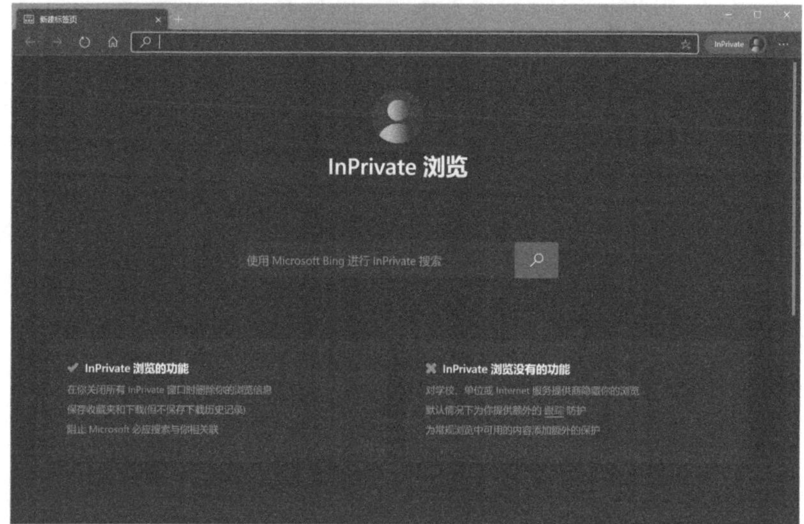

图 3-14　InPrivate 浏览窗口

第 4 章

操作系统安装与配置

使用 Windows 10 之前，当然要先将 Windows 10 安装到计算机。本章将介绍安装操作系统的 3 种方式。相信通过阅读本章内容，大部分读者都能顺利安装 Windows 10。

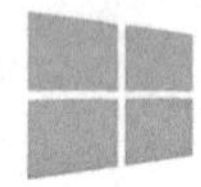

4.1　Windows 10 版本详解

安装操作系统前，用户首先要了解自己的需求，其次要了解操作系统对计算机的要求。

4.1.1　Windows 10 各版本介绍

Windows 10 共有 12 个版本，以适应不同的使用环境和硬件设备，本节将介绍其中常用的 5 个版本。

1. Windows 10 家庭版（Home）

Windows 10 家庭版面向所有普通用户，提供 Windows 10 的所有基本功能。此版本适合个人和家庭用户使用。

2. Windows 10 专业版（Pro）

Windows 10 专业版是在家庭版的基础上添加了 Windows Update for Business 功能，以供中小型企业或个人能更有效地管理设备、保护数据、支持远程等。此版本为零售渠道的最高版本，适合绝大部分用户使用。

3. Windows 10 工作站专业版（Pro for Workstations）

Windows 10 工作站专业版在专业版的基础上增加了一些服务器级别的特性，比如对四核处理器、ReFS 文件系统、NVDIMM、RDMA 的支持。

4. Windows 10 企业版（Enterprise）

Windows 10 企业版包含有 Windows 10 操作系统的所有功能以及 Windows Update for Business 功能，只有企业用户或具有批量授权协议的用户才能获取企业版并激活操作系统。此外，此版本支持使用 LTSC（Long Time Service Channel，长期服务通道）更新服务，可让企业用户拒绝功能性更新补丁而只获得安全相关的更新补丁。

5. Windows 10 教育版（Education）

Windows 10 教育版只能通过批量授权协议渠道获取适用于学校、教育机构用户使用。

表 4-1 所示为适用于普通计算机的 Windows 10 各个版本的功能差异用户可根据需要，选择合适的版本进行安装。

表 4-1　　Windows 10 主要版本功能区别

功能	Windows 10家庭版	Windows 10专业版	Windows 10企业版
购买渠道	大部分渠道	大部分渠道	批量授权用户
硬件架构	x86（32位） x64（64位）	x86（32位） x64（64位）	x86（32位） x64（64位）
最大CPU数/核	1/64	2/128	4/256
最大物理内存（RAM）	128GB（64位） 4GB（32位）	2TB（64位） 4GB（32位）	6TB（64位） 4GB（32位）
安全启动 （Secure Boot）	支持	支持	支持
Windows Hello	支持	支持	支持
小娜（Cortana）	支持	支持	支持
虚拟桌面（Task Views）	支持	支持	支持
触摸键盘	支持	支持	支持
多语言支持	支持	支持	支持
重置计算机	支持	支持	支持
Windows Update	支持	支持	支持
暂停更新	支持	支持	支持
Microsoft账户	支持	支持	支持
Microsoft Edge浏览器	支持	支持	支持
Microsoft应用商店	支持	支持	支持
Microsoft Defender	支持	支持	支持
Xbox Live	支持	支持	支持
Exchange ActiveSync	支持	支持	支持
分屏	支持	支持	支持
VPN支持	支持	支持	支持
设备加密 （Device Encryption）	支持	支持	支持
远程桌面	仅作客户端	客户端和服务端	客户端和服务端
Windows Sandbox	支持	支持	支持
Windows Subsystem for Linux	仅64位版本支持	仅64位版本支持	仅64位版本支持
BitLocker和EFS	不支持	支持	支持

续表

功能	Windows 10家庭版	Windows 10专业版	Windows 10企业版
加入域	不支持	支持	支持
组策略	不支持	支持	支持
Hyper-V虚拟机	不支持	仅64位版本支持	仅64位版本支持
Direct Access	不支持	不支持	支持
Branch Cache	不支持	不支持	支持
AppLocker	不支持	不支持	支持
设备保护（Device Guard）	不支持	不支持	支持

4.1.2　计算机安装要求

当前，大部分主机配置的计算机都能运行 Windows 10 操作系统，Windows 10 对计算机的硬件要求，基本和 Windows 7/8 一样，具体硬件要求如下。

■ 处理器：1GHz 或更快（支持 PAE、NX 和 SSE2）或 SoC。

■ 内存：1GB（32 位操作系统）或 2GB（64 位操作系统）。

■ 硬盘空间：16GB（32 位操作系统）或 20GB（64 位操作系统）。

■ 显卡：带有 WDDM 驱动程序的 Microsoft DirectX 9 图形设备。

■ 显示器：800×600 分辨率。

■ 网络：需要连接互联网进行更新和下载。

若要使用某些特定功能，还需要满足以下附加要求。

■ 为实现更好的语音识别体验，计算机需要具备以下要求。

- 高保真麦克风阵列。
- 公开麦克风阵列几何的硬件驱动程序。

■ Windows Hello 需要摄像头配备了近红外（IR）成像或指纹读取器，以便进行生物识别。没有生物传感器的设备可以通过 PIN 或是 Microsoft 兼容的安全秘钥使用 Windows Hello。

■ 平板模式在所有 Windows 10 版本的操作系统上均可使用。桌面计算机需要手动启

用平板模式，而具有 GPIO 指示器的平板电脑和二合一设备或那些有笔记本电脑和平板电脑指示器的设备可以配置为自动进入平板电脑模式。

- 双重身份验证需要使用 PIN、生物识别（指纹读取器或红外照明相机），或具有 Wi-Fi 和蓝牙功能的手机。
- 设备保护需要以下条件。
    - UEFI 安全启动（第三方 UEFI CA 已从 UEFI 数据库中删除）。
    - TPM 2.0（受信任的平台模块）。
    - 在 BIOS 中已配置默认打开有关虚拟化的如下选项。

    → 虚拟化扩展（例如 Intel VT-x、AMD RVI）。

    → 第二级地址转换（例如 Intel EPT、AMD RVI）。

    → IOMMU（例如 Intel VT-d、AMD-Vi）。

    - UEFI 已配置为阻止未经授权的用户禁用“设备保护”硬件安全功能。
    - 内核模式驱动程序必须具备 Microsoft 签名，而且与虚拟机监控程序执行的代码完整性兼容。
    - 仅在 Windows 10 企业版上可用。
- 若要使用触控功能，需要支持多点触控的平板电脑或显示器。
- 部分功能需要使用 Microsoft 账户。
- 安全启动要求固件支持 UEFI v2.3.1 Errata B，并且在 UEFI 签名数据库中有 Microsoft Windows 证书颁发机构。
- 如果启用进入登录屏幕之前的安全登录（Ctrl+Alt+Del），在没有键盘的平板电脑上，需要使用平板电脑上的 Windows 按钮 + 电源按钮组合键代替 Ctrl+Alt+Del 组合键。
- 一些游戏和程序可能需要显卡兼容 DirectX 10 或更高版本，以获得最佳性能。
- BitLocker To Go 需要 USB 闪存驱动器（仅限于 Windows 10 专业版）。
- BitLocker 驱动器加密（Windows 10 专业版或 Windows 10 企业版）需要 Trusted Platform Module（TPM）1.2 或更高版本，以及兼容 Trusted Computing Group（TCG）

的 BIOS 或是 UEFI。BitLocker 可以在设备上使用而无需 TPM，但是用户需要在 USB 设备上保存启动秘钥。在将一台设备加入 Azure Active Directory（AAD）时，如果希望能对本地驱动器进行自动加密，则必须支持 TPM 2.0 及 InstantGo。

- 客户端 Hyper-V 需要有 SLAT（二级地址转换）功能的 64 位操作系统以及额外的 2GB 内存（仅限于 Windows 10 专业版和 Windows 10 企业版）。
- Miracast 需要有支持 WDDM 1.3 的显示适配器和支持 Wi-Fi 直连的 Wi-Fi 适配器。
- Wi-Fi 直连打印需要有支持 Wi-Fi 直连的 Wi-Fi 适配器和打印设备。
- InstantGo 仅能与专为连接待机设计的计算机配合使用。
- 使用设备加密，需要计算机具备 InstantGo 和 TPM 2.0。

4.2 操作系统安装必备知识

目前操作系统的安装方式接近于全自动化，用户只需少量操作就能完成操作系统安装。但是操作系统本身也有其复杂的一面，如固件及分区表的不同就会导致操作系统安装失败。本节主要介绍安装系统的一些必备知识。

4.2.1 BIOS

BIOS（Basic Input/Output System）中文名称为基本输入输出系统，它是计算机组成中非常重要的一部分。BIOS 的基本功能是负责初始化并测试计算机硬件是否正常，然后从硬盘中加载引导程序或从内存中加载操作系统。同时 BIOS 也负责管理计算机硬件参数，例如修改硬盘运行模式、设备启动顺序等。

首先明确一点，BIOS 是一段存储在主板 NORFlash 芯片中的应用程序。早期计算机主板 BIOS 程序存储于 ROM（只读存储器）、EPROM（Erasable Programmable ROM，可擦除可编程 ROM）、EEPROM（Electrically Erasable Programmable ROM，电可擦除可编程 ROM）。由于 ROM、EPROM、EEPROM 存储芯片对 BIOS 程序升级要求过高，所以现在计算机主板 BIOS 程序都存储于 NORFlash 芯片。存储在 NORFlash 芯片中的 BIOS 程序，可以在操作系统中运行 BIOS 升级程序，而无需额外的硬件支持。

虽说 BIOS 负责对计算机硬件进行管理，但是 BIOS 程序不直接存储硬件配置信息。计算机的硬件配置信息和用户设定的参数信息存储于主板上 CMOS 芯片中，主板上有一块大大的纽扣电池，它为 CMOS 提供电源，所以即使计算机完全断电，CMOS 中存储的信息也不会丢失。有时人们会把 CMOS 和 BIOS 弄混，其实

两者是相互关联但不同的东西。

如何进入 BIOS 程序设置界面呢？方法很简单，只要按下计算机电源键，在显示器出现计算机或者主板 logo 时，按下键盘上特定的功能键或者组合键即可进入 BIOS 程序设置界面。由于计算机或主板生产商不同，进入 BIOS 的功能键也不同。通常情况下，在台式计算机上按下 Del 键即可中断计算机启动并进入 BIOS 程序设置界面，在笔记本计算机上按下 F1 键或 F2 键即可进入 BIOS 程序设置界面。如果以上功能键都无法中断计算机启动，则请参考计算机或主板说明书。

4.2.2 MBR 分区表

MBR（Master Boot Record）中文名称为主引导记录，又可称为主引导扇区，它是 BIOS 自检及初始化完成之后，访问硬盘时必须读取加载的内容。MBR 存储于每个硬盘的第一个扇区中。

MBR 记录着硬盘本身的信息以及硬盘分区表，是数据信息的重要入口。如果它受到破坏，硬盘上的基本数据结构信息将会丢失，需要用繁琐的方式重建数据结构信息后，才可能重新访问。

在对全新硬盘安装 Windows 10 时，MBR 内的信息可以通过 Windows 10 的分区软件写入。MBR 和操作系统没有特定的关系，也就说使用 Windows 10 中的分区软件写入的 MBR 信息，照样可以安装其他版本的 Windows 或者 Linux 操作系统。理论上来说只要建立了有效的 MBR 信息，就可以引导任何一种操作系统。

整个 MBR 占用一个扇区即 512Byte（字节）的空间，其由 3 个部分组成，如图 4-1 所示。

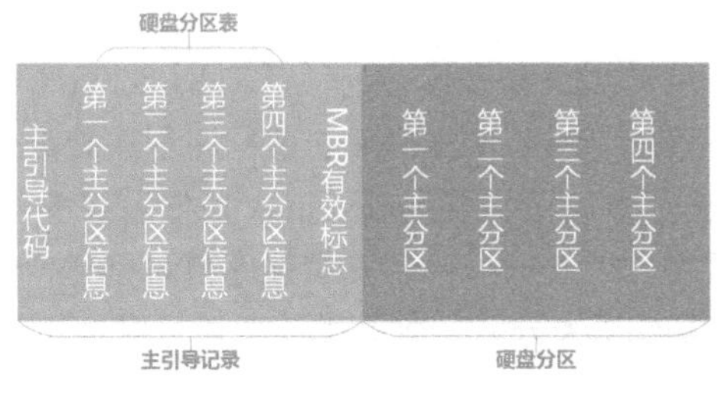

图 4-1　主引导记录结构图

MBR 这项技术开创于 1983 年，直到今天依然被广泛使用。MBR 的优点很明显，就是兼容性高，但是在现今其缺点也很突出。当初设计 MBR 时，其最大寻址空间为 2TB（$2^{32}\times512$Byte），这在当时属于天文数字，但是现在对于超过 2TB 的硬盘来说，

MBR 只能管理 2TB 以内的空间，超出部分无法使用，因此 GPT 分区表应运而生。关于 GPT 分区表的内容会在 4.2.5 节做详细介绍。

在使用 MBR 的硬盘上，Windows 10 必须安装于主分区且用于启动的硬盘分区必须标注为“活动”（active）。也就是说在使用 MBR 分区表的硬盘中，只要有硬盘分区被标注为“活动”（active），MBR 即尝试从此硬盘分区启动 Windows 10。

Windows 10 完全兼容 MBR 分区表，所以任何符合要求的硬件都能安装 Windows 10。

注意　默认情况下使用 BIOS 启动并安装 Windows 10 会自动使用 MBR 分区表。

4.2.3　配置 BIOS/MBR 分区结构

在使用 BIOS 与 MBR 的计算机中，有如下两种硬盘分区结构，本节分别做一介绍。

1. 默认分区结构

包括系统分区和 Windows 分区，如图 4-2 所示。

图 4-2　BIOS/MBR 默认分区结构

系统分区是指用以存储启动文件并被标记为“活动”（active）的硬盘分区，此硬盘分区一般被称为“保留分区”。使用 Windows 安装程序创建硬盘分区时，会自动创建大小为 350MB 的系统分区。系统分区类似于 Linux 操作系统中的 boot 分区，专门用来启动操作系统。此分区属于默认选项，由安装程序自动创建，但不是必选项。如果需要使用 BitLocker 加密 Windows 分区，则必须使用该分区。

Windows 分区是指用于存储已安装的 Windows 系统文件和应用程序的硬盘分区。通俗来说，Windows 分区就是我们常说的 C 盘。默认情况下，MBR 会从系统分区读取启动文件，然后从 Windows 分区启动操作系统，在不创建系统分区的情况下，MBR 从 Windows 分区读取启动文件并启动操作系统。

可以使用 DiskPart 命令行工具创建默认分区结构。使用 Windows 10 安装光盘或 U 盘启动至安装界面，然后按下 Shift+F10 组合键打开命令提示符；或使用 WinPE 启动至命令提示符，输入 diskpart 进入命令操作界面，并执行如下命令完成创建过程。

```
select disk 0
```

选择要创建分区结构的硬盘为硬盘 0。如果有多块硬盘，可以使用 `list disk` 命令查看。

```
clean
```

清除硬盘中的所有数据及分区结构，请谨慎操作。

```
create partition primary size=350
```

创建大小为 350MB 的主分区，此分区即为系统分区。

```
format quick fs=ntfs label="System"
```

格式化系统分区并使用 NTFS 文件系统，设置卷标为 System。

```
active
```

设置系统分区为“活动”（active）。

```
create partition primary size=30000
```

创建大小为 30GB 的主分区，此分区即为 Windows 分区。

```
format quick fs=ntfs label="Windows"
```

格式化 Windows 分区并使用 NTFS 文件系统，设置卷标为 Windows。

```
assign letter="C"
```

设置 Windows 分区盘符为 C:。

```
exit
```

退出 DiskPart 命令操作界面。

创建上述两个硬盘分区的最简单方法，是使用 Windows 安装程序进行至选择 Windows 安装位置时，选中要安装 Windows 10 的硬盘，单击【新建】，在出现的分区大小输入框中输入合适的 Windows 分区容量，然后单击【应用】。此时安装程序会提示创建了额外分区，确认之后安装程序会自动创建系统分区和 Windows 分区，如图 4-3 所示。

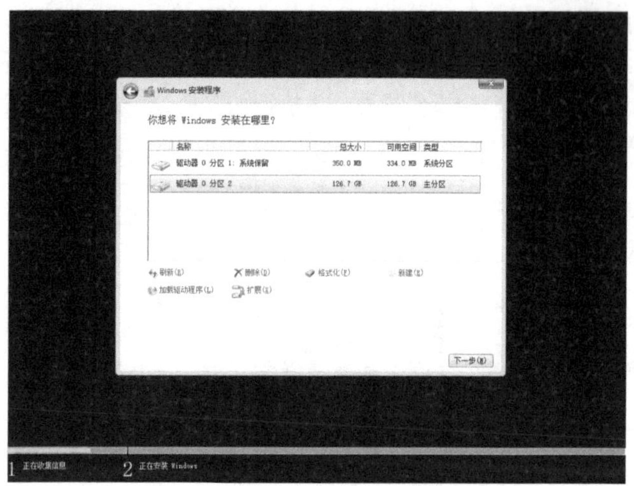

图 4-3　选择 Windows 安装位置

2. 推荐分区结构

系统分区、Windows 分区和恢复映像分区，如图 4-4 所示。

图 4-4　BIOS/MBR 推荐分区结构

微软官方推荐的分区结构只是在默认分区结构上增加了一个用于存储系统恢复映像的恢复分区，此分区为非必备分区。创建推荐分区结构，只需在 DiskPart 中执行如下命令即可。

```
select disk 0
```

选择要创建分区结构的硬盘为硬盘 0。如果有多块硬盘可以使用 `list disk` 命令查看。

```
clean
```

清除硬盘中的所有数据及分区结构，请谨慎操作。

```
create partition primary size=350
```

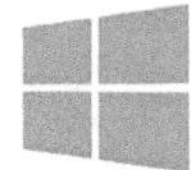

创建大小为 350MB 的主分区，此分区即为系统分区。

```
format quick fs=ntfs label="System"
```

格式化系统分区并使用 NTFS 文件系统，设置卷标为 System。

```
active
```

设置系统分区为“活动”（active）。

```
create partition primary size=30000
```

创建大小为 30GB 的主分区，此分区即为 Windows 分区。

```
format quick fs=ntfs label="Windows"
```

格式化 Windows 分区并使用 NTFS 文件系统，设置卷标为 Windows。

```
assign letter=C
```

设置 Windows 分区盘符为 C:。

```
create partition primary size=10000
```

创建大小为 10GB 的主分区，此分区即为恢复分区。

```
format quick fs=ntfs label="Recovery"
```

格式化 Windows 分区并使用 NTFS 文件系统，设置卷标为 Recovery。

```
set id=27
```

设置恢复分区为隐藏分区。

```
exit
```

退出 DiskPart 命令操作界面。

同时，可以把上述命令保存为 TXT 文本文件（createvol.txt），如保存至 d 盘，然后使用 WinPE 或操作系统安装盘启动至命令提示符，输入 `diskpart/s d:\createvol.txt` 命令，等待其执行完成即可，如图 4-5 所示。

注意 使用 Windows 安装程序可自动创建系统分区和 Windows 分区，但不会创建映像恢复分区。

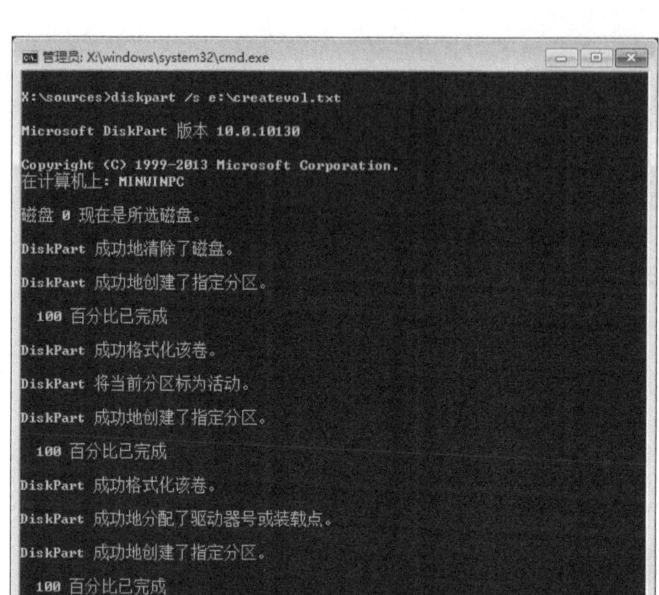

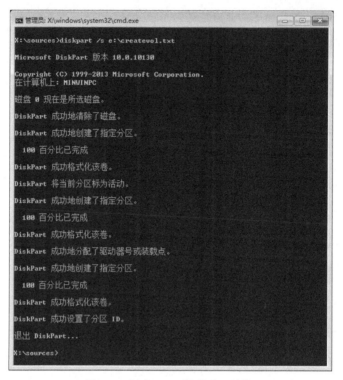

图 4-5　创建 MBR 推荐分区结构

4.2.4　UEFI

UEFI 被越来越多的计算机使用，其功能特性相比 BIOS 固件有了质的飞跃，Windows 10 对 UEFI 的支持也愈加完善，本节将介绍有关 UEFI 固件的相关内容。

1. UEFI 功能概述

UEFI（Unified Extensible Firmware Interface）中文名称为统一可扩展固件接口，是适用于计算机的标准固件接口。UEFI 是 BIOS 的一种升级替代方案，旨在提升应用程序交互性和突破 BIOS 的限制。2013 年之后的生产的计算机基本都集成了 UEFI 固件。

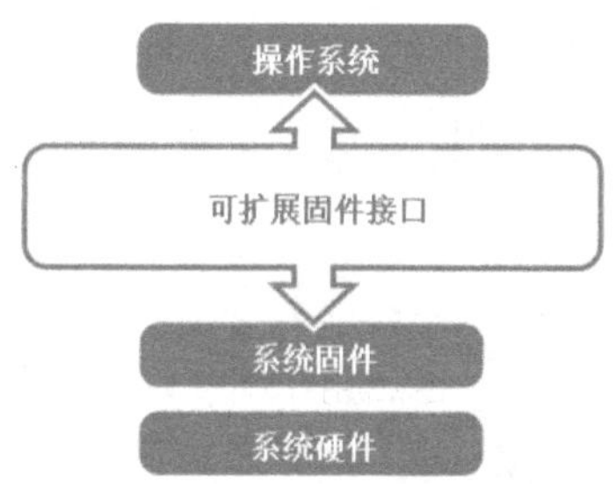

图 4-6　UEFI 在计算机中的位置

UEFI 最初由 Intel 公司于 2000 年发布，当

时名为 EFI（Extensible Firmware Interface）。Intel 于 2005 年将 EFI 交由 140 多家公司组成的统一可扩展固件接口论坛（Unified EFI Forum）来推广与发展，其中包括微软。因此，EFI 也更名为 UEFI（Unified EFI）。

如果说 BIOS 是一款软件程序，那么 UEFI 就相当于一款微型操作系统。从最直观的使用感受上来说，UEFI 操作界面人性化、网络功能丰富，甚至可以在没有安装任何操作系统的计算机上使用 UEFI 浏览网页。

注意　目前集成 UEFI 的笔记本计算机基本都只具备 UEFI 基本功能，其设置界面和 BIOS 设置界面集成。现在只有部分中高端型号的主板才有完整的 UEFI 设置界面。

UEFI 主要包括以下功能特点。

- 支持从容量超过 2TB 的硬盘引导操作系统。
- 支持直接从文件系统中读取文件。UEFI 支持的文件系统有 FAT16 与 FAT32。
- BIOS 通过读取硬盘第一个扇区中的引导代码来启动操作系统，而 UEFI 通过运行 EFI 文件来引导启动操作系统。EFI 文件是一种可以在 UEFI 环境执行的应用程序文件或驱动程序文件，在 Windows 10 安装文件的 efi\microsoft\boot 文件夹中提供了一些常用的 EFI 程序，如内存测试工具 memtest.efi 以及分区工具 diskpart.efi。
- 使用 UEFI 固件的计算机缩短了操作系统启动和从休眠状态恢复的时间。
- UEFI 分为 32 位与 64 位版本，目前绝大部分计算机都使用 64 位版本的 UEFI，32 位版本只有在少数低端平板计算机上使用。
- UEFI 可与 BIOS 结合使用。
- 通过保护预启动或预引导过程，可防止 Bootkit 攻击，从而提高计算机安全性。
- UEFI 在使用 GPT 分区表的硬盘中才能成功安装 Windows 10。

一般情况下，在启用了 UEFI 的计算机上只能安装特定版本的 Windows 操作系统，如表 4-2 所示。另外，能否在使用 UEFI 的计算机上成功安装 Windows 10 还取决于安装镜像文件（ISO 文件）是否具备 UEFI 启动参数。只要是从微软官方渠道（MSDN、TechNet 等）获取的镜像文件或安装介质，都具备 UEFI 启动参数。

表 4-2　　Windows 对 UEFI 及 GPT 的支持情况

操作系统	硬件平台	支持UEFI启动	支持GPT读写
Windows XP	x86	否	否
Windows XP	x64	否	是
Windows Server 2003	x86	否	否
Windows Server 2003	x64	否	是
Windows Server 2003 R2	x86	否	是
Windows Server 2003 R2	x64	否	是
Windows Vista	x86	否	是
Windows Vista	x64	是	是
Windows Server 2008	x86	否	是
Windows Server 2008	x64	是	是
Windows 7	x86	否	是
Windows 7	x64	是	是
Windows Server 2008 R2	x64	是	是
Windows 8/8.1	x86	是	是
Windows 8/8.1	x64	是	是
Windows Server 2012	x64	是	是
Windows Server 2012 R2	x64	是	是
Windows 10	x86	是	是
Windows 10	x64	是	是
Windows Server 2016	x64	是	是

UEFI 既可以直接读取 FAT 分区中的文件，也可以直接在其中运行的程序。因此可以将 Windows 10 的安装程序或引导程序做成 efi 程序，然后放在任意 FAT 分区中直接运行即可。这样一来启动或安装操作系统就变得很简单，就像启动应用程序一样，选择哪个程序就启动哪个程序。

一般情况下，UEFI 必须从使用 GPT 分区表的硬盘启动 Windows 10，但是自 Windows 8 操作系统开始，bcdboot 命令行工具新增了 `/f uefi` 参数，可以为使用 BIOS 与 MBR 分区表的 Windows 分区创建 UEFI 启动文件，然后修改固件类型为 UEFI 并进入 Shell 环境，手动执行 bootmgfw.efi 文件即可启动安装于使用 MBR 分区表硬盘中的 Windows 10。

2. UEFI 启用与关闭

默认情况下，预装 Windows 8/ 8.1 和 Windows 10 的计算机都会默认使用 UEFI 固件。开

机时按下特定功能键（如 F1 或 F2）可以进入固件设置界面，本节以联想笔记本为例，首页显示 UEFI 版本以及是否开启安全启动功能（UEFI Secure Boot），如图 4-7 所示。

关闭 UEFI 前需要先关闭安全启动。在固件设置界面中，切换至【Security】选项卡，如图 4-8 所示，选中 Secure Boot 然后按 Enter 键进入安全启动设置界面，如图 4-9 所示。修改 Secure Boot 项后面的值为 Disabled，然后按下 Esc 键退出安全启动设置界面，最后切换至【Startup】选项卡进入启动设置界面，如图 4-10 所示。

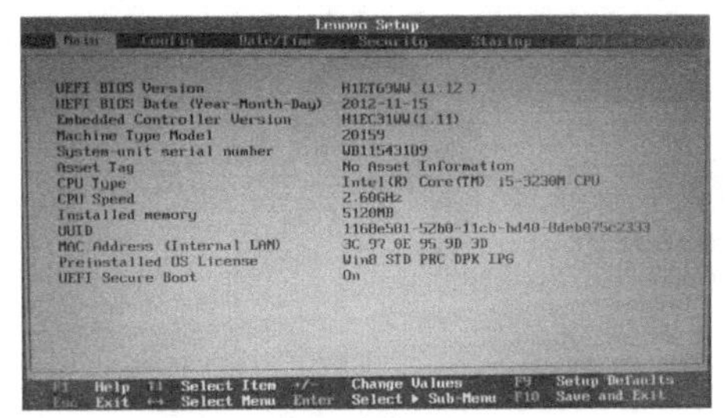

图 4-7 笔记本固件设置界面

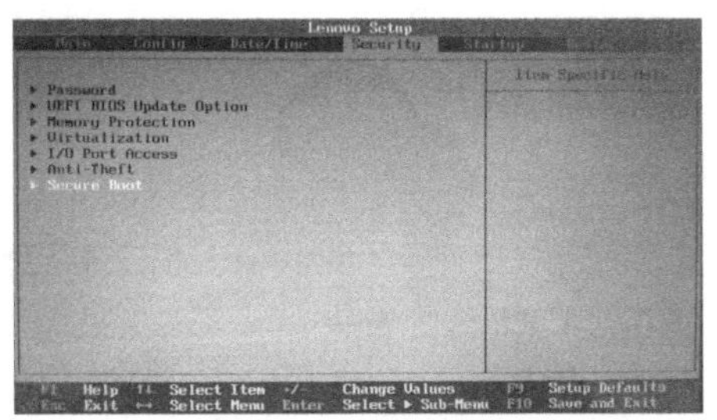

图 4-8 【Security】选项卡

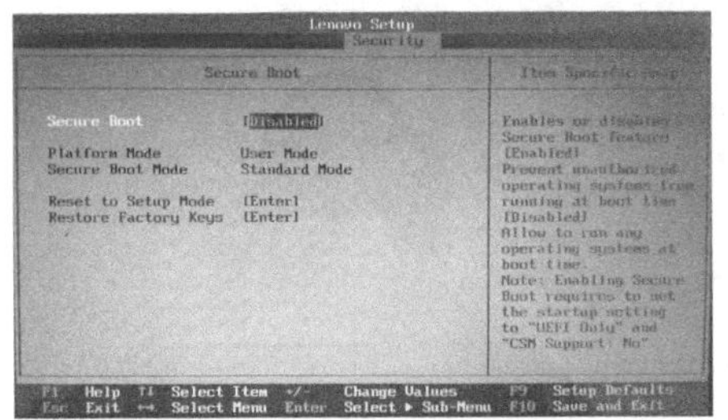

图 4-9 安全启动设置界面

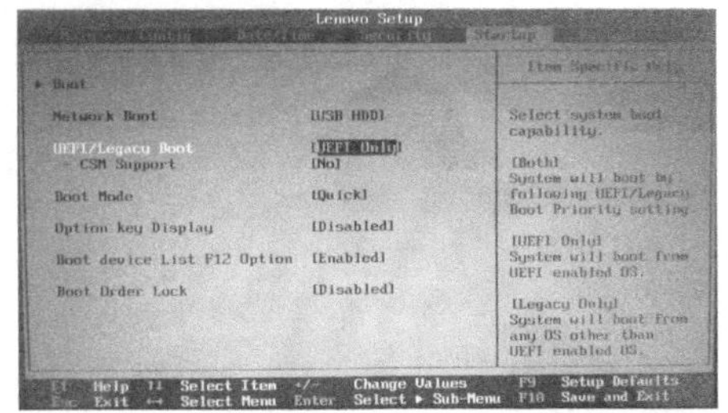

图 4-10 【Startup】选项卡

在启动设置界面中，【UEFI/Legacy Boot】即为控制计算机使用何种固件选项，其有 3 个选项。

- Both BIOS 与 UEFI 都可以使用，由计算机自行选择。使用该选项后，可以通过删除文件方式控制使用何种固件。使用 UEFI 启动，删除安装文件根目录中的 bootmgr 文件；使用 BIOS 启动，删除安装文件根目录下的 efi 文件夹。
- UEFI Only：只能使用 UEFI 启动。
- Legacy Only：只能使用 BIOS 启动。

本节以关闭 UEFI 为例，所以选择【Legacy Only】选项，然后按下 F10 键保存并退出即可关闭 UEFI。如要启用 UEFI，按照上述步骤反向操作即可。

注意　*启用 UEFI 可不同时启用安全启动功能。*

4.2.5　GPT 分区表

GPT（GUID Partition Table）中文名称为全局唯一标识分区表，是硬盘的一种分区表结构布局标准，用来替代 MBR 分区表并配合 UEFI 启动使用。有关 Windows 对 GPT 的支持情况如表 4-2 所示。

在 MBR 硬盘中，分区信息直接存储于主引导记录。但在 GPT 硬盘中，分区表的位置信息储存于 GPT 分区表头中。出于兼容性考虑，硬盘的第一个扇区仍然用于 MBR，其次才是 GPT 分区表头。

GPT 分区表的组成，如图 4-11 所示。

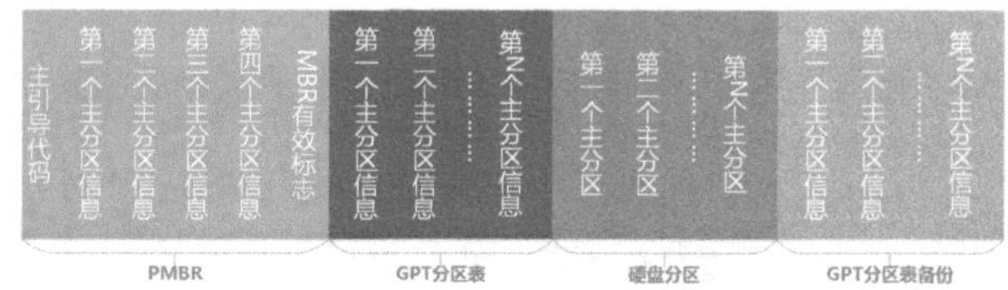

图 4-11　GPT 分区表结构图

1. PMBR

GPT 分区表第一段是 Protective MBR（PMBR）。其作用是当使用不支持 GPT 分区表的分区工具对硬盘进行操作时，整个硬盘将显示为一个受保护的分区，无法对其做任何操作，以防止分区表及硬盘数据遭到破坏。

2. GPT 分区表

当使用 UEFI 启动计算机时，UEFI 并不从 PMBR 中获取 GPT 硬盘的分区信息，它有自己的分区表，即 GPT 分区表。与 MBR 最大 4 个分区表项的限制相比，GPT 对分区数量没有限制。但 Windows 10 最大仅支持 128 个 GPT 分区，GPT 最大可管理 18EB 的磁盘。

3. GPT 分区表备份

用来备份 GPT 分布表，防止主 GPT 分区表信息丢失无法启动操作系统。

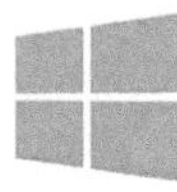

UEFI 可同时识别 MBR 分区和 GPT 分区，BIOS 只能识别 MBR 分区。因此，在使用 BIOS 固件的计算机中，使用 GPT 分区表的硬盘不能用于引导启动操作系统，只能用于存储数据。

理论上来说，使用 UEFI 后，MBR 分区和 GPT 分区都可用于引导系统启动和存储数据。不过 Windows 8 之前的操作系统在 UEFI 下使用 Windows 安装程序安装操作系统时，只能将操作系统安装在 GPT 分区中。但是 Windows 10 支持 UEFI 与 MBR 方式启动，由于其没有实际使用意义，所以本节不做介绍。

4.2.6 配置 UEFI/GPT 分区结构

和使用 BIOS/MBR 方式一样，在使用 UEFI/GPT 方式安装 Windows 10 时，也有两种分区结构供用户选择。

1. 默认分区结构

包括 WinRE 恢复分区、ESP 分区、MSR 分区以及 Windows 分区，如图 4-12 所示。

UEFI/GPT默认分区结构

磁盘 0

WinRE恢复分区	ESP分区	MSR分区	Windows分区

图 4-12 UEFI/GPT 默认分区结构

2. Windows RE（WinRE）恢复分区

此分区主要存储 Windows RE 恢复工具（winre.wim，250MB 左右）以及 BitLocker 加密 Windows 分区信息，因此该空间最小为 300MB。Windows 10 下此分区默认空间为 300MB。此分区不是必备分区。

3. EFI System Partition（ESP）分区

ESP 分区用于启动操作系统。分区内存储引导程序、驱动程序、系统维护工具等。该分区最小为 100MB 且文件系统必须为 FAT32。

4. Microsoft Reserved Partition（MSR）分区

Windows 10 会在每个物理硬盘上保留一定的空间以供其使用，所以此部分空间称为

Microsoft 保留分区，即 MSR 分区。MSR 分区逻辑位置一定要在 Windows 分区之前。

因为 GPT 分区表不支持隐藏扇区，所以使用隐藏扇区的应用程序会使用 MSR 分区模拟出隐藏扇区以供使用。例如将基本磁盘转换为动态磁盘会导致该硬盘的 MSR 分区空间减少，并由新创建的分区保留动态磁盘数据库。此分区只供操作系统使用，不能存储用户数据，默认情况下 MSR 分区为 128MB。

创建默认分区结构，同样需要在 Windows 安装程序界面或 WinPE 环境下使用 DiakPart 命令行工具。在 DiskPart 中执行如下命令。

```
select disk 0
```

选择要创建分区结构的硬盘为硬盘 1，如果有多块硬盘，可以使用 `list disk` 命令查看。

```
clean
```

清除硬盘中的所有数据及分区结构，请谨慎操作。

```
convert gpt
```

转换分区表为 GPT 格式。

```
create partition primary size=300
```

创建大小为 300MB 的主分区，此分区即为 WinRE 恢复分区。

```
format quick fs=ntfs label="WinRE"
```

格式化 WinRE 恢复分区并使用 NTFS 文件系统，设置卷标为 WinRE。

```
set id=de94bba4-06d1-4d40-a16a-bfd50179d6ac
```

设置 WinRE 恢复分区为隐藏分区。

```
gpt attributes=0x8000000000000001
```

设置 WinRE 恢复分区不能在磁盘管理器中被删除。

```
create partition efi size=100
```

创建大小为 100MB 的主分区，此分区即为 ESP 分区。

```
format quick fs=fat32 label="System"
```

格式化 ESP 分区并使用 FAT32 文件系统，设置卷标为 System。

```
create partition msr size=128
```

创建大小为 128MB 的 MSR 分区。

```
create partition primary size=30000
```

创建大小为 30GB 的主分区，此分区即为 Windows 分区。

```
format quick fs=ntfs label="Windows"
```

格式化 Windows 分区并使用 NTFS 文件系统，设置卷标为 Windows。

```
assign letter="C"
```

设置 Windows 分区盘符为 C:。

```
exit
```

退出 DiskPart 命令操作界面。

创建上述 3 个分区最简单的方法是使用 Windows 安装程序进行至选择 Windows 安装位置时，选中要安装 Windows 10 的硬盘，单击【新建】并在出现的分区大小输入框中输入合适的 Windows 分区容量，然后单击【应用】，此时安装程序提示创建一些额外分区，确认之后安装程序会自动创建恢复分区、ESP 分区、MSR 分区以及 Windows 分区，如图 4-13 所示。

5. 推荐分区结构

推荐分区包括 WinRE 恢复分区、ESP 分区、MSR 分区、Windows 分区以及映像恢复分区，如图 4-14 所示。

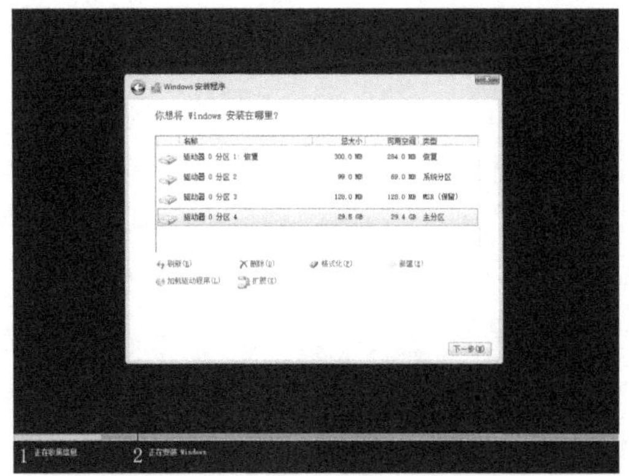

图 4-13 选择 Windows 安装位置

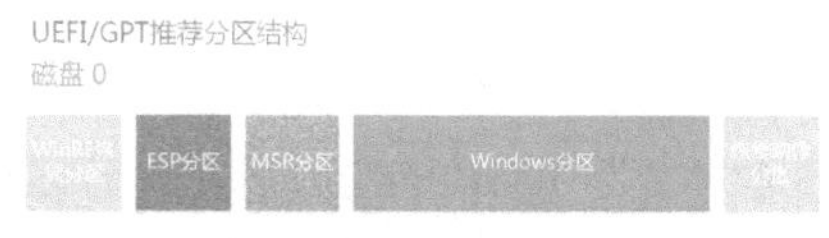

图 4-14 UEFI/GPT 推荐分区结构

这是推荐的分区结构，也是在默认分区结构的基础上新增一个用于存储恢复映像的恢复分区。同样在 DiskPart 下执行如下命令完成创建过程。

```
select disk 0
```

选择要创建分区结构的硬盘为硬盘 1，如果有多块硬盘，可以使用 `list disk` 命令查看。

```
clean
```

清除硬盘中的所有数据及分区结构，请谨慎操作。

```
convert gpt
```

转换分区表为 GPT 格式。

```
create partition primary size=300
```

创建大小为 300MB 的主分区，此分区即为 WinRE 恢复分区。

```
format quick fs=ntfs label="WinRE"
```

格式化 WinRE 恢复分区并使用 NTFS 文件系统，设置卷标为 WinRE。

```
set id=de94bba4-06d1-4d40-a16a-bfd50179d6ac
```

设置 WinRE 恢复分区为隐藏分区。

```
gpt attributes=0x8000000000000001
```

设置 WinRE 恢复分区不能在磁盘管理器中被删除。

```
create partition efi size=100
```

创建大小为 100MB 的主分区，此分区即为 ESP 分区。

```
format quick fs=fat32 label="System"
```

格式化 ESP 分区并使用 FAT32 文件系统，设置卷标为 System。

```
create partition msr size=128
```

创建大小为 128MB 的 MSR 分区。

```
create partition primary size=30000
```

创建大小为 30GB 的主分区，此分区即为 Windows 分区。

```
format quick fs=ntfs label="Windows"
```

格式化 Windows 分区并使用 NTFS 文件系统，设置卷标为 Windows。

```
assign letter=C
```

设置 Windows 分区盘符为 C:。

```
create partition primary size=10000
```

创建大小为 10GB 的主分区，此分区即为恢复分区。

```
format quick fs=ntfs label="Recovery"
```

格式化 Windows 分区并使用 NTFS 文件系统，设置卷标为 Recovery。

```
set id=de94bba4-06d1-4d40-a16a-bfd50179d6ac
```

设置恢复分区为隐藏分区。

```
gpt attributes=0x8000000000000001
```

设置恢复分区不能在磁盘管理器中被删除。

```
exit
```

退出 DiskPart 命令操作界面。

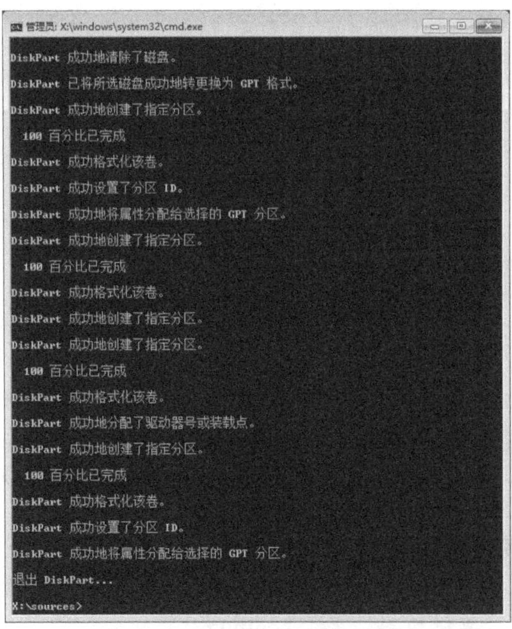

图 4-15　创建 GPT 推荐分区结构

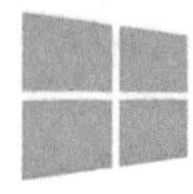

4.2.7　检测计算机固件类型

检测计算机使用何种固件最简单直接的方法是使用磁盘管理器或 DiskPart 命令行工具查看硬盘的分区结构是否具备 ESP 分区以及 MSR 分区。此外，还可以按下 Win+R 组合键，打开【运行】对话框，输入 `msinfo32` 命令并按 Enter 键，打开【系统信息】，如图 4-16 所示。查看右侧列表中的【BIOS 模式】项目值，如果值为【传统】即为使用 BIOS 固件，如果值为【UEFI】即为使用 UEFI 固件。

图 4-16　系统信息

4.2.8　Windows 10 启动过程分析

计算机启动是一个复杂而有序的过程，而使用 UEFI 和 BIOS 启动 Windows 10 又是两种不同的过程。

1. 使用 BIOS 启动 Windows 10

① 按下计算机电源键，此时 BIOS 进行加电自检（POST），自检通过之后，选择从 BIOS 中已设置的第一启动设备启动（一般为安装 Windows 10 的硬盘）系统，然后读取存储于硬盘第一个扇区中的 MBR 并把计算机控制权交于 MBR。

② MBR 会搜索存储于自身中的硬盘分区表，并找到其中唯一已标注为“活动”（active）的主分区（活动分区），然后在该分区根目录下搜索并读取 bootmgr（启动管理器）至内存，并将计算机控制权交于 bootmgr。

③ bootmgr 搜索位于活动分区 boot 目录下的 BCD（启动配置数据），BCD 中存储有启动配置选项，如果有多个操作系统启动选项，则 bootmgr 会显示所有启动选项，并由用户选择。如果只有一个启动选项，bootmgr 会默认启动。

④ 默认启动 Windows 10 之后，bootmgr 搜索并读取 Windows 分区 Windows\System32 目录下的 winload.exe 程序，然后将计算机控制器交给 winload.exe，并由其完成内核读取与初始化以及后续启动过程。

注意

活动分区不一定是 Windows 分区，默认情况下 Windows 安装程序会自动创建一个 350MB 并标注为“活动”(active）的主分区（保留分区）用于启动 Windows 10。BCD 文件可使用 bcdedit.exe 命令行工具进行修改，另外，BCD 文件本身也是注册表文件，可以通过注册表编辑器挂载进行修改。

2. 使用 UEFI 启动 Windows 10

① 按下计算机电源键，UEFI 读取位于 ESP 分区 EFI/Microsoft/Boot/ 目录下的 bootmgfw.efi 文件并将计算机控制权交于 bootmgfw 程序。

② 由 bootmgfw 搜索并读取存储于 EFI/Microsoft/Boot/ 目录下的 BCD 文件。如果有多个操作系统启动选项，则 bootmgfw 会显示所有启动选项，并由用户选择。如果只有一个启动选项，bootmgfw 会默认启动。

③ 默认启动 Windows 10 之后，bootmgfw 搜索并读取 Windows 分区 Windows\System32 目录下的 winload.efi 程序，然后将计算机控制器交给 winload.efi，并由其完成内核读取与初始化以及后续启动过程。

注意

bootmgr 与 bootmgfw 属于功能相同但适用于不同固件的程序。

BIOS 与 UEFI 启动计算机最大的不同在于，UEFI 没有加电自检过程，所以加快了 Windows 10 的启动速度，如图 4-17 所示。

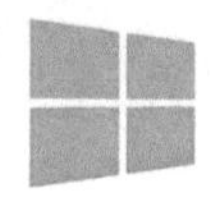

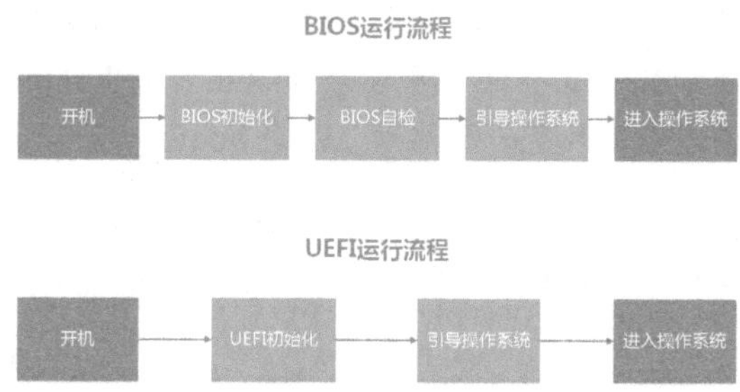

图 4-17　UEFI 与 BIOS 启动 Windows 10 流程

4.2.9　Windows 10 安全启动

Windows 10 安全启动用于确保计算机只能被信任的程序启动，此功能基于 UEFI 固件来实现其功能。

在没有使用 UEFI 固件的计算机中，操作系统在启动被加载前有漏洞，通过比较 BIOS 和 UEFI 的启动过程可以看出来。

传统的 BIOS 计算机启动的过程中由于没有保护机制，可以通过将启动加载程序重定向加载恶意程序，而加载程序无法通过操作系统安全措施和反恶意软件进行检测，如图 4-18 所示。

图 4-18　BIOS 启动过程

由于 UEFI 支持固件实施安全策略，所以 Windows 10 借助 UEFI 安全启动，解决了操作系统启动时任意程序都能被加载的漏洞，如图 4-19 所示。

在制造计算机时，厂商将安全启动策略签名数据库存储到非易失性随机访问存储器（NVRAM）中，策略签名数据库主要包括签名数据库（DB）、吊销的签名数据库（DBX）和密钥加密密码数据库（KEK）。

当计算机使用安全启动功能启动时，UEFI 将按照存储在 NVRAM 中的策略签名数据库检查每个所要加载的程序，包括 UEFI 驱动程序以及 Windows 10。如果程序有效，UEFI 允许程序加载运行，同时将计算机控制权交给操作系统完成启动。如果 UEFI 驱动程序不受信任，UEFI 将启动由设备厂商提供的恢复程序恢复受信任的 UEFI。如果操作系统启动程序无效，则 UEFI 尝试使用备份的启动程序启动；如果还原备份过

程失败，UEFI 将启动 WinRE 工具进行修复。

图 4-19 UEFI 启动过程

注意 开启安全启动功能必须确保 UEFI 固件为 2.3.1 以上的版本。

4.3 常规安装

大部分用户都会通过 DVD 安装盘安装 Windows 10。本节主要介绍常规方法安装操作系统和硬盘分区的步骤。

4.3.1 设置计算机从光驱启动

计算机默认从本地硬盘启动，要使用 DVD 安装盘安装 Windows 10，必须要在 BIOS 中将计算机第一启动项设置为从光驱启动。目前大部分台式计算机和笔记本计算机都有快捷启动设置菜单，只要在计算机启动时按下特定功能键就能进入启动设置菜单，选择从光驱或者其他驱动器（U 盘、移动硬盘等）启动计算机，如图 4-20 所示。

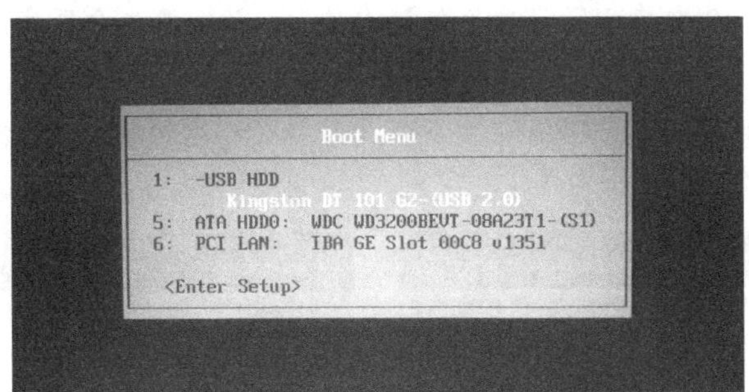

图 4-20 BIOS 快速启动选项菜单

4.3.2 系统安装与硬盘分区

设置好计算机启动顺序之后，将 DVD 安装盘放入光驱，然后重新启动计算机，计算机会提示按下任意键从 DVD 安装盘启动计算机。

① 进入 Windows 安装界面之后，首先需配置安装环境，如图 4-21 所示。选择相应安装语言、时间和货币格式、键盘和默认输入方法之后，单击【下一步】并在出现的界面中单击【现在安装】按钮，Windows 安装程序正式启动。

② Windows 安装程序启动之后，会要求用户输入 Windows 10 产品密钥进行验证和激活。如果安装的是 Windows 10 企业版或批量授权的 Windows 10 专业版，则无此步骤。如果安装的是 Windows 10 家庭版或专业版，此处需要用户输入购买到的 25 位产品密钥并单击【下一步】，如图 4-22 所示。接受微软许可条款后继续单击【下一步】。如果没有密钥，可以选择【我没有产品密钥】跳过这一步。

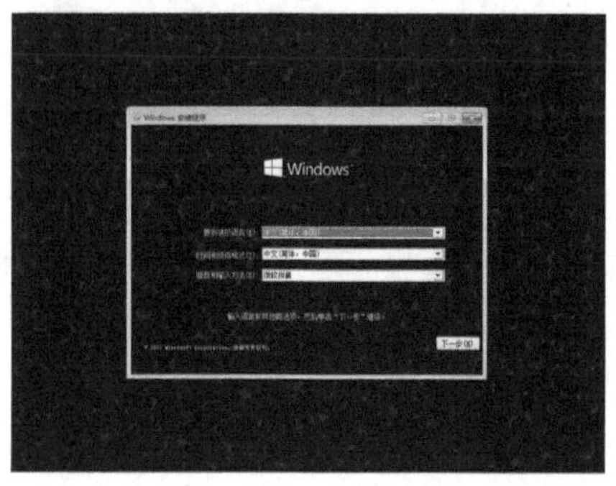

图 4-21　安装语言及输入法设置界面

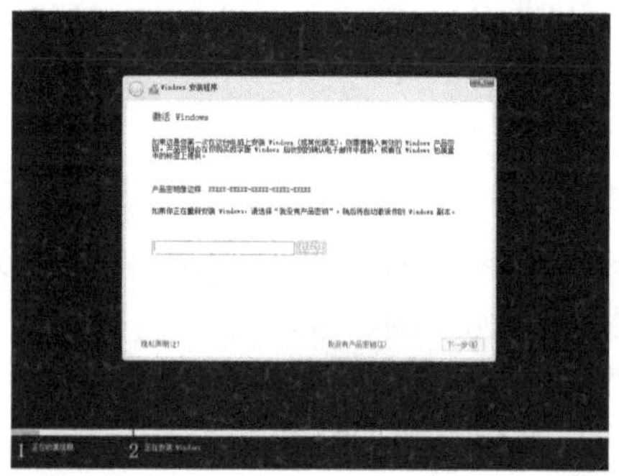

图 4-22　输入产品密钥界面

③ Windows 安装程序要求用户选择采用何种方式进行安装，如图 4-23 所示，这里选择【自定义：仅安装 Windows（高级）】选项。升级安装只适合能正常启动到操作系统的计算机。

④ 选择 Windows 10 安装分区。对于全新的硬盘，必须要先分区才能安装操作系统。单击图 4-24 中的【新建】选项，输入分区的大小，单击【应用】即可快速对硬盘分区。如果是已分区的硬盘，则 Windows 安装程序会自动识别哪个分区适合安装操作系统，这里按需选择即可，然后单击【下一步】。

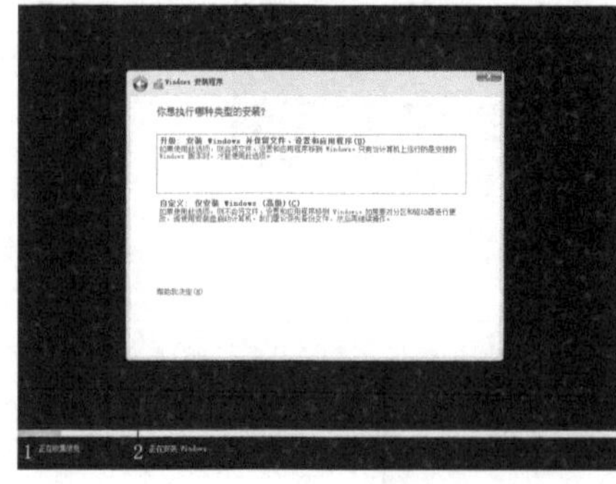

图 4-23　选择安装类型

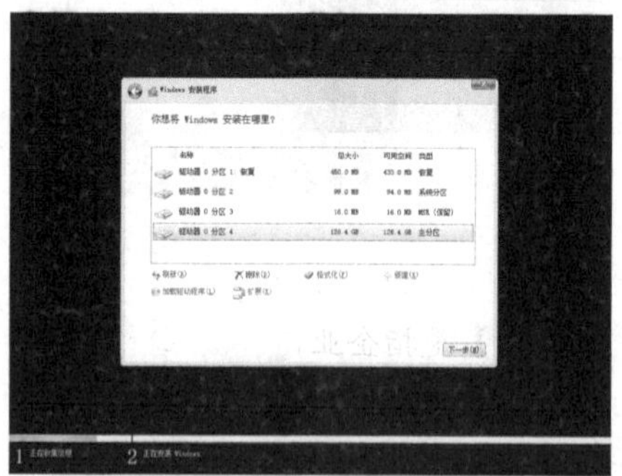

图 4-24　选择安装分区

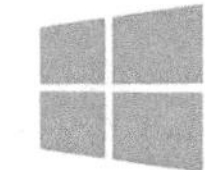

⑤ 选择 Windows 10 安装分区之后，Windows 安装程序开始展开文件到 Windows 分区并安装功能，如图 4-25 所示。全过程自动进行，无须人工干预。文件展开及功能安装完成之后，Windows 安装程序会自动重新启动计算机。

⑥ 计算机重新启动之后，操作系统开始安装设备驱动程序并对其进行初始化，最后进入操作系统初始化设置阶段（OOBE），如图 4-26 所示。首先需要选择自己所在的区域，然后单击【是】。

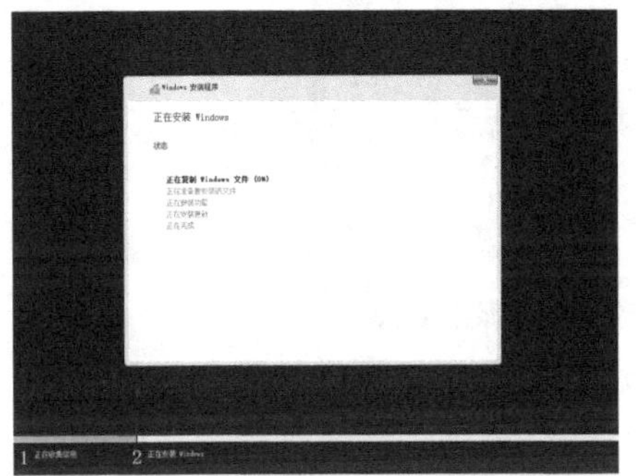

图 4-25　Windows 10 安装状态

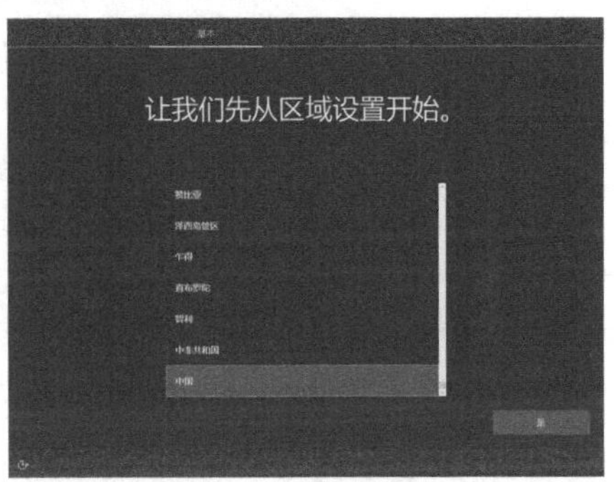

图 4-26　区域选择

⑦ 选择键盘布局，其实也就是选择输入法，按需选择即可，如图 4-27 所示，然后单击【是】。系统会提示是否选择第二键盘布局，如图 4-28 所示，如无需求，选择【跳过】即可。

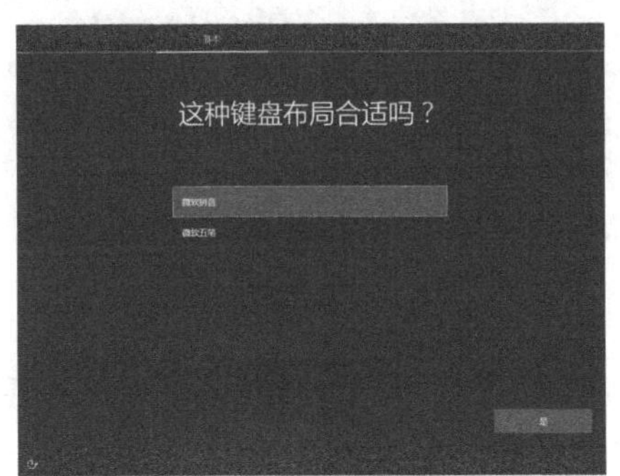

图 4-27　选择键盘布局

图 4-28　选择第二键盘布局

⑧ 接下来系统会要求用户选择以何种方式来配置操作系统，如图 4-29 所示。【针对组织进行设置】是指企业内部使用域网络，可以使用域账户登录与设置；【针对个人使用进行设置】是指使用 Microsoft 账户登录与设置。这里选择【针对个人使用进行设置】，然后单击【下一步】。此时需要使用 Internet 来设置使用 Microsoft 账户登录，如果无法使用 Internet 网络，则会要求设置本地账户以及密码登录操作系统，如图 4-30 所示。

这里选择使用 Microsoft 账户登录，如图 4-31 所示，可以选择使用现有的 Microsoft 账户，也可以根据提示注册新账户并登录。在图 4-31 所示的窗口中输入 Microsoft 账户，然后单击【下一步】，并在随后出现的界面中输入账户密码。

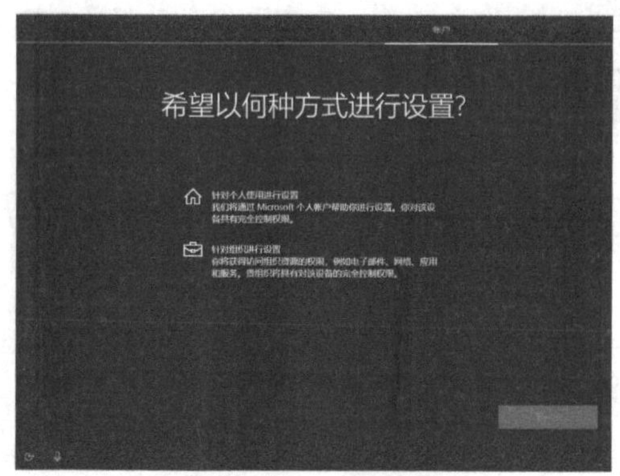

图 4-29　设置方式选择

图 4-30　本地账户设置

图 4-31　使用 Microsoft 账户

⑨ 使用 Microsoft 账户登录之后，会提示是否设置 PIN，出于安全考虑，这里推荐进行设置，如图 4-32 所示。

⑩ 接下来会提示进行隐私设置，这里选择【接受】，如图 4-33 所示。然后会提示是否启动设备历史记录，选择【是】，接下来还有手机设备设置以及 Microsoft 365 试用选择，根据需要选择即可。最后会提示是否启用 Cortana 个人助理，如图 4-34 所示，保持默认设置，然后单击【接受】。此时，安装程序会根据之前的设置内容进行设置初始化，如图 4-35 所示。初始化完成，则表示操作系统安装完成。

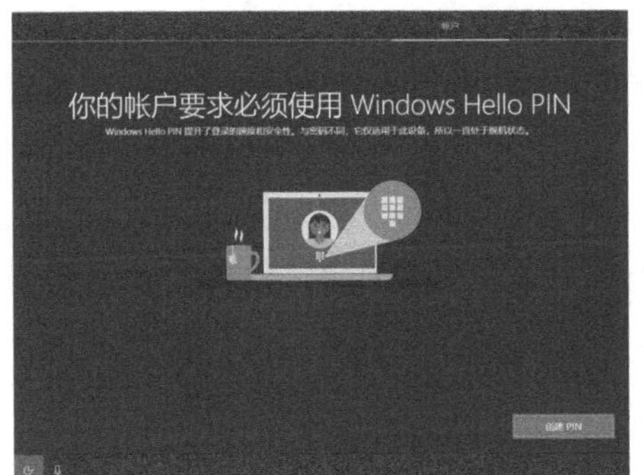

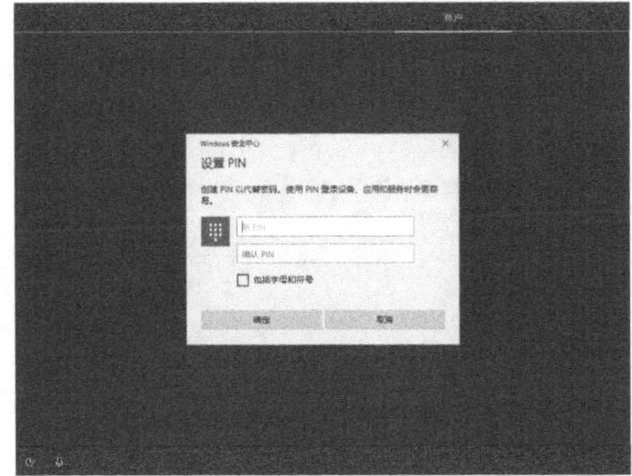

图 4-32 设置 PIN

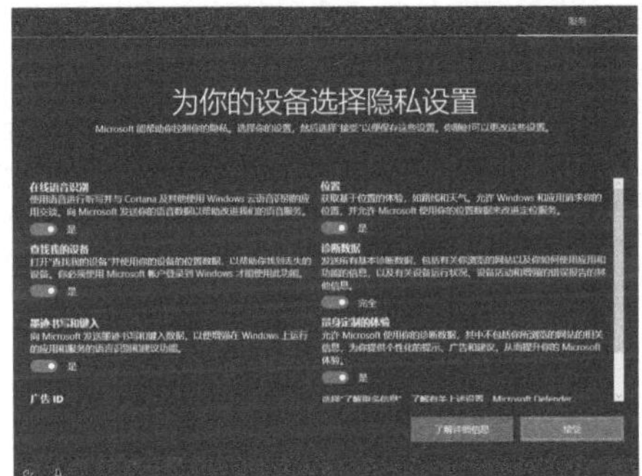

图 4-33 隐私设置

图 4-34 Cortana 设置

图 4-35 Windows 10 设置初始化

4.4 U 盘安装

U 盘相对于光盘来说，读写速度快，很适合用来安装操作系统。如果计算机没有光驱（例

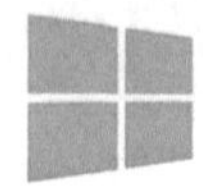

如超极本）或者不巧光驱损坏，那还能为计算机安装操作系统吗？答案当然是肯定的。本节介绍制作安装 U 盘的方法以及如何从 U 盘启动计算机并安装操作系统。

4.4.1 制作安装 U 盘

除了使用第三方工具外，还可以使用命令行工具制作安装 U 盘，这种方法适合有一定经验的用户。

使用命令行工具制作安装 U 盘的操作过程如下。

以管理员身份运行命令提示符或 PowerShell 并输入 diskpart 进入工作环境，然后执行如下命令。

```
list disk
```

显示连接到计算机的硬盘列表。

```
select disk 2
```

本节示例插入的是一个 8GB 的 U 盘，所以选择磁盘 1。

```
clean
```

清除选中磁盘中的数据。

```
create partition primary
```

在 U 盘上创建主分区。

```
active
```

设置刚才创建的分区为活动分区。

```
format quick fs=ntfs
```

使用快速格式化方式格式化 U 盘并使用 NTFS 文件系统。

```
assign
```

为 U 盘分配盘符。

```
exit
```

退出 DiskPart 命令行工具。

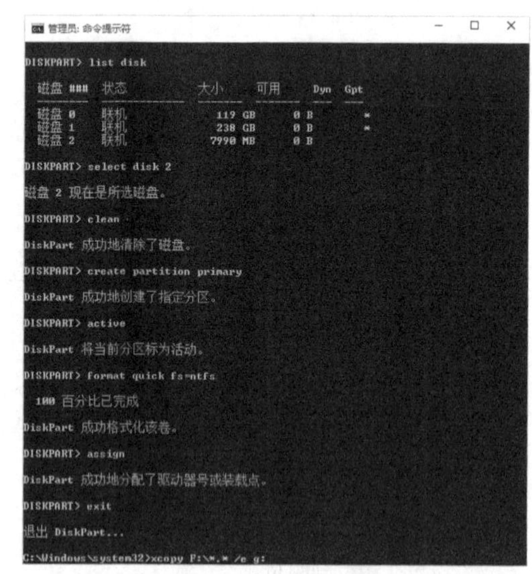

图 4-36 使用命令行工具制作安装 U 盘过程

解压 Windows 10 安装 ISO 文件至任意目录或使用文件资源管理器挂载镜像文件至虚拟光驱。本节示例挂载镜像文件到 F 盘，U 盘盘符为 G，然后继续在命令提示符中执行如下命令，复制操作系统安装文件至 U 盘，如图 4-36 所示。

```
xcopy F:\*.* /e g:
```

等待文件复制完毕，启动 U 盘即制作成功。

4.4.2 从 U 盘启动计算机并安装操作系统

如果从 U 盘启动计算机，计算机主板须支持此项功能。目前大部分计算机主板都支持从 U 盘启动计算机。设置从 U 盘启动，同样需要在 BIOS 中修改 U 盘为计算机的第一启动设备。不同于光驱选项，在 BIOS 中 U 盘有 6 种启动模式，分别是 USB-HDD、USB-HDD+、USB-ZIP、USB-ZIP+、USB-CDROM、USB-FDD，每种都有不同的特点。其中 USB-HDD 与 USB-HDD+ 为硬盘仿真模式，启动后 U 盘的盘符是 C。此模式兼容性很高，对于大部分用户来说，选择 USB-HDD 或 USB-HDD 模式即可。

插入 U 盘，重新启动计算机。此时计算机就会从 U 盘启动，剩下的安装步骤和常规安装一样，这里不再赘述。

4.5 升级安装

许多用户不愿意安装使用新的操作系统，其中一个很大的原因是安装新操作系统之后，大部分的应用程序都需要重新安装，还需要重新设置操作系统的方方面面，这是一件非常辛苦的事情。通过升级安装，则可以很好地解决此类问题。

4.5.1 升级安装概述

微软为早期的 Windows 操作系统制定了详细的升级策略，不同的 Windows 版本升级到 Windows 10 所保留的操作系统设置及数据不尽相同，如表 4-3 所示。

表 4-3　　旧版 Windows 升级配置

当前操作系统	保留Windows设置、个人文件及应用程序	保留Windows设置、个人文件（操作系统设置及数据）	仅保留个人文件（仅数据）	全新安装，不保留任何设置及文件
跨架构版本（32位到64位）Windows 7及之后版本	否	否	否	否

续表

当前操作系统	保留Windows设置、个人文件及应用程序	保留Windows设置、个人文件（操作系统设置及数据）	仅保留个人文件（仅数据）	全新安装，不保留任何设置及文件
跨语言版本Windows 7及之后版本	否	否	是	是
Windows 8/8.1及之后版本	是	否	是	是
跨架构版本（32位到64位）Windows 8/8.1及之后版本	否	否	否	否
跨语言版本Windows 8/8.1及之后版本	否	否	是	是

对于 Windows 7 和 Windows 8/8.1 升级至 Windows 10，升级策略请参考表 4-4 和表 4-5 所示内容。

表 4-4　　Windows 7 升级策略

<table>
<tr><th>Windows 7版本（SP1）</th><th>能否升级至Windows 10家庭版</th><th>能否升级至Windows 10专业版</th><th>能否升级至Windows 10企业版</th></tr>
<tr><td>企业版（Enterprise）</td><td rowspan="3">否</td><td>否</td><td>可以</td></tr>
<tr><td>旗舰版（Ultimate）</td><td rowspan="2">可以</td><td>否</td></tr>
<tr><td>专业版（Professional）</td><td>可以（仅批量授权版本）</td></tr>
<tr><td>家庭高级版（Home Premium）</td><td rowspan="3">可以</td><td rowspan="3">否</td><td rowspan="3">否</td></tr>
<tr><td>家庭基础版（Home Basic）</td></tr>
<tr><td>入门版（Starter）</td></tr>
</table>

表 4-5　　Windows 8/8.1 升级策略

<table>
<tr><th>Windows 8/8.1版本（SP1）</th><th>能否升级至Windows 10家庭版</th><th>能否升级至Windows 10专业版</th><th>能否升级至Windows 10企业版</th></tr>
<tr><td>企业版（Enterprise）</td><td rowspan="2">否</td><td>否</td><td>可以</td></tr>
<tr><td>专业版（Professional）</td><td>可以</td><td>可以（仅批量授权版本）</td></tr>
<tr><td>标准版（Core）</td><td>可以</td><td>否</td><td>否</td></tr>
</table>

如果是由最早的 Windows 10 Version 1507 升级至最新的 Windows 10 版本，则只需使用 Windows Update 自动更新升级即可。

注意 表中数据只对应相同操作系统架构版本的升级安装，例如32位操作系统不支持升级为64位Windows 10。如果用户需要保留个人数据，可以借助Windows轻松传送功能，只要提前备份需要迁移的数据，等操作系统安装完毕之后，再重新导入即可。

4.5.2 开始升级安装

微软为Windows 10提供了多种升级方式，本节将介绍有关Windows 10升级安装方面的内容。

1. 使用MediaCreationTool升级或制作安装升级工具

Windows 10提供了方便快捷的升级安装工具。在浏览器中访问微软官网，下载MediaCreationTool工具，使用该程序直接升级操作系统；或是下载Windows 10安装文件并保存为ISO文件，也可以制作Windows 10安装U盘。

① 下载完成之后，直接双击运行该程序，首先程序会检测当前计算机是否满足使用条件，如果满足则会要求用户接受许可条款，如图4-37所示。

② 接受许可条款之后，程序会要求用户选择后续的操作类型，这里有两种选择：一是直接升级操作系统；二是创建Windows 10安装介质，包括安装U盘、DVD以及ISO文件等，如图4-38所示。

图4-37 接受许可条款

图4-38 选择操作类型

选择立即升级操作系统，系统会自动下载与当前操作系统版本相匹配的Windows 10升级文件，然后会询问用户选择是否保留旧操作系统的个人文件和设置或是全新安装Windows 10。

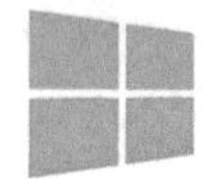

为了方便以后安装 Windows 10，建议选择创建安装介质，然后单击【下一步】。

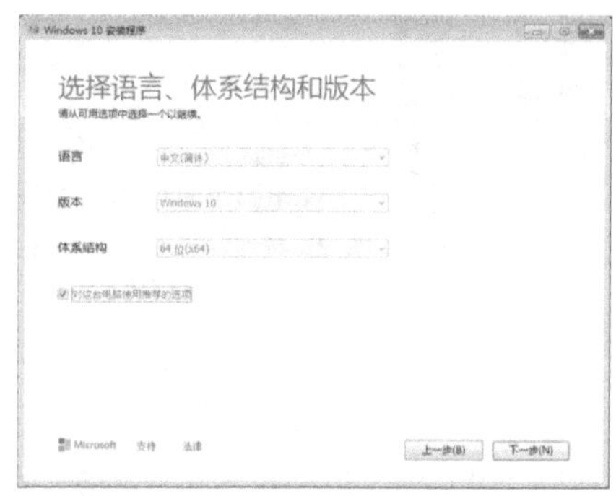

图 4-39　选择操作系统版本

③ 选择要下载的 Windows 10 版本。默认情况下程序会根据当前计算机的硬件结构以及操作系统版本给出推荐的下载版本，如图 4-39 所示。如果是要选择其他版本、语言或是硬件结构的版本，取消勾选图 4-39 中的【对这台电脑使用推荐的选项】即可。用户只能选择与当前旧操作系统相对应或以下的 Windows 10 版本。例如旧操作系统版本为 Windows 7 旗舰版，用户则可选择的版本有 Windows 10、Windows 10 家庭版单语言版、Windows 10 家庭中文版，体系结构可以两者都选。选择的版本如果与当前操作系统版本不对应，会要求用户输入安装密钥进行验证。

注意　关于旧版操作系统与 Windows 10 版本的对应关系，请查看表 4-4 与表 4-5 所示内容。

④ 选择要下载的版本之后，程序会询问用户选择使用哪种介质，可以选择 U 盘或是 ISO 文件。如果选择U盘，则U盘最少得有8GB空间且制作安装U盘时会格式化U盘。

为了方便以后在其他电脑安装 Windows 10，这里选择制作 ISO 文件。选择之后安装程序开始下载 Windows 10 安装文件，下载完成会验证安装文件是否完整，如图 4-40 所示。

⑤ ISO 文件制作完成之后会出现如图 4-41 所示的界面，此时会显示制作的 Windows 10 安装 ISO 文件的保存位置。用户也可以使用该 ISO 文件刻录 DVD 安装盘。

图 4-40　制作 ISO 文件

图 4-41　处理 ISO 文件

注意 使用 ISO 文件制作安装 U 盘，可以参考 4.4.1 节内容。

使用制作的安装 U 盘、DVD 安装盘以及 ISO 文件可以在线升级安装 Windows 10。本节只介绍 Windows 7 这款经典的操作系统在线升级安装步骤，其他 Windows 版本升级安装请参考 Windows 7 的升级安装步骤。

正式开始升级安装之前，请先解压 ISO 文件至非 Windows 分区，例如 D 盘根目录，或者插入安装 U 盘、DVD 安装盘。

2. Windows 7 升级安装步骤

① 双击运行安装文件根目录中的 setup.exe，Windows 安装程序经过短暂准备之后，会自动进入安装设置界面，如图 4-42 所示。此时 Windows 安装程序会提示用户是否安装最新的更新补丁，如果网络足够快，可以选择更新，这里选择不更新，然后单击【下一步】。此时，Windows 安装程序开始检测计算机是否符合系统要求。

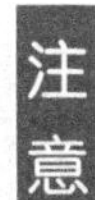

注意 Windows 10 不支持某些较旧的 CPU，因此如果没有通过此项检测，请升级计算机硬件。

② 安装检测通过之后，Windows 安装程序要求用户输入 Windows 10 产品密钥。如果安装的是 Windows 10 专业版，则此过程不可跳过。此外，Windows 安装程序会根据输入的产品密钥的类型，安装 Windows 10 专业版或 Windows 10 家庭版。如果为企业版，则无此步骤。输入产品密钥并单击【下一步】，阅读许可条款，如图 4-43 所示，然后单击【接受】。

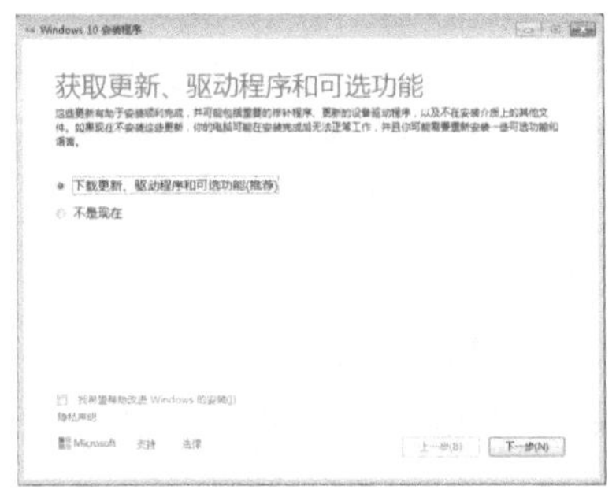

图 4-42 获取更新选项

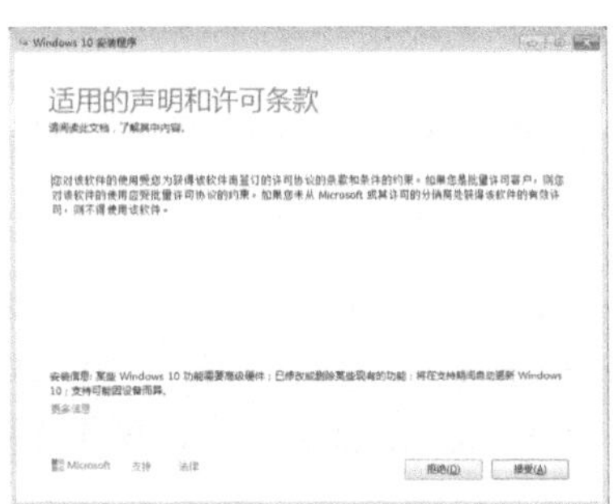

图 4-43 许可条款

③ 此时 Windows 安装程序要求用户选择要保留的内容，如图 4-44 所示。这里有 3 种可选方案，按需选择即可，然后单击【安装】。

④ 进入安装阶段后，如图 4-45 所示，整个升级安装过程自动化，无须人工干预，期间会自动重启几次。安装完成之后会进入 OOBE 阶段，用户设置好账户等信息之后即可使用 Windows 10。

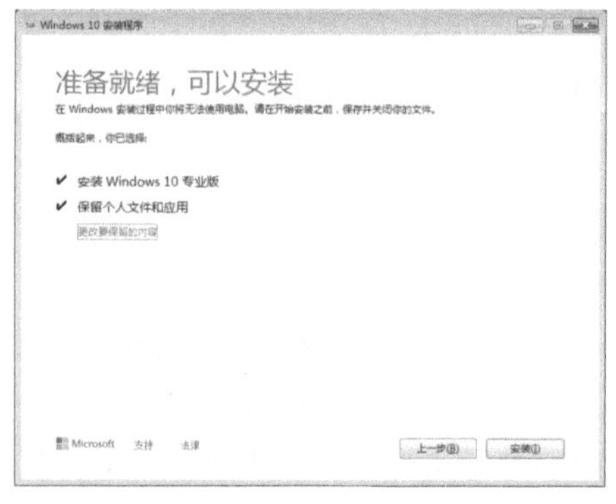

图 4-44　择要保留的内容

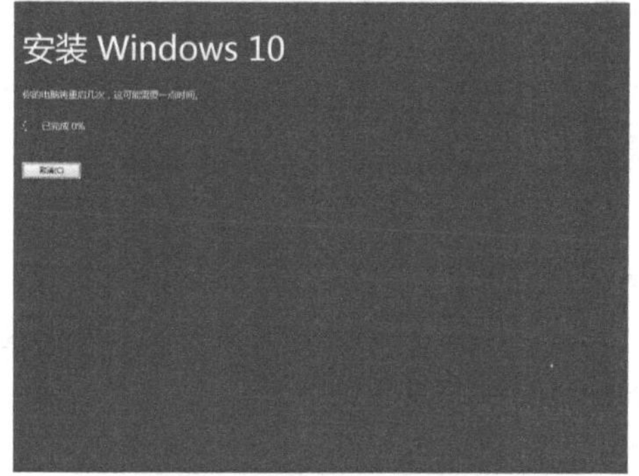

图 4-45　确认安装界面

注意　升级安装完毕之后，旧版操作系统的系统和个人文件会保存于 Windows 分区的 Windows.old 目录中。

4.5.3　删除 Windows.old 文件夹

使用升级安装方式安装 Windows 10 之后，就会发现在 Windows 分区下有一个名为 Windows.old 的文件夹，而且占用硬盘空间很大。Windows.old 文件夹是 Windows 10 安装程序自动在 Windows 分区中创建的，主要用来保存旧版 Windows 操作系统和 Windows 分区数据。

Windows.old 文件夹占用空间极大（一般来说 15GB 以上），清理 Windows.old 文件夹，可以释放很大一部分硬盘空间。

因为 Windows.old 文件夹中存在具备系统权限的文件，所以直接使用管理员权限的账户无法删除此文件夹中的全部文件。这时可以借助 Windows 10 自带的磁盘清理工具完全清除 Windows.old 文件夹，操作步骤如下。

① 在 Windows 分区（这里以 C 盘为例）单击右键，在打开的菜单中选择【属性】。

② 在打开的 C 盘属性页面中，单击【磁盘清理】，如图 4-46 所示。

③ 磁盘清理工具经过短暂的扫描之后，进入磁盘清理界面，如图 4-47 所示。因为 Windows.old 文件夹具备系统权限属于系统文件，因此在图 4-47 中单击【清理系统文件】，启动系统文件清理工具。

图 4-46 Windows 分区属性界面

图 4-47 磁盘清理工具

④ 经过扫描计算之后，重新进入支持清理系统文件功能的磁盘清理工具界面，如图 4-48 所示。在【要删除的文件】列表中选择【以前的 Windows 安装文件】，然后单击【确定】，磁盘清理工具开始清除 Windows.old 文件夹。

⑤ 因为 Windows.old 文件夹大小不同，所以清理所需时间也不同。磁盘清理工具运行完毕之后，打开 Windows 分区即可发现 Windows.old 文件夹已经被删除。

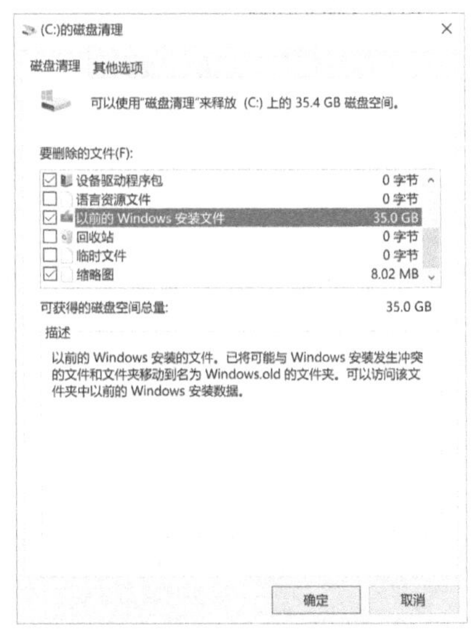

图 4-48 清理系统文件

第 5 章

存储管理

在任何计算机环境下，存储管理都是必不可少的重要环节。启动应用程序需要存储，操作系统核心组件运行需要存储，保存应用程序数据与用户数据也需要存储。面对各种各样的存储资源及需求，该如何管理呢？本章将介绍有关 Windows 10 存储管理的内容。

5.1 磁盘驱动器

磁盘驱动器也被称为硬盘或磁盘，是目前绝大部分计算机必备的存储组件。硬盘最初是机械构造，由 IBM 公司发明。随着技术的发展，后来又有了全集成电路硬盘（固态硬盘），它正在逐渐取代机械硬盘的地位。本节将介绍机械硬盘、固态硬盘和格式化方面的内容。

5.1.1 机械硬盘

机械硬盘是目前最为常见的硬盘类型，其外部由保护壳及接口电路组成，图 5-1 所示为典型的 2.5 英寸机械硬盘。

图 5-1 2.5 英寸机械硬盘

5.1.2 固态硬盘

固态硬盘（Solid State Drivers），简称固盘或 SSD。有别于机械硬盘的机械结构，固态硬盘采用的是固态电子存储芯片阵列结构，由控制单元和存储单元（FLASH 芯片、DRAM 芯片）组成。可以将其理解为多个闪存组成的磁盘阵列（RAID）。固态硬盘在接口规范、定义、功能及使用方法上与机械硬盘完全相同。

影响固态硬盘性能的因素主要有：主控芯片、NAND 闪存芯片以及固件（算法）。在上述条件相同的情况下，接口类型也会影响固态硬盘的性能。目前主流的接口是 SATA（包括 SATA 2 和 SATA 3 两种标准）接口。理论上来说，SATA 3 接口的固态硬盘要比 SATA 2 接口固态硬盘的读写速度快一倍，所以选购固态硬盘时应尽量选择 SATA 3 接口的产品。目前亦有 PCIe 接口的固态硬盘问世，其读写速度比 SATA 3 接口的固态硬盘更快。此外，相同接口的固态硬盘，容量越大的，读写速度越快。

5.1.3 格式化

格式化是指对硬盘或硬盘中的分区（Partition）进行初始化的一种操作。格式化操作会导致现有硬盘或分区中所有数据被删除。格式化通常分为低级格式化和高级格式化。如果没有特别指明，对硬盘的格式化操作通常是指高级格式化。

1. 低级格式化

低级格式化（Low-Level Formatting）又称低层格式化或物理格式化（Physical Format），

指将空白盘片划分出柱面、磁道、扇区的操作。

硬盘低级格式化是对硬盘最彻底的初始化方式，经过低级格式化操作后的硬盘，原来保存的数据将会全部丢失且无法恢复。所以一般只有非常必要的情况下才对硬盘进行低级格式化操作。而这个所谓的“必要”情况有两种，一种是硬盘出厂前硬盘生产商会对硬盘进行一次低级格式化操作，另一种是当硬盘出现逻辑或物理坏道时，对硬盘进行低级格式化操作能起到一定的缓解或者屏蔽作用。

注意　一般情况下，普通用户极少需要对硬盘进行低级格式化操作，所以本节不做详细介绍。

2. 高级格式化

高级格式化又称逻辑格式化，它是指根据用户选定的文件系统（例如 FAT12、FAT16、FAT32、exFAT、NTFS、EXT2、EXT3 等），在硬盘的特定区域写入特定数据，以达到初始化硬盘或硬盘分区、清除原硬盘或硬盘分区中所有数据的操作。高级格式化操作包括：对主引导记录中分区表相应区域的重写；根据用户选定的文件系统，在硬盘分区中划出一块用于存放文件分配表、目录表等用于文件管理的硬盘空间，以便用户管理硬盘分区中的文件。

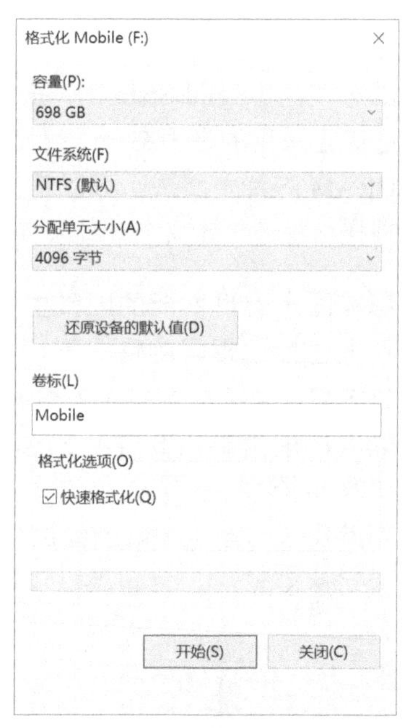

图 5-2　格式化操作界面

在 Windows 10 中，对硬盘分区、U 盘等进行高级格式化操作，只需在文件资源管理器中选中要格式化的对象，然后单击鼠标右键，在弹出菜单中选择【格式化】，即可打开格式化操作界面，如图 5-2 所示。选择相应的文件系统、填写卷标，然后单击【开始】，操作系统会开始进行格式化操作，等待出现提示，即完成了对选定对象的高级格式化操作。

注意　关于文件系统内容会在第 7 章中做详细介绍。

5.2 硬盘管理

如果说格式化操作是为硬盘划分结构，那么分区操作就是在已经划分好结构的硬盘上规划如何使用硬盘空间。合理规划使用分区可以有效地解决工作中安全、备份等问题。本节为大家介绍有关分区、卷、磁盘配额、分区操作等方面的内容。

5.2.1 分区和卷

在 Windows 10 中划分硬盘时，用户经常会遇到有关分区及卷的操作。这两个概念既相似又有所不同，本节主要介绍有关分区和卷的内容。

1. 分区

所谓分区就是按照操作系统及用户需求划分出不同类型及容量的硬盘逻辑空间单位。在 Windows 10 中打开文件资源管理器就可以看到已经划分好的分区，如图 5-3 所示。

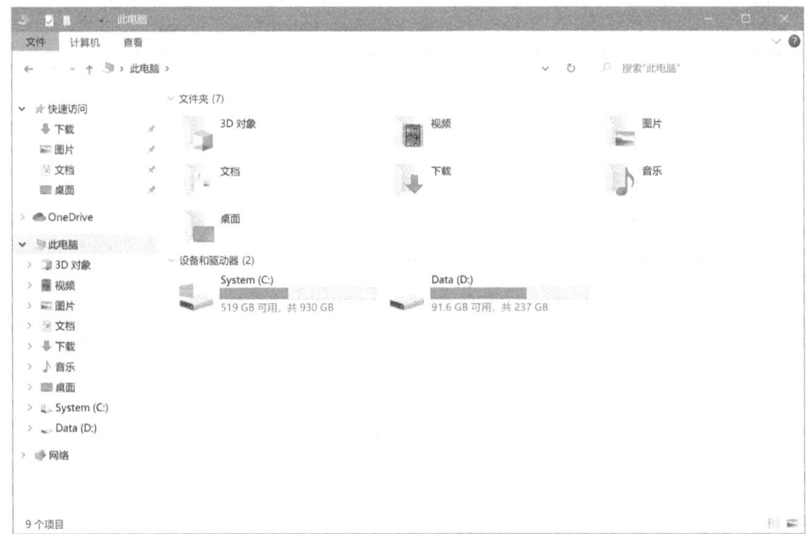

图 5-3 硬盘分区

在 Windows 10 中，每个硬盘分区都有一个由单个字母及冒号组成的唯一编号，它被称为驱动器号或盘符，编号字母为 C ~ Z。人们通常称其为 C 区、磁盘驱动器 C: 或 C 盘。

为什么没有 A 和 B 呢？因为 A 和 B 这两个编号留给了 3.5 英寸和 5.25 英寸软盘驱动器，虽然软盘启动器早已不再被主流用户使用，但是为了保证部分用户及应用程序的兼容性需求，还是需要保留 A 和 B 盘符给软盘驱动器使用。

硬盘分区一般有主分区、扩展分区和逻辑分区 3 种。

- 主分区（Primary Partition）：主要用来安装操作系统。使用 MBR 分区表的硬盘最多可以划分出 4 个主分区，GPT 分区表在 Windows 10 中至多划分 128 个主分区。
- 扩展分区（Extended Partition）：扩展分区是特殊的主分区。如果分区个数超过 4 个就必须划分扩展分区，然后继续在扩展分区中划分出更多的逻辑分区。扩展分区是不能直接用，属于逻辑概念，而且每个硬盘至多有一个扩展分区。
- 逻辑分区（Logic Partition）：扩展分区和逻辑分区属于包含关系，逻辑分区是扩展分区的组成部分。在 Windows 10 中逻辑分区至多有 128 个。

主分区、扩展分区、逻辑分区在第一次安装操作系统的时候就已划分完毕，重新安装操作系统不需要重新对硬盘进行划分。

注意　关于 MBR 分区表及 GPT 分区表内容，请参看第 4 章内容。

2. 卷

硬盘在 Windows 10 有两种配置类型，分别是基本磁盘与动态磁盘。一般用户的计算机都使用基本磁盘配置。

在使用基本磁盘配置的硬盘中，卷与分区没有根本的区别，可以认为卷就是分区，分区就是卷。但是在使用动态磁盘配置的硬盘中，卷和分区是不同的概念。

卷是 Windows 10 中的一种磁盘管理方式，其目的是为用户提供更加灵活、高效的磁盘管理方式。例如有两块容量分别为 250GB 和 320GB 的硬盘，想要将其划分为 470GB 和 100GB 大小的分区，使用基本磁盘配置下的分区方式是无法做到的，但是使用动态磁盘配置中的卷来划分就能做到。

综上所述，卷只有在使用动态磁盘配置的硬盘中才有其特殊意义。

5.2.2 基本磁盘和动态磁盘

基本磁盘和动态磁盘是 Windows 10 中的两种硬盘配置类型。大多数计算机硬盘都使用基本磁盘配置，易于管理。在 Windows 10 的磁盘管理工具中，可以查看硬盘为何种配置，操作步骤如下。

① 按下 Win+X 组合键，在弹出菜单中选择【磁盘管理】打开磁盘管理工具。

② 在图 5-4 所示的磁盘管理界面中，显示有磁盘 0 和磁盘 1 两块硬盘，其中磁盘 0 的类型为“基本”，基本磁盘配置，磁盘 1 的类型为“动态”，即动态磁盘配置。

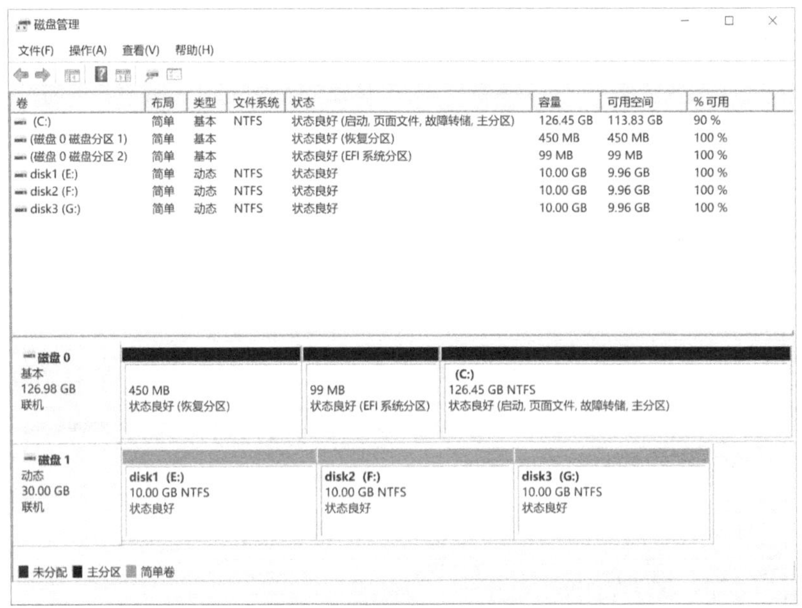

图 5-4 磁盘管理界面

使用基本磁盘配置的硬盘，使用主分区、扩展分区和逻辑分区方式来划分硬盘空间。格式化的分区也称为分区或卷（卷和分区通常互换使用）。基本磁盘中的分区不能与其他分区共享或拆分数据，且每个分区都是该硬盘中的独立实体。基本磁盘中的分区使用 26 个英文字母作为盘符，因为 A、B 已经被软驱占用，所以操作系统可使用的盘符只有 24 个。

动态磁盘是由基本磁盘升级而来。动态磁盘与基本磁盘相比，最大的不同就是不再采用以前的分区方式，而是采用卷（Volume）来分区，其功能类似于基本磁盘中使用的主分区。卷分为简单卷、跨区卷、带区卷、镜像卷、RAID-5 卷。动态磁盘盘符命名不受 26 个英文字母的限制，不管使用 MBR 分区表还是 GPT 分区表，其最多可以包含 2000 个卷。

基本磁盘和动态磁盘相比，有以下区别。

■ 卷或分区数量：在使用动态磁盘的 Windows 10 中，可创建的卷或分区个数至多为

2000 个，而基本磁盘至多 128 个分区。

■ 磁盘空间管理：动态磁盘可以把不同硬盘的分区组合成一个卷，并且这些分区可以是非相邻的，这样一个卷就是几个磁盘分区的总大小，如图 5-5 所示。基本磁盘不能跨硬盘分区并且分区必须是连续的空间，每个分区的容量最大只能是单个硬盘的最大容量，读写速度和单个硬盘相比没有提升。

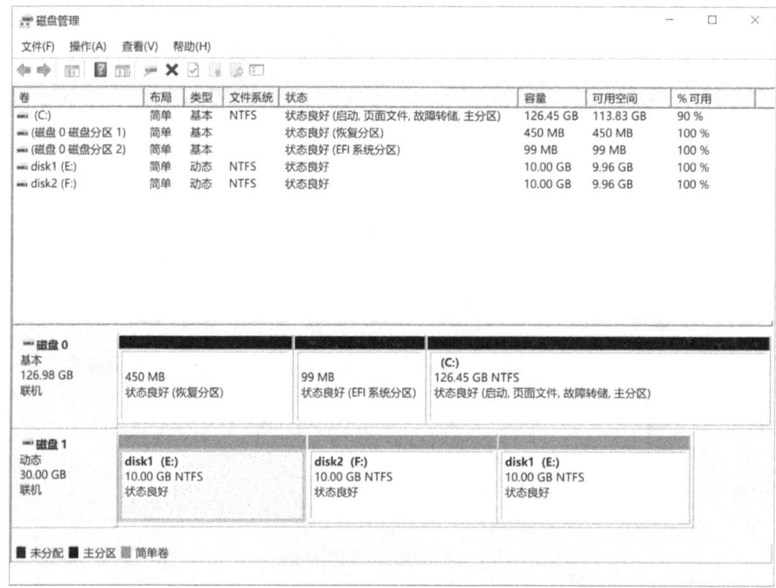

图 5-5　非相邻分区合并

■ 磁盘配置信息管理和容错：动态磁盘将磁盘配置信息放在磁盘中，如果是 RAID（磁盘整列），会被复制到其他动态磁盘。如果某个硬盘损坏，操作系统将自动调用另一个硬盘的数据，从而保证数据的完整性。而基本磁盘将配置信息存放在引导区，没有容错功能。

1. 基本磁盘转换为动态磁盘

在 Windows 10 中创建分区时默认使用基本磁盘配置，如果用户有需求，可以通过图形界面或命令行工具这两种方式将基本磁盘转换为动态磁盘。

关于将基本磁盘转换为动态磁盘，请务必注意以下两点。

■ 将基本磁盘转换为动态磁盘后，基本磁盘上现有主分区、扩展分区和逻辑分区都将变为动态磁盘上的简单卷。

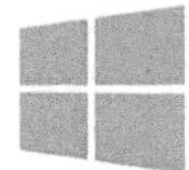

■ 在转换硬盘之前，请关闭运行在该硬盘上的所有程序。

使用图形界面

在 Windows 10 中，使用磁盘管理工具即可完成硬盘配置转换，操作步骤如下。

① 按下 Win+X 组合键，在弹出菜单中选择【磁盘管理】，或者在【运行】对话框中执行 `diskmgmt.msc` 命令，打开【磁盘管理】界面。

② 如图 5-6 所示，选择要转换为动态磁盘的硬盘，然后单击右键，在出现的菜单中选择【转换到动态磁盘】。

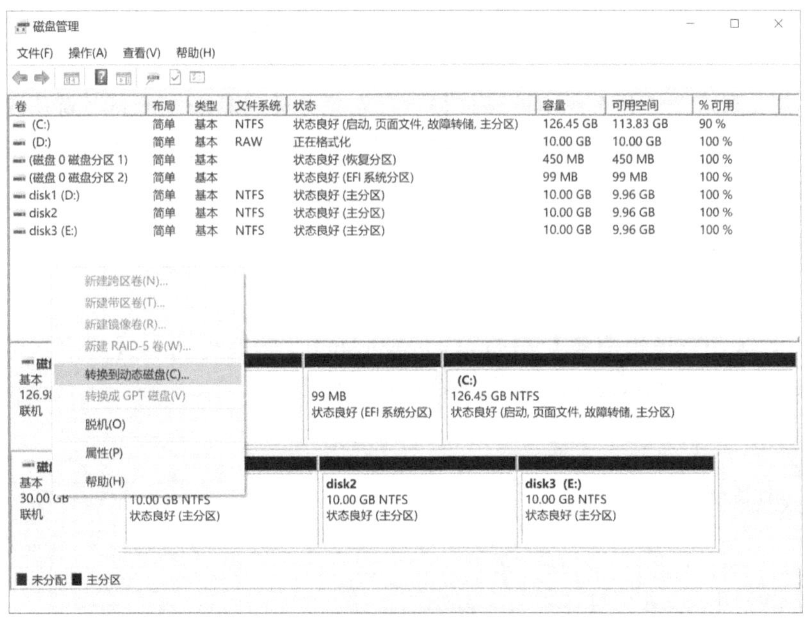

图 5-6　磁盘管理

③ 在【转换为动态磁盘】界面中选择需要转换的硬盘，如图 5-7 所示。Windows 10 支持同时转换多个硬盘为动态磁盘。这里只选择转换【磁盘 1】，然后单击【确定】。

④ 在图 5-8 所示的磁盘转换确认界面中，核对要转换的硬盘是否正确，同时也可以单击【详细信息】查看该硬盘的分区信息，然后单击【转换】，此时磁盘管理工具会提示，如果转换该硬盘为动态磁盘将不能启动安装在该硬盘分区中的操作系统，由于转换的硬盘中无 Windows 分区，所以单击【转换】。

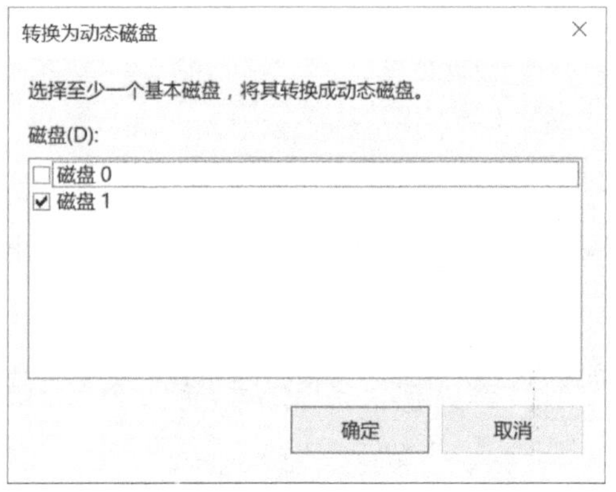

图 5-7　转换为动态磁盘界面

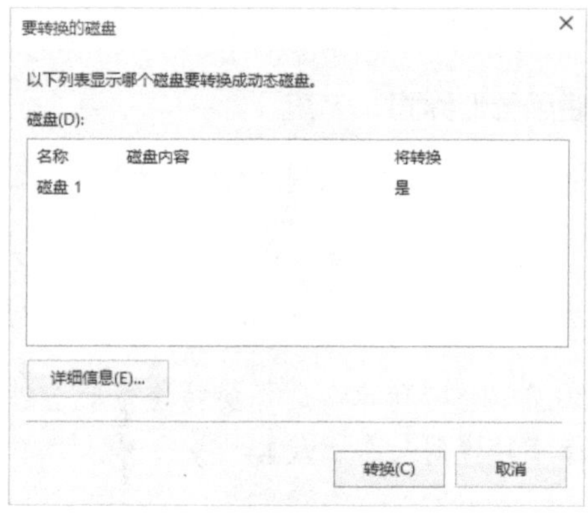

图 5-8　磁盘转换确认界面

⑤ 转换完成之后，操作系统不做任何提示，在磁盘管理界面可看到之前使用基本磁盘配置的磁盘 1 已经被标注为动态，而且所属 3 个分区由之前蓝色主分区变成棕黄色的简单卷，表示硬盘配置转换成功。

使用 PowerShell 或命令提示符

使用 Windows 10 自带的命令行工具 DiskPart 同样可以完成转换任务。按下 Win+X 组合键，在弹出菜单中选择【Windows PowerShell（管理员）】或【命令提示符（管理员）】，在打开的 PowerShell 界面中执行如下命令。

```
diskpart
```

运行 DiskPart 工具。

```
list disk
```

显示所有联机的硬盘，并记下要转为动态磁盘的，这里以转换磁盘 1 为例。

```
select disk 1
```

选择磁盘 1 为操作对象。

```
convert dynamic
```

对磁盘 1 进行转换操作，此步骤无任何提示，执行之前请认真核对磁盘信息是否正确。执行命令之后，等待程序执行完成提示，然后退出 DiskPart 命令环境即可，如图 5-9 所示。

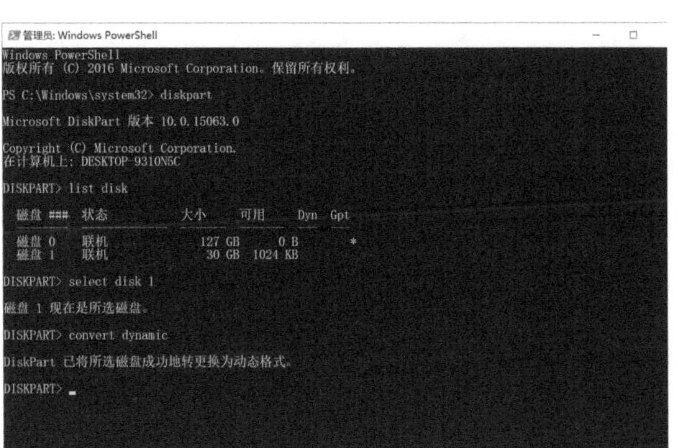

图 5-9 转换动态磁盘命令过程

注意 不能将安装有 Windows 10 的硬盘转换为动态磁盘，否则操作系统将无法启动。

2. 动态磁盘转换为基本磁盘

基本磁盘可以直接转换为动态磁盘，存储的数据完整无损，但是该过程单向不可逆。要想转回基本磁盘，只有把存储在该硬盘中的数据全部拷出，然后删除该硬盘上的卷才行。

注意 目前可以使用第三方磁盘管理工具，实现动态磁盘到基本磁盘的无损转换，完整保留数据。

使用图形界面

打开【磁盘管理】界面，在需要转换的硬盘上依次选中其中的卷，然后单击右键并在弹出菜单中选择【删除卷】，如图 5-10 所示，待最后一个卷删除之后，该硬盘配置即可变成基本磁盘。

注意 删除卷之前请确保数据已转移或备份，此过程会清空硬盘所有数据。

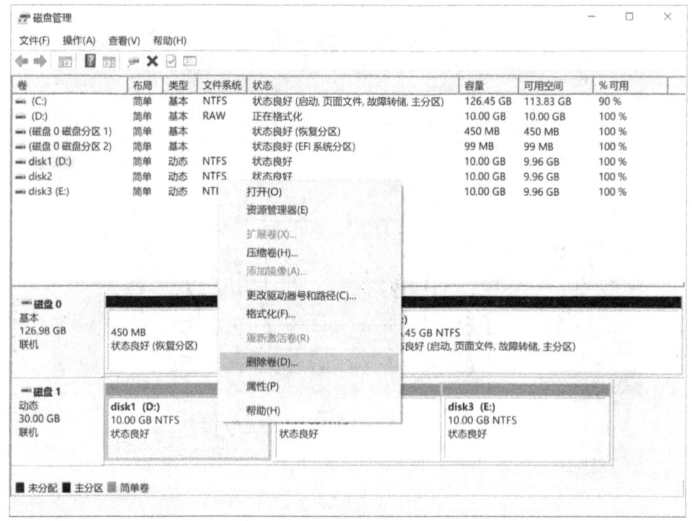

图 5-10　删除卷操作

使用 PowerShell 或命令提示符

使用 Windows 10 自带的命令行工具 DiskPart 同样可以完成转换任务。按下 Win+X 组合键，然后在出现的菜单中选择【Windows PowerShell（管理员）】，在打开的 PowerShell 界面中执行如下命令。

```
diskpart
```

运行 DiskPart 工具。

```
list disk
```

显示所有联机的硬盘，并记下要转为基本磁盘的硬盘磁盘号，这里以转换磁盘 1 为例。

```
select disk 1
```

选择磁盘 1 为操作对象。

```
detail disk
```

显示该硬盘下所有卷的信息。

```
select volume 0
```

选中要删除的卷。

```
delete volume
```

删除选中的卷，如果硬盘有多个卷，分别选中删除即可。

```
convert basic
```

所有卷删除完毕之后，输入如上命令，等待程序提示完成，即可完成转换操作，如图 5-11 所示。

```
管理员: Windows PowerShell
DISKPART> select disk 1

磁盘 1 现在是所选磁盘。

DISKPART> detail disk

Microsoft Virtual Disk
磁盘 ID: C0BE29C9
类型   : SAS
状态 : 联机
路径   : 0
目标 : 0
LUN ID : 2
位置路径 : UNAVAILABLE
当前只读状态: 否
只读: 否
启动磁盘: 否
页面文件磁盘: 否
休眠文件磁盘: 否
故障转储磁盘: 否
群集磁盘  : 否

  卷 ###      LTR  标签         FS     类型        大小     状态       信息
  ----------  ---  -----------  -----  ----------  -------  ---------  --------
  卷     0     D   disk1        NTFS   简单          10 GB  正常

DISKPART> select volume 0

卷 0 是所选卷。

DISKPART> delete volume

DiskPart 成功地删除了卷。

DISKPART> convert basic

DiskPart 已将所选磁盘成功地转更换为基本格式。

DISKPART> _
```

图 5-11　转换基本磁盘命令过程

5.2.3　各种不同类型的卷

动态磁盘包含 5 种不同类型的卷，分别是简单卷、跨区卷、带区卷、镜像卷和 RAID-5 卷，每种都有其特殊功能。

1. 简单卷（Simple Volume）

简单卷是硬盘的逻辑单位，类似于基本磁盘中的分区。如果是从单个动态磁盘中对现有的简单卷进行扩展（扩展的部分和被扩展的简单卷在同一个磁盘中），该卷也称为简单卷。简单卷是动态磁盘默认的卷类型且不具备容错能力。

创建简单卷可以通过磁盘管理工具和 DiskPart 命令行工具完成，下面分别介绍。

使用图形界面

简单卷可以通过磁盘管理工具创建，操作步骤如下。

① 打开磁盘管理工具，找到使用动态磁盘配置的硬盘，选中标注为【未分配】的空间（黑色区域）并单击右键。

② 在弹出菜单中选择【新建简单卷】，如图 5-12 所示。

③ 然后在【新建简单卷】向导界面中，按照向导提示完成操作并等待程序格式化完成，即成功创建简单卷。

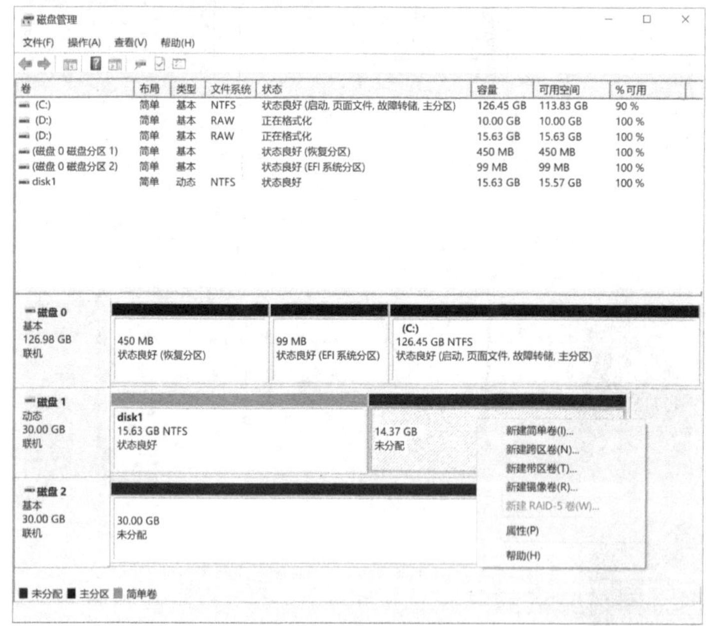

图 5-12　新建简单卷

使用 PowerShell 或命令提示符

以管理员身份运行 PowerShell 或命令提示符，输入如下命令。

```
diskpart
```

运行 DiskPart 工具。

```
list disk
```

显示连接到计算机的所有硬盘，然后记下要创建简单卷的硬盘的磁盘号。

```
create volume simple size=15000 disk=2
```

创建简单卷。这里以在第三块硬盘上创建一个 15GB 大小的简单卷为例。如果不指定

size 参数，即代表使用硬盘上所有未分配空间。

```
assign letter=F
```

指定盘符为 F。也可以使用 `assign` 命令自动分配盘符。

```
exit
```

退出 DiskPart 命令行工具。

```
format f: /fs:ntfs
```

对刚创建的简单卷进行格式化操作，按照提示完成格式化操作之后，即可使用该简单卷。使用 DiskPart 工具创建简单卷的过程如图 5-13 所示。

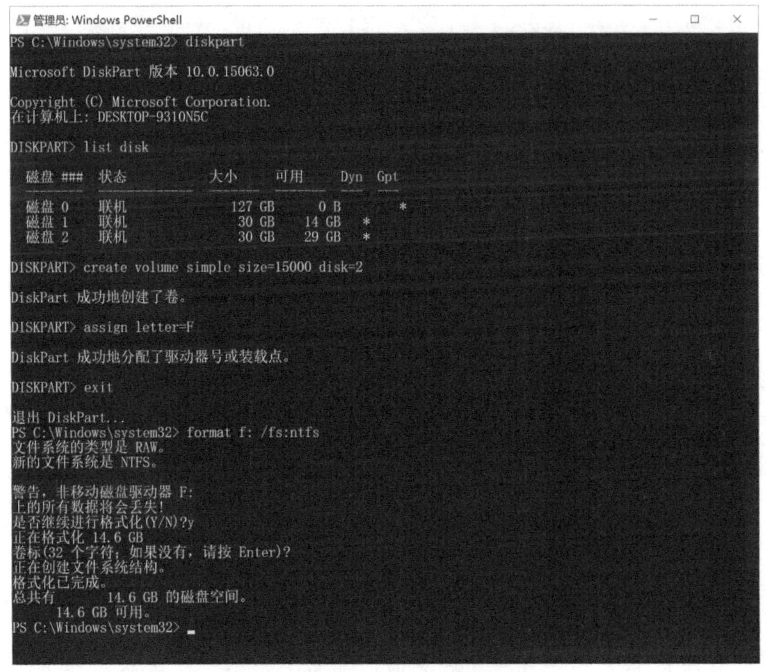

图 5-13　使用 DiskPart 创建简单卷

2. 跨区卷（Spanned Volume）

跨区卷是将多个硬盘的未使用空间合并到一个逻辑卷中，这样可以更有效地使用多个硬盘上的空间。如果包含一个跨区卷的硬盘出现故障，则整个卷无法工作，且其上的数据将全部丢失，跨区卷不具备容错能力。跨区卷只能使用 NTFS 文件系统，不能扩展使用 FAT 文件系统格式化的跨区卷。

跨区卷最多能使用 32 个采用动态磁盘配置的硬盘空间。创建跨区卷最少需要两块硬盘，本节以两块 30GB 大小硬盘为例。创建过程同样可以使用磁盘管理工具以及 DiskPart 命令行工具完成。

使用图形界面

① 按下 Win+X 组合键，在弹出菜单中选择【磁盘管理】。

② 在【磁盘管理】界面中，选中要创建跨区卷的硬盘未分配空间，然后单击右键并在弹出菜单中选择【新建跨区卷】，如图 5-14 所示。

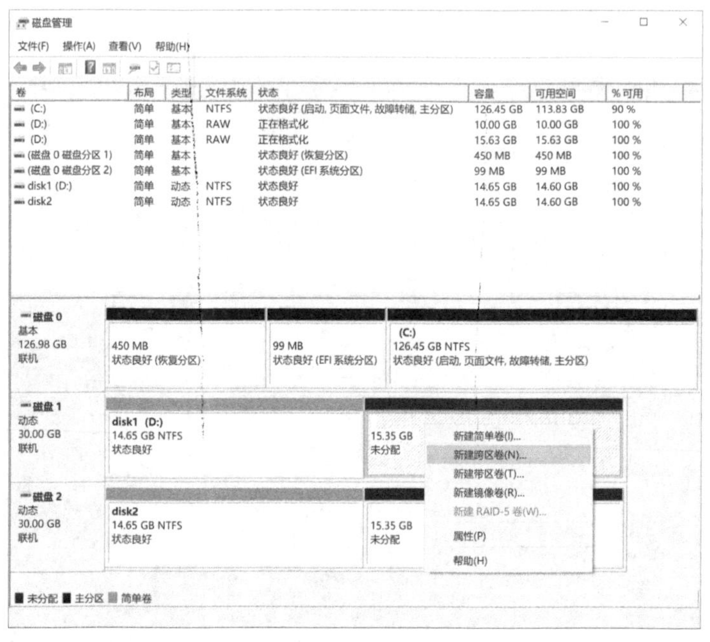

图 5-14　新建跨区卷

③ 进入【新建跨区卷】向导程序欢迎界面，其简单介绍了跨区卷的作用，如图 5-15 所示，然后单击【下一步】。

④ 在图 5-16 所示的界面中，【已选的】列表中显示了要扩展空间的硬盘及其大小，本例中为磁盘 1，可用空间为 15589MB。【可用】列表中显示了可被扩展使用的其他硬盘，本例中只有磁盘 2 可被使用，如果还有其他硬盘可被使用，也会在【可用】列表下显示。在【可用】列表下选中要使用的硬盘，然后单击【添加】按钮使磁盘 2 移动到【已选的】列表中。

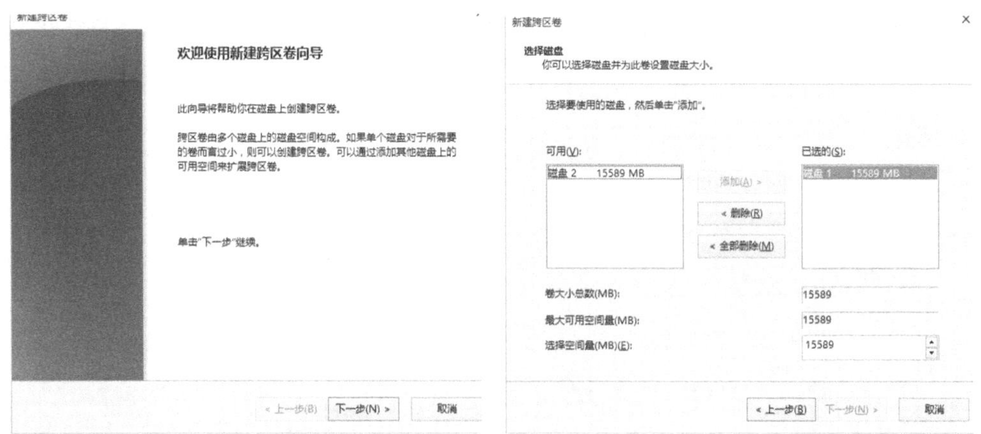

图 5-15　新建跨区卷欢迎页　　　　图 5-16　跨区卷磁盘选择

对于需要扩展空间的硬盘和被扩展使用的硬盘，可以通过【选择空间量】手动输入需要使用的空间容量，本节以两块硬盘都使用 5000MB 空间为例，如图 5-17 所示，然后单击【下一步】。

图 5-17　跨区卷硬盘容量调整

⑤ 在图 5-18 所示的界面中，选择要使用的卷盘符，这里使用默认配置即可，然后单击【下一步】。

⑥ 由于跨区卷只能使用 NTFS 文件系统，所以在图 5-19 所示的界面中，保持默认配置，然后单击【下一步】。

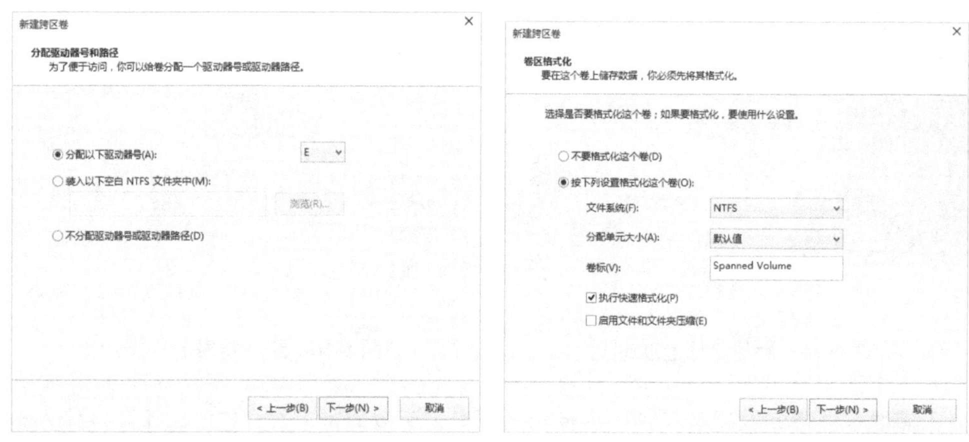

图 5-18　分配驱动器号和路径　　　　图 5-19　卷区格式化

⑦ 在【正在完成新建跨区卷向导】界面中，详细列出了之前配置的跨区卷信息，如果配置无误，单击【完成】，如图 5-20 所示。等待程序创建并格式化完成，跨区卷就创建成功了，如图 5-21 所示。

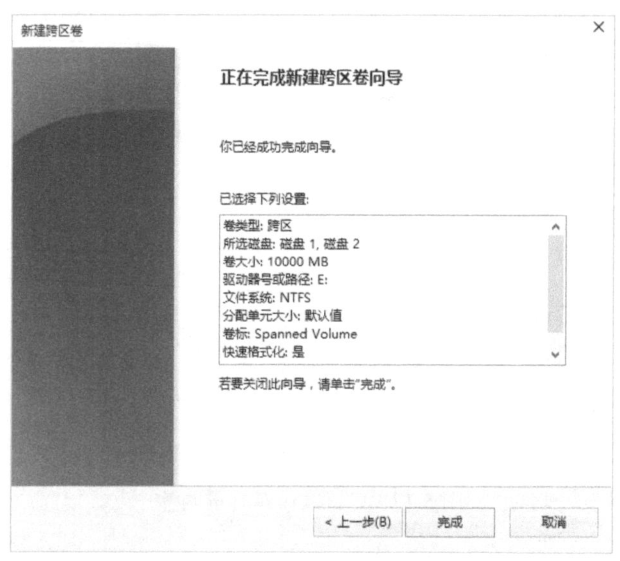

图 5-20　新建跨区卷确认界面

磁盘管理

文件(F) 操作(A) 查看(V) 帮助(H)

卷	布局	类型	文件系统	状态	容量	可用空间	% 可用
(C:)	简单	基本	NTFS	状态良好 (启动, 页面文件, 故障转储, 主分区)	126.45 GB	113.83 GB	90 %
(D:)	简单	基本	RAW	正在格式化	10.00 GB	10.00 GB	100 %
(D:)	简单	基本	RAW	正在格式化	15.63 GB	15.63 GB	100 %
(E:)	跨区	动态	NTFS	状态良好	9.77 GB	9.73 GB	100 %
(磁盘 0 磁盘分区 1)	简单	基本		状态良好 (恢复分区)	450 MB	450 MB	100 %
(磁盘 0 磁盘分区 2)	简单	基本		状态良好 (EFI 系统分区)	99 MB	99 MB	100 %
disk1 (D:)	简单	动态	NTFS	状态良好	14.65 GB	14.60 GB	100 %
disk2	简单	动态	NTFS	状态良好	14.65 GB	14.60 GB	100 %

图 5-21 跨区卷

使用 PowerShell 或命令提示符

按下 Win+X 组合键，然后在弹出菜单中选择【Windows PowerShell（管理员）】，在打开的界面中输入如下命令。

```
diskpart
```

运行 DiskPart 工具。

```
list disk
```

显示所有联机的硬盘，并记录要创建跨区卷的硬盘磁盘号，这里以把磁盘 1 的空间扩展到磁盘 2 上为例。

```
create volume simple size=5000 disk=1
```

首先在磁盘 1 上创建大小为 5000MB 的简单卷。

```
list volume
```

显示要扩展到其他硬盘上的简单卷的卷号，这里卷号为 5。

```
select volume 5
```

选择要扩展到其他硬盘上的简单卷。

```
extend size=5000 disk=2
```

将选择的卷扩展到磁盘 2，并设定扩展大小为 5000MB。

```
format quick fs=ntfs
```

对扩展后的跨区卷进行格式化，格式化方式为快速格式化，使用 NTFS 文件系统。

```
assign
```

自动分配盘符，同时也可以使用 `assign latter=X` 命令指定盘符。盘符创建完成之后跨区卷也创建成功，如图 5-22 所示。

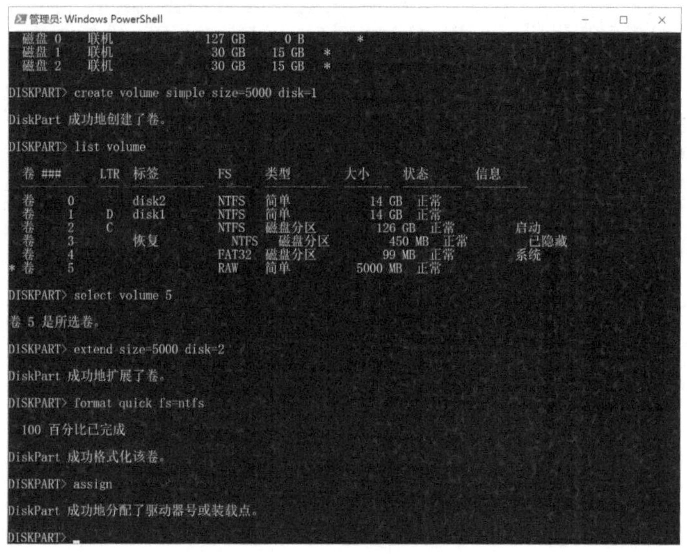

图 5-22　命令行创建跨区卷

3. 带区卷（Striped Volume）

带区卷是将两个或更多硬盘上的可用空间合并到一个逻辑卷。带区卷和跨区卷类似，但是带区卷使用 RAID-0 磁盘阵列配置模式，因此，在向带区卷中写入数据时，数据被分割成 64KB 的数据块，同时向阵列中的每一块硬盘写入不同的数据块，从而可以在多个硬盘上分布数据，此种数据存储方式显著提高了硬盘效率和读写性能。

带区卷不能被扩展或镜像，且不具备容错能力，因此，带区卷一旦创建成功就无法重新调整其大小。如果包含带区卷的其中一个硬盘出现故障，则整个带区卷将无法正常使用。当创建带区卷时，最好使用相同大小、型号和制造商的硬盘。

尽管不具备容错能力，但带区卷是所有 Windows 磁盘管理策略中性能最好的卷类型，同时它通过在多个硬盘上分配 I/O 请求从而提高了 I/O 性能。

创建带区卷同样可以使用磁盘管理工具及 DiskPart 命令行工具完成。

使用图形界面

① 按下 Win+X 组合键，在弹出菜单中选择【磁盘管理】。

② 在【磁盘管理】界面中，选中要创建带区卷的硬盘未分配空间，然后单击右键并在弹出菜单中选择【新建带区卷】，如图 5-23 所示。

③ 进入新建带区卷向导界面，其中简单介绍了带区卷的作用，如图 5-24 所示，然后单击【下一步】。

④ 在【磁盘选择】界面的【可用】列表中，选择需要扩展为带区卷的硬盘。这里以磁盘 2 为例，选中磁盘 2，然后单击【添加】，使其移动到【已选的】列表中。通过【选择空间量】可以手动设置带区卷大小。由于带区卷使用 RAID-0 磁盘阵列模式，因此磁盘 1 和磁盘 2 的大小必须相同，如果两块硬盘容量不同，则程序以空间最小的硬盘为最大可使用空间。

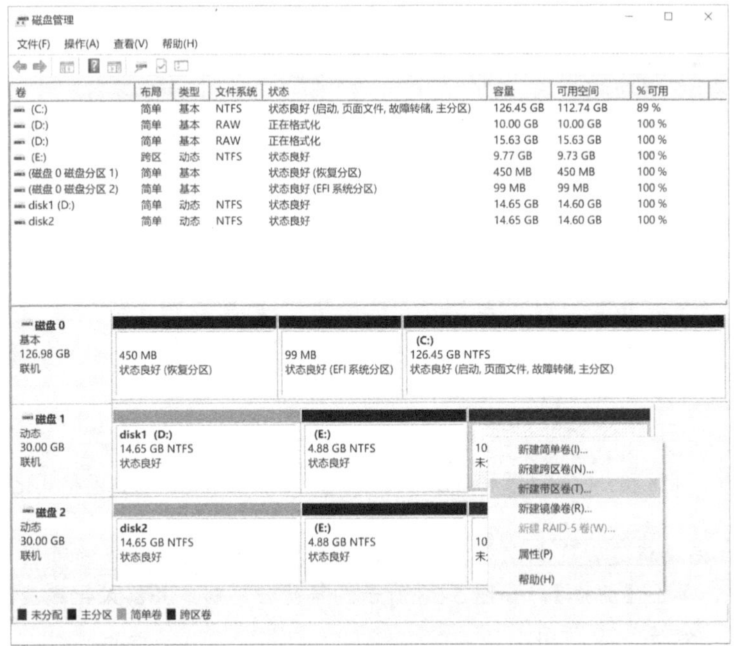

图 5-23　新建带区卷

如图 5-25 所示，本例将带区卷空间设置为 5000MB，然后单击【下一步】。

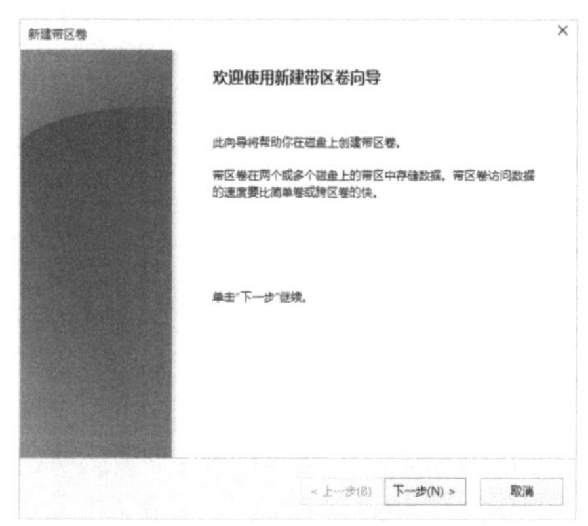

图 5-24　新建跨区卷欢迎页

图 5-25　带区卷磁盘选择

⑤ 在图 5-26 所示的【分配驱动器号和路径】界面中，选择要使用的带区卷盘符，这里使用默认配置即可，然后单击【下一步】。

⑥ 由于带区卷只能使用 NTFS 文件系统，所以在图 5-27 所示的【卷区格式化】界面中保持默认配置，然后单击【下一步】。

图 5-26　带区卷分配驱动器和路径

图 5-27　带区卷格式化

⑦ 在【正在完成新建带区卷向导】界面中，会详细列出之前配置的带区卷信息，如果配置无误，单击【完成】，如图 5-28 所示。等待程序创建并格式化完成，带区卷就创建成功了，如图 5-29 所示。

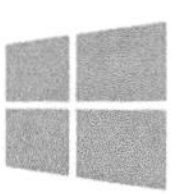

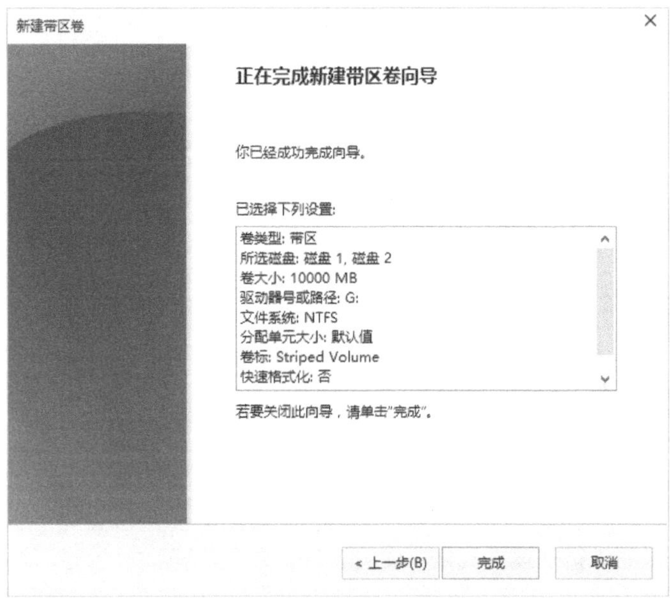

图 5-28　带区卷确认界面

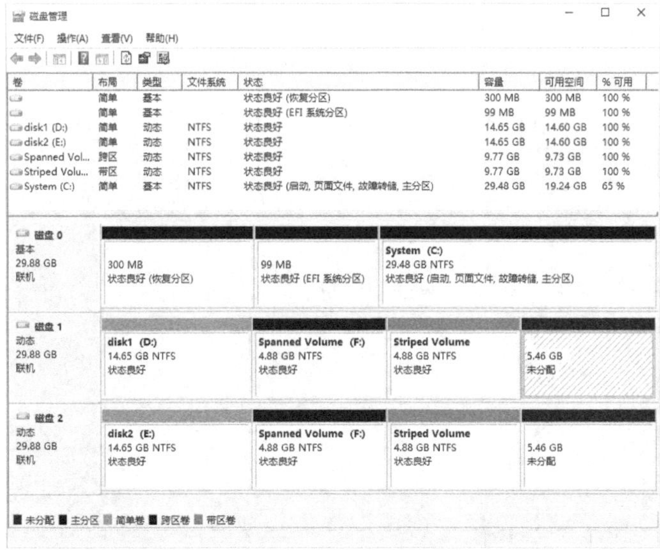

图 5-29　带区卷

使用 PowerShell 或命令提示符

使用 DiskPart 命令行工具创建带区卷的过程简单，按下 Win+X 组合键，在弹出菜单中选择【Windows PowerShell（管理员）】或【命令提示符（管理员）】，在打开的 PowerShell 界面中执行如下命令。

```
diskpart
```

运行 DiskPart 工具。

```
list disk
```

显示所有联机的硬盘，并记录要创建带区卷的硬盘磁盘号，这里以使用磁盘 1 和磁盘 2 创建带区卷为例。

```
create volume stripe size=5000 disk=1,2
```

创建大小为 5000MB 的带区卷。

```
format quick fs=ntfs
```

对创建后的带区卷进行快速格式化，使用 NTFS 文件系统。

```
assign
```

自动分配盘符，同时也可以使用 assign latter=X 命令指定盘符。盘符创建完成之后带区卷也创建成功了，如图 5-30 所示。

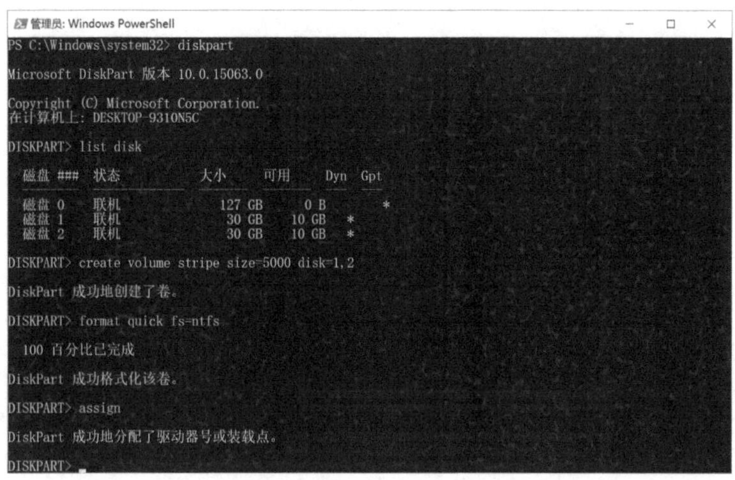

图 5-30　命令行创建带区卷

4. 镜像卷（Mirrored Volume）

镜像卷具备容错能力，其使用 RAID-1 磁盘阵列配置模式，通过创建两份相同的

卷副本，来提供冗余性确保数据安全。操作系统写入镜像卷的所有数据，都被同时写入独立的物理硬盘上的两个镜像卷中。也就是说写入数据时，操作系统会同时向两块硬盘写入相同的数据，如果其中一个物理硬盘出现故障，则该故障硬盘上的数据将不能正常使用，但是操作系统可以使用另外一块无故障的硬盘继续读写数据。

和带区卷一样，镜像卷一旦创建成功就无法重新调整其大小，除非删除现有镜像卷，然后重新创建镜像卷。

创建镜像卷同样可以使用磁盘管理工具及 DiskPart 命令行工具完成。

使用图形界面

① 按下 Win+X 组合键，在菜单中选择【磁盘管理】。

② 在磁盘管理界面中，右键单击要创建镜像卷的硬盘未分配空间，并在弹出菜单中选择【新建镜像卷】，如图 5-31 所示。

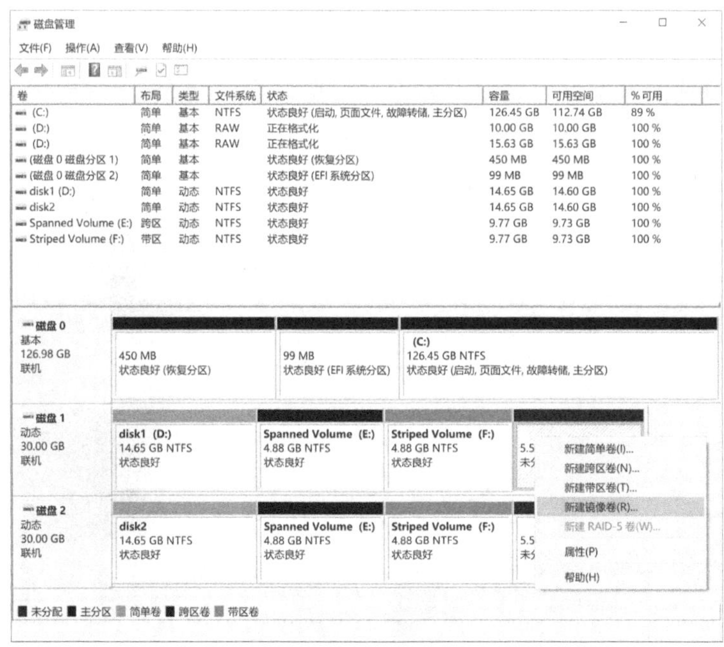

图 5-31　新建镜像卷

③ 新建镜像卷的向导程序欢迎界面中简单介绍了镜像卷的作用，如图 5-32 所示，然后单击【下一步】。

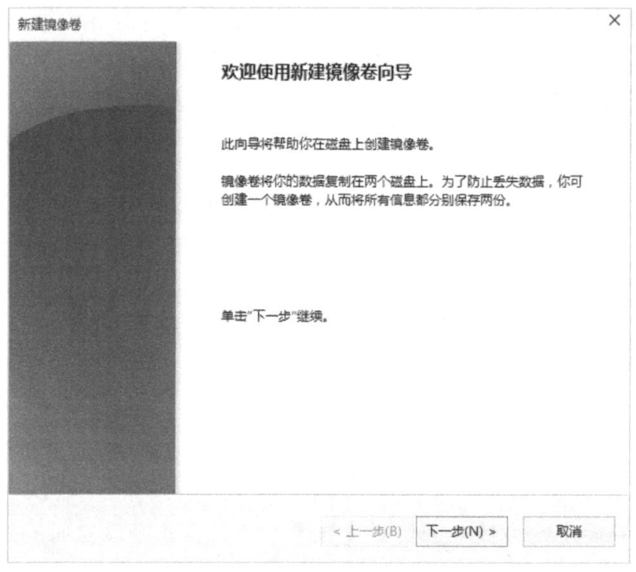

图 5-32　新建镜像卷欢迎页

④ 镜像卷磁盘选择要求和带区卷要求相同，这里不再赘述，本例配置如图 5-33 所示，单击【下一步】。

⑤ 在图 5-34 所示的【分配驱动器号和路径】界面中，选择要使用的镜像卷盘符，这里使用默认配置即可，然后单击【下一步】。

图 5-33　镜像卷磁盘选择

图 5-34　镜像卷盘符选择

⑥ 镜像卷和带区卷一样，只能使用 NTFS 文件系统，所以在图 5-35 所示的【卷区格式化】界面中，保持默认配置，然后单击【下一步】。

图 5-35　镜像卷格式化设置

⑦ 在【正在完成新建镜像卷向导】界面中，会详细列出之前配置的镜像卷信息，如果配置无误，单击【完成】按钮，如图 5-36 所示。等待程序创建并格式化完成，镜像卷就创建成功了，如图 5-37 所示。

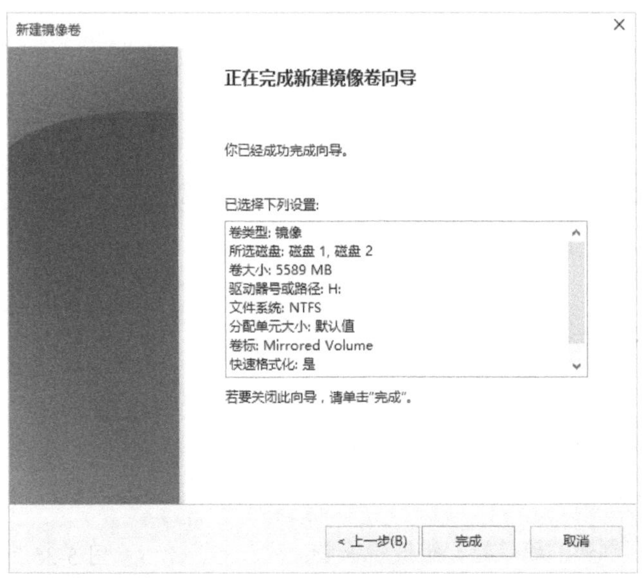

图 5-36　镜像卷确认界面

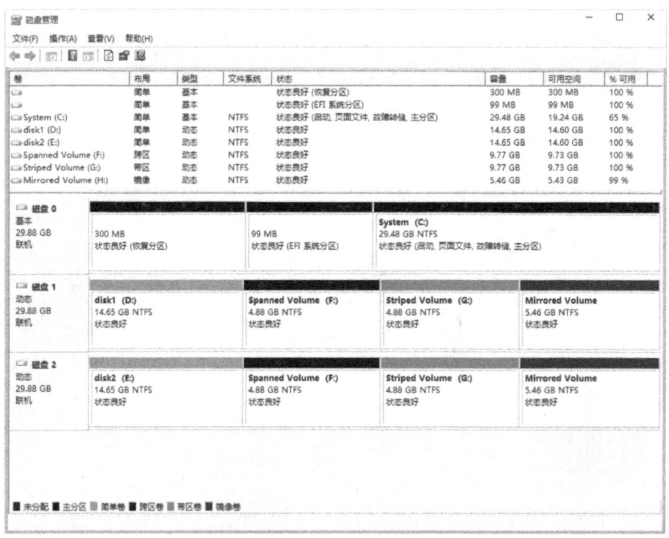

图 5-37　镜像卷

使用 PowerShell 或命令提示符

使用 DiskPart 命令行工具创建镜像卷过程很简单，只需按下 Win+X 组合键，在弹出菜单中选择【Windows PowerShell（管理员）】或【命令提示符（管理员）】，在打开的 PowerShell 界面中输入如下命令。

```
diskpart
```

运行 DiskPart 工具。

```
list disk
```

显示所有联机的硬盘，并记录要创建镜像卷的硬盘磁盘号，这里以使用磁盘 1 和磁盘 2 创建镜像卷为例。

```
select disk 1
```

选择磁盘 1 为操作对象。

```
create volume simple size=5000 disk=1
```

在磁盘 1 上创建大小为 5000MB 的简单卷。

```
add disk 2
```

添加磁盘 2 到刚创建的简单卷，组成镜像卷。

```
format quick fs=ntfs
```

对创建后的带区卷进行快速格式化，使用 NTFS 文件系统。

```
assign
```

自动分配盘符，同时也可以使用 `assign latter=X` 命令指定盘符。盘符创建完成之后镜像卷也创建成功了，如图 5-38 所示。

```
管理员: Windows PowerShell
Copyright (C) Microsoft Corporation.
在计算机上: DESKTOP-9310N5C

DISKPART> list disk

  磁盘 ###  状态           大小     可用     Dyn  Gpt
  --------  -------------  -------  -------  ---  ---
  磁盘 0    联机              127 GB      0 B        *
  磁盘 1    联机               30 GB  5718 MB   *
  磁盘 2    联机               30 GB  5718 MB   *

DISKPART> select disk 1

磁盘 1 现在是所选磁盘。

DISKPART> create volume simple size=5000 disk=1

DiskPart 成功地创建了卷。

DISKPART> add disk 2

DiskPart 已将镜像成功地添加到这个卷。

DISKPART> format quick fs=ntfs

  100 百分比已完成

DiskPart 成功格式化该卷。

DISKPART> assign

DiskPart 成功地分配了驱动器号或装载点。

DISKPART> _
```

图 5-38　命令行创建镜像卷

5. RAID-5 卷（RAID-5 Volume）

RAID-5 卷是使用了 RAID-5 磁盘阵列配置模式的一种容错卷。如图 5-39 所示，在 RAID-5 卷中数据和奇偶校验值是以交替带状方式分布在 3 个或更多的硬盘中。如果硬盘的某一部分损坏，操作系统可以使用剩余数据以及奇偶校验重新创建损坏的那一部分数据。例如，使用 3 个 30GB 硬盘创建一个 RAID-5 卷，则该卷将拥有 60GB 的容量，剩余的 30GB 用于储存奇偶校验值。

RAID-5 卷可以理解为是带区卷和镜像卷的折中方案。RAID-5 卷可以保障操作系统的数据安全，其保障程度要比镜像卷低，但是磁盘空间利用率要比镜像卷高。RAID-5 卷具有和带区卷相似的数据读写速度，由于多了一个奇偶校验值，写入数据的速度比对单个硬盘的写入操作稍慢。同时，由于多个数据对应一个奇偶校验值，因此，RAID-5 卷的磁盘空间利用率要比镜像卷高，存储成本相对较低。RAID-5 卷适合由读写数据操作构成的计算机环境，例如数据库服务器等。

由于 RAID-5 卷只能在 Windows Server 操作系统下创建使用，所以本节只做概念性介绍。

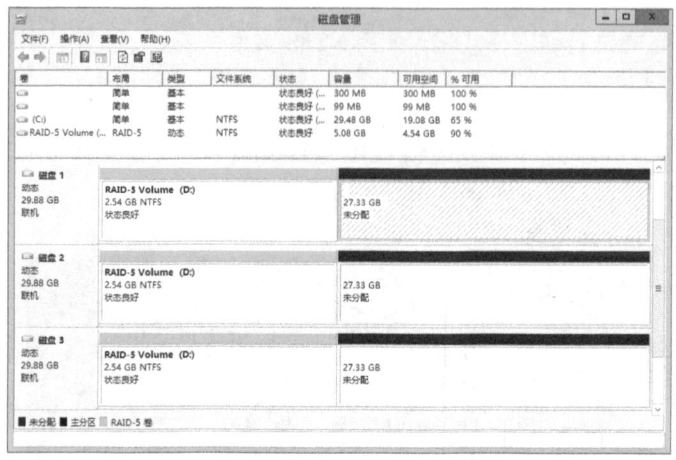

图 5-39　RAID-5 卷

5.2.4　磁盘配额

想象一下，如果任何用户都可以随意占用一台公用电脑的硬盘空间，那么硬盘的空间肯定不够用。所以，限制和管理用户使用的硬盘空间非常重要，无论是 NFS 服务、FTP 服务、用户账户，都需要对用户使用的硬盘容量进行控制，以避免对硬盘空间的滥用。Windows 10 中的磁盘配额（Disk Quotas）能够简单高效地实现这一功能。

1. 磁盘配额概述

所谓磁盘配额，指计算机管理员可以对使用此计算机的每个用户所能使用的硬盘空间进行配额限制，即每个用户只能使用最大配额范围内的硬盘空间。例如某台安装 Windows 10 的计算机注册有 3 个账户，Windows 分区有 50GB 可用空间，其中使用某个账户的用户在桌面存放了 40GB 的数据，这就造成其他两个账户的可用硬盘空间只有 10GB，使用上会造成不便。因此，磁盘配额功能适合用于 FTP、NFS 等文件服务器，其可以限制每个账户可写入的硬盘空间容量。

磁盘配额功能会监测账户在分区或卷上的硬盘空间使用情况，因此，每个账户对硬盘空间的利用都不会影响同一分区或卷上其他账户的磁盘配额。磁盘配额具有如下特性。

- 磁盘配额只支持 NTFS 文件系统，以分区或卷为单位向用户提供磁盘配额功能。
- 可针对分区或卷以及特定账户设置磁盘配额，例如在 FTP 服务器中就需要对特定账户设置磁盘配额值，防止某些账户占用过多硬盘空间而影响其他账户的使用。

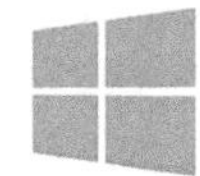

- 磁盘配额针对每个账户的硬盘空间使用情况进行监控。此种监控方式使用文件或文件夹的权限配置实现。当某账户在 NTFS 分区上复制或存储一个新的文件时，它就拥有对这个文件的读写权限，这时磁盘配额就将此文件的大小计入该用户的磁盘配额空间。
- 磁盘配额不支持 NTFS 文件系统的文件压缩功能，当磁盘配额统计磁盘使用情况时，都是统一按未压缩文件的大小来统计，而不管它实际占用了多少磁盘空间。这主要是因为使用压缩文件时，不同类型的文件类型有不同的压缩比，相同大小的两种文件压缩后的大小可能截然不同。
- 启用磁盘配额后，分区在文件资源管理器中所显示的剩余空间，其实是指当前账户的磁盘配额范围内的剩余空间。
- 磁盘配额针对每个分区或卷的硬盘空间使用情况进行独立监控，不管它们是否位于同一物理硬盘。
- Windows 10 可以对磁盘配额进行检测，它可以扫描硬盘分区或卷，检测每个账户对硬盘空间的使用情况，并用不同的颜色标识出硬盘使用空间超过警告值和配额限制的账户，这样就便于用户对磁盘配额进行管理。

综上所述，磁盘配额提供了一种基于账户和分区或卷的文件存储管理功能，使得操作系统管理员可以方便、合理地分配存储资源，避免由于硬盘空间使用的失控而造成的操作系统崩溃，从而提高了操作系统的安全性和可用性。

2. 磁盘配额管理

磁盘配额管理主要分为启动磁盘配额、禁用磁盘配额以及针对特定用户设置磁盘配额。

使用具有管理员身份的账户登录 Windows 10，打开【文件资源管理器】，右键单击要启用或禁用磁盘配额的分区，在弹出菜单中选择【属性】。在【属性】对话框的【配额】选项卡中，单击【显示配额设置】即可打开磁盘配额界面，如图 5-40 所示。

图 5-40　磁盘配额界面

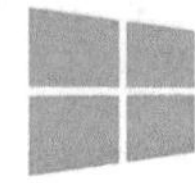

启用磁盘配额时需要设置如下选项。

- 启用配额管理：勾选【启用配额管理】即可启用磁盘配额，反之则关闭磁盘配额。
- 拒绝将磁盘空间给超过配额限制的用户：此选项主要针对新注册的账户。勾选此复选框之后，只要新注册账户使用硬盘空间量超过其磁盘配额值，Windows 10 将会提示用户“磁盘空间不足”，并且要求用户删除或移动一些现存数据之后，才能将额外的数据写入分区或卷中。此外，也可以选择新账户不限制硬盘空间的使用。
- 将磁盘空间限制为与将警告等级设为：该设置允许用户或应用程序使用硬盘空间的配额值，以及硬盘空间使用量接近配额值时的警告值。输入硬盘空间配额值和警告值，并在下拉列表中选择相应容量单位（例如 KB、MB、GB、TB、PB、EB）。
- 用户超出配额限制时记录事件：启用配额之后，只要用户使用硬盘空间超过其磁盘配额值，该操作会被当作事件写入本地系统日志。用户可以使用【事件查看器】通过筛选磁盘事件类型来查看这些事件日志。
- 用户超过警告等级时记录事件：启用配额之后，只要用户超过其警告等级值，该操作会被当作事件写入本地系统日志中。可以使用【事件查看器】通过筛选磁盘事件类型来查看这些事件日志。默认情况下，Windows 10 每隔一小时会将配额事件写入本地系统日志。

以上所述为磁盘配额全局配置选项，配置如上选项之后，还需要针对具体的账户设置硬盘空间使用上限。

在图 5-40 中，单击【配额项】打开分区配额项设置界面，其中会显示所有磁盘配额账户，如图 5-41 所示。

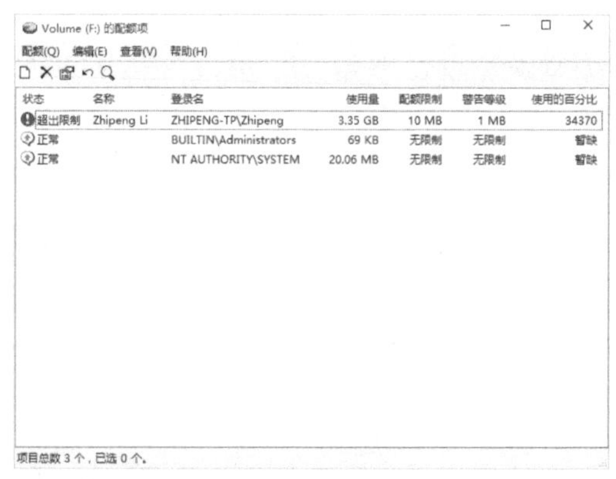

图 5-41　磁盘配额项

新建针对某账户的配额项只需在配额项设置界面中选择【配额】→【新建配额项】，然后在【选择用户】对话框中输入账户，单击【确定】进入【添加新配额项】设置界面，如图 5-42 所示，在其中设置磁盘配额值以及警告值，然后单击【确定】即可。

要管理配额项，只需在磁盘配额项界面中选中要对其操作的配额项，然后单击右键并在菜单中选择相应的选项，即可对配额项进行删除、导入、导出、修改等操作。

图 5-42　添加新配额项

注意　启用或配置磁盘配额时，必须使用管理员账户或被委派了相关权限的账户。如果计算机已加入域网络，则只有 Domain Admins 组的成员才能进行磁盘配额配置操作。

按照以上要求设置相关选项之后，即可启用针对分区或卷的磁盘配额功能，此时分区的可用空间变成设置的磁盘配额值。当使用操作系统中的账户（Administrator 除外）向启用了磁盘配额的分区或卷写入数据时，写入的数据量只能在设置的磁盘配额范围值内。

当使用设置了磁盘配额项的账户向分区或卷写入数据时，操作系统会提示分区空间不足并显示该分区可用空间，如图 5-43 所示。

图 5-43　复制文件空间不足

除了图形工具外，还可以使用 fsutil quota modify 命令设置配额项，参数如下。

```
fsutil quota modify [Volume] [threshold] [limit] [username]
```

Volume：分区号（后跟冒号）。

Threshold：警告值。

Limit：最大硬盘使用空间。

Username：要限制的账户名称，如果计算机加入域网络，请在账户前指定账户环境。

例如对 Guest 账户在 E 盘设置最大使用空间为 5KB，警告值为 4KB，在以管理员身份运行的 PowerShell 或命令提示符中执行如下命令即可。

```
fsutil quota modify e: 5120 4096 guest
```

注意　使用 fsutil quota modify 命令新建或修改配额项时，请先确保已启用磁盘配额功能。

第 6 章

文件系统

文件系统是一种存储和组织计算机数据的方式，使数据的存取和查找变得简单容易。文件系统使用操作系统中的逻辑概念“文件”和“树形目录”来替代硬盘等物理存储设备中的扇区等存储单位，用户使用文件系统来保存数据不用关心数据实际保存在硬盘的哪个扇区，只需要记住该文件的所属目录和文件名即可查找到该文件。

如果说硬盘是一块空地，那么文件系统就是建造在空地上的房屋，文件像房屋中的房间，用户只需记住房间（文件）所属楼层（目录）及房间门牌号（文件名）即可找到相对应的房间（文件）。

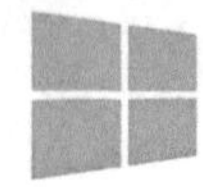

6.1　Windows 10 支持文件系统

Windows 10 支持 NTFS、ReFS、FAT32、exFAT 等文件系统，本节将详细介绍各种文件系统的优缺点。

6.1.1　NTFS 文件系统

NTFS（New Technology File System）文件系统是自 Windows NT 操作系统之后所有基于 NT 内核的 Windows 操作系统所使用的标准文件系统。Windows 7 之后的操作系统都必须安装在 NTFS 文件系统分区中。

在 Windows 10 中，文件链接、权限、磁盘配额、稀疏文件、卷影复制、文件压缩、文件加密系统等功能都是基于 NTFS 文件系统实现的。查看硬盘分区使用何种文件系统，打开分区属性界面即可，如图 6-1 所示。

图 6-1　分区属性图

NTFS 文件系统属于日志型文件系统。日志是 NTFS 文件系统中非常重要的功能，可确保其内部的复杂数据结构（磁盘碎片整理产生的数据转移操作、MFT）的更改情况和索引即使在操作系统崩溃后仍然能保证一致性，而当分区被重新加载后，可以轻松回滚这些关键数据。

创建 NTFS 文件系统分区可以通过两种方式完成：一是在新建分区或者格式化分区时选择文件 NTFS 系统；二是使用 Windows 10 自带的 convert.exe 命令行工具

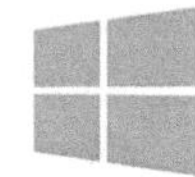

对其他文件系统分区进行无损转换，如图 6-2 所示。该转换过程属于单向转换，如果需要重新使用其他文件系统，请使用格式化方式转换。

图 6-2 使用 convert · exe 命令行工具

综合来说，NTFS 文件系统具备如下优点及缺点。

- NTFS 文件系统优点：NTFS 文件系统的分区的稳定性和安全性较高，在使用中不易产生文件碎片。NTFS 文件系统能对用户的操作进行记录，通过对用户权限进行非常严格的限制，使每个用户只能按照操作系统赋予的权限进行操作，充分保护了操作系统与数据的安全。对于用户来说，最直观的优点为单个文件突破了 FAT32 文件系统 4GB 的限制。

- NTFS 文件系统缺点：NTFS 文件系统在其设计之初，针对的是传统机械硬盘，对于采用闪存芯片的存储设备（U 盘、固态硬盘）来说有一些性能损耗。比如同样读取一个文件或目录，在 NTFS 文件系统上的读取次数会比 FAT32 文件系统多，理论上来说 NTFS 文件系统更容易缩短闪存设备的使用寿命，好在 Windows 10 使用的 NTFS 文件系统对闪存设备进行了优化，使其既保证了性能又提高了使用寿命。

6.1.2 ReFS 文件系统

NTFS 文件系统是目前使用最广泛的文件系统之一。虽然它依旧是一款性能优异的文件系统，但是随着计算机技术的不断发展，NTFS 文件系统也难免有点力不从心。经过几次失败的尝试之后，微软开发了新的 ReFS 文件系统。ReFS 是弹性文件系统（Resilient File System）的英文缩写，并且能在最新版 Windows 10 与 Windows Server 操作系统中使用。由于 ReFS 是基于 NTFS 文件系统开发的，所以两者有很好的兼容性。在 ReFS 文件系统上存储的数据可以由应用程序作为 NTFS 文件系统的数据来访问并使用。

ReFS 文件系统主要有以下几种特性。

- ReFS 虽然是基于 NTFS 文件系统开发的，但是不支持 NTFS 的某些功能，例如命名流、对象 ID、短名称、文件压缩、文件加密（EFS）、用户数据事务、稀疏、硬链接、扩展属性和磁盘配额。
- NTFS 文件系统不能直接转换为 ReFS 文件系统，必须通过新建方式创建。
- ReFS 文件系统不能用于操作系统启动分区，只能作为数据存储分区文件系统使用。
- ReFS 文件系统不可用于移动存储设备，例如 U 盘、移动硬盘等。
- 支持超大规模的分区、文件和目录。
- 通过硬盘扫描防止未知硬盘错误，数据安全性较高。

尽管 ReFS 文件系统有很强的存储能力，但其在系统内存量、各种系统组件，以及数据处理和备份时间等方面有限制。

- 最大单文件容量：(2^{64}–1）B。
- 单分区最大容量：格式支持带有 16KB 群集规模的 2^{78}B（$2^{64}\times16\times2^{10}$B）分区。Windows 堆栈寻址限制为 2^{64}B。
- 最大文件数量：2^{64} 个。
- 最大目录数量：2^{64} 个。
- 最大文件名长度：最多支持 32767 个 Unicode 字符。
- 最大路径长度：32KB。
- 任何存储池的最大容量：4PB（1PB=1024TB）。
- 系统中存储池的最大数量：无限制。
- 存储池中空间的最大数量：无限制。
- 簇大小：只支持 64KB 的簇。

6.1.3 FAT16/32 文件系统

FAT（File Allocation Table）的中文名为文件分配表，它被几乎所有操作系统支持，并且在 2005 年之前一直是 Windows 操作系统的标准文件系统。

FAT 文件系统因簇集地址空间大小的不同，又分为 FAT12、FAT16 和 FAT32。本节主要介绍 FAT16 与 FAT32 文件系统。

FAT16/FAT32 文件系统在使用方面主要包含以下功能限制。

- 单文件最大尺寸：FAT32 文件系统最大支持 4GB 文件，FAT16 文件系统最大支持 2GB 文件。
- 最大文件数量：最多支持 268435437 个文件。
- 最大分区容量：理论上来说，使用 FAT32 文件系统的分区最大容量为 8TB，但是由于 Windows 10 的限制，用户只能创建最大为 32GB 的 FAT32 分区。
- 时间戳：FAT16/FAT32 文件系统允许的时间范围为 1980 年 1 月 1 日至 2107 年 12 月 31 日。
- 簇大小：FAT16/FAT32 文件系统支持簇大小为 512B、1024B、2048B、4096B、8192B、16KB、32KB、64KB、128KB 和 256KB，其中 128KB 和 256KB 只用于 512B 的扇区。

创建使用 FAT16/FAT32 文件系统的硬盘分区的方法和创建 NTFS 分区一样：一是在创建新分区时选择 FAT16 或 FAT32 文件系统；二是使用 DiskPart 或 Format 命令行工具对分区进行格式化并指定文件系统为 FAT16 或 FAT32 文件系统，如图 6-3 所示。

图 6-3 Format 命令行工具

> **注意**　在 Windows 10 中，对于联机的硬盘分区，使用图形界面进行格式化时只能选择使用 NTFS 文件系统，但是对于闪存设备则可以选择使用 FAT16、FAT32、exFAT、NTFS 文件系统。

综合来说，FAT32 文件系统具备如下优点及缺点。

- FAT32 文件系统优点：兼容性高，可以被绝大多数操作系统识别和使用，UEFI 固件能识别的文件系统为 FAT16/FAT32。
- FAT32 文件系统缺点：不支持单个超过 4GB 的文件，也不具备文件加密、文件压缩、磁盘配额等功能。

6.1.4　exFAT 文件系统

exFAT（Extended File Allocation Table）的中文名为扩展文件分配表，又名 FAT64 文件系统，其主要被闪存设备使用。exFAT 文件系统最初被用于 Windows Embedded CE 6.0 嵌入式操作系统，后来又被扩展到 Windows Vista with Service Pack 1 之后的所有 Windows 操作系统。

exFAT 文件系统可以理解为 FAT 文件系统的加强版。它的优势首先在于相较 FAT32 文件系统最大支持 8TB 的分区；其次，最大单文件理论上支持 16EB；再有，exFAT 文件系统支持访问控制列表（Access Control List，ACL），也就是说用户可以对存储在 exFAT 文件系统中的文件进行精细的权限配置。

值得注意的是，传统机械硬盘无法使用 exFAT 文件系统。exFAT 文件系统的特性其实并不比 NTFS 文件系统强，但比 NTFS 文件系统及 FAT32 文件系统更适合闪存设备使用。

创建使用 exFAT 文件系统的分区的方法和创建 NTFS 以及 FAT32 分区一样，可以使用图形格式化界面以及 DiskPart 和 Format 命令行工具完成，此处不再赘述操作过程。

Windows 10 的另一大变化就是启动相关文件和程序时都加入了对 exFAT 文件系统的支持。Bootsect 命令行工具支持写入 exFAT 文件系统的启动扇区，bootmgr（启动管理器）支持从 exFAT 分区读取文件，format 命令格式化出来的 exFAT 分区也带有启动扇区，如图 6-4 所示。

```
管理员: 命令提示符

C:\Windows\system32>bootsect.exe /nt60 h:
将使用 BOOTMGR 兼容启动代码更新目标卷。

H: (\\?\Volume{64da36df-0cbf-11e5-b697-0c60768670ec})
    已成功更新 exFAT 文件系统启动代码。

已在所有目标卷上成功更新启动代码。

C:\Windows\system32>_
```

图 6-4 在 exFAT 分区创建启动代码

6.2 Windows 10 权限管理

在 Windows 操作系统中，权限指的是不同用户账户或用户组访问文件、文件夹的能力。作为操作系统的安全措施之一，权限管理同样值得用户深入了解。

对文件或文件夹等对象设置使用权限，可以防止系统文件被删除或修改。当应用程序要合法使用操作系统文件时，则可以通过 UAC 临时提升权限。

6.2.1 NTFS 权限

对于存储在 NTFS 分区中的每一个文件或文件夹，都会有一个对应的访问控制列表（ACL），ACL 中包括可以访问该文件或文件夹的所有用户账户、用户组以及访问类型。在 ACL 中，每一个用户账户或用户组都对应一组访问控制项（Access Control Entry，ACE），ACE 用来存储特定用户账户或用户组的访问类型。权限的适用主体只针对数据，由数据的权限设置来决定哪些用户账户可以访问。

当用户访问一个文件或文件夹时，NTFS 文件系统首先会检查该用户所使用的账户或账户所属的组是否存在于此文件或文件夹的 ACL 中。如果存在，则进一步检查 ACE，然后根据 ACE 中的访问类型来分配用户的最终权限。如果 ACL 中不存在用户使用的账户或账户所属的组，则拒绝该用户访问此文件或文件夹。

对于用户账户和用户组，Windows 10 使用安全标识符（Security Identifier, SID）对其进行识别，每一个用户账户或用户组都有其唯一的 SID。即便是删除一个账户，然后重新创建同名账户，其 SID 也不同。可以使用 whoami 命令行工具查看 SID，在命令提示符中输入 `whoami /all` 命令，即可查看计算机所有用户账户或用户组的 SID

以及其他信息，如图 6-5 所示。

通过 ACL、ACE、SID 等安全功能，Windows 10 可以很好地管理权限设置，不至于造成权限混乱。

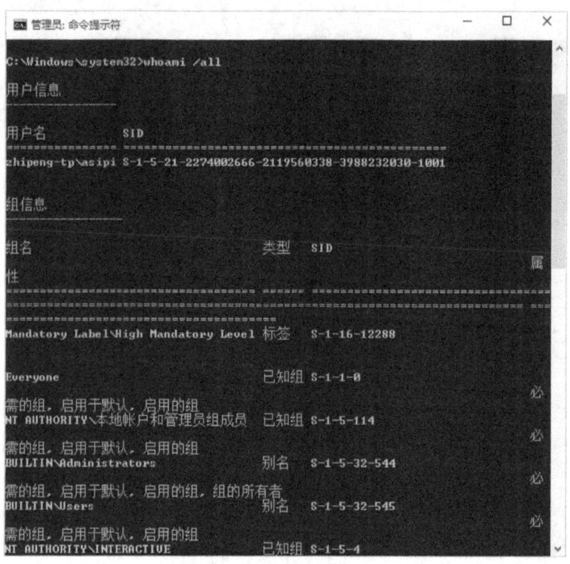

图 6-5　查看用户账户或用户组 SID

6.2.2　Windows 账户

Windows 10 包括如下几种账户。每种账户都是其特定的使用环境。

- Administrator 账户：超级系统管理员账户，默认禁用。默认情况下使用该账户登录操作系统后，可以不受 UAC 管理，以管理员身份运行任何程序、完全控制计算机、访问任何数据、更改任何设置。鉴于此账户的特殊性，除非有特殊要求，不建议启用此账户。
- 管理员账户：此账户可以使用操作系统中的大部分应用程序，以及更改不影响其他用户或操作系统安全的系统设置选项。
- Guest 账户：来宾账户，默认禁用。来宾账户属于受限账户，适合在公用计算机上使用。
- HomeGroupUser$ 账户：家庭组用户账户，可以访问计算机的家庭组的内置账户，用于实现家庭组简化、安全的共享功能。在创建家庭组后，此账户将被创建及启用。关闭家庭组后此账户就会被删除。

- TrustedInstaller 账户：TrustedInstaller 为虚拟账户。默认情况下，所有系统文件的完全控制权限都属于该账户。如果需删除操作系统文件，操作系统就会要求用户提供 TrustedInstaller 权限，如图 6-6 所示。

- Administrators 组：Administrators 组成员包含所有系统管理员账户，如图 6-7 所示。通常使用 Administrators 组对所有系统管理员账户的权限进行分配。

在启用 UAC 的情况下，如果不提升权限，只有 Administrators 组的拒绝权限会应用到普通管理员账户。

图 6-6　提示删除文件需要权限

图 6-7　Administrators 属性

- Users 组：Users 组的成员包括所有用户账户。通常使用 Users 组对用户的权限设置进行分配。

- SYSTEM 账户：Windows 中的最高权限账户，也是一个虚拟账户，操作系统核心的程序和服务都需以 SYSTEM 账户身份运行。

- HomeUsers 组：HomeUsers 组成员包括所有家庭组账户。通常使用 HomeUsers 组对家庭组的权限设置进行分配。

- Authenticated Users 组：Authenticated Users 组包括在计算机或域中所有通过身份验证的账户。身份验证的用户不包括来宾账户，即使来宾账户有密码。

- Everyone 组：所有用户的集合，无论其是否拥有合法账户。

各种账户的默认权限大小如图 6-8 所示。

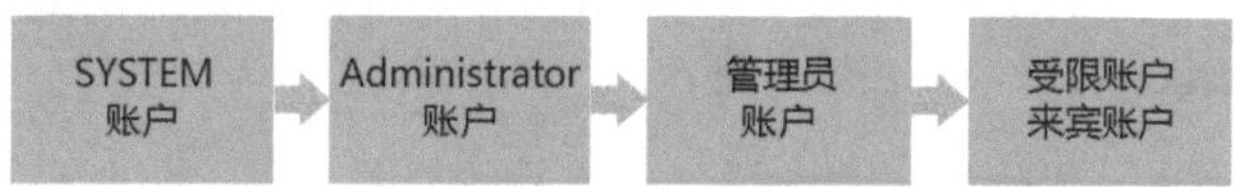

图 6-8　各种账户的默认权限关系

6.2.3　基本权限和高级权限

Windows 的权限中分为基本权限与高级权限，其下又会有其他几种特定的操作权限，如图 6-9 和图 6-10 所示。

图 6-9　基本权限

图 6-10　高级权限

1. 基本权限

- 完全控制：该权限允许用户对文件夹、子文件夹、文件进行全权控制，例如修改文件的权限、获取文件的所有者、删除文件的权限等，拥有完全控制权限就等于拥有了其他所有的权限。
- 修改：该权限允许用户修改或删除文件，同时让用户拥有写入、读取、运行权限。

- 读取和执行：该权限允许用户拥有读取和列出文件目录，另外也允许用户在文件中进行移动和遍历，这使得用户能够直接访问子文件夹与文件，即使用户没有权限访问文件目录。
- 列出文件夹内容：该权限允许用户查看文件夹中的子文件夹与文件名称（作用对象仅为文件夹）。
- 读取：权限允许用户查看该文件夹中的文件以及子文件夹，也允许查看该文件夹的属性、所有者和拥有的权限等。
- 写入：该权限允许用户在该文件夹中创建新的文件和子文件夹，也可以改变文件夹的属性、查看文件夹的所有者和权限等。
- 特殊权限：其他不常用的权限，比如删除文件权限的权限。

2. 高级权限

- 完全控制：该权限允许用户对文件夹、子文件夹、文件进行全权控制。
- 遍历文件夹 / 执行文件：遍历文件夹允许或拒绝通过文件夹来移动到达其他文件或文件夹，即使用户没有已遍历文件夹的权限。例如用户新建一个 A 文件夹，设置用户 Zhipeng 有遍历文件夹的权限，则 Zhipeng 不能访问这个文件夹，但可以把这个文件夹移动其他目录下面。如果 A 文件夹设置 Zhipeng 没有使用权限，则 Zhipeng 无法移动 A 文件夹，访问会被拒绝。
- 列出文件夹 / 读取数据：该权限允许用户查看文件夹中的文件名称、子文件夹名称和查看文件中的数据。
- 读取属性：该权限允许用户查看文件或文件夹的属性（例如只读、隐藏等属性）。
- 读取扩展属性：该权限允许用户查看文件或文件夹的扩展属性，这些扩展属性通常由应用程序所定义，并可以被应用程序修改。
- 创建文件 / 写入数据：该权限允许用户在文件夹中创建新文件，也允许将数据写入并覆盖现有文件中的数据。
- 创建文件夹 / 附加数据：该权限允许用户在文件夹中创建新文件夹或在现有文件的末尾添加数据，但不能对文件现有的数据进行覆盖、修改，也不能删除数据。
- 写入属性：该权限允许用户改变文件或文件夹的属性。

- 写入扩展属性：该权限允许用户对文件或文件夹的扩展属性进行修改。
- 删除子文件及文件：该权限允许用户删除文件夹中的子文件夹或文件，即使在这些子文件夹和文件上没有设置删除权限（作用对象仅为文件夹）。
- 删除：该权限允许用户删除当前文件夹和文件，如果用户在该文件或文件夹上没有删除权限，但是在其父级文件夹上有删除子文件及文件夹的权限，则仍然可以将其删除。
- 读取权限：该权限允许用户读取文件或文件夹的权限列表。
- 更改权限：该权限允许用户改变文件或文件夹上的现有权限。
- 取得所有权：该权限允许用户获取文件或文件夹的所有权，一旦获取了所有权，用户就能完全控制文件或文件夹。

6.2.4 权限配置规则

配置 Windows 的权限，需注意以下规则。

- 文件权限高于文件夹权限：意思很简单，就是文件权限相对文件夹权限具有优先权。例如用户对某个文件具有使用权限，该文件位于用户不具有访问权限的文件夹中，此时用户同样可以使用此文件，前提是该文件没有继承它所属的文件夹的权限。假设用户对文件夹 TestA 没有访问权限，但是该文件夹下的文件 TEST.txt 并没有继承 TestA 的权限，那么用户可以正常使用 TEST.txt 这个文件，但是不可以使用文件资源管理器打开 TestA 去使用 TEST.txt，只能通过输入 TEST.txt 的完整的路径访问该文件。
- 权限的积累：用户对文件的有效权限等于分配给该用户账户和用户所属的组的所有权限的总和。如果用户账户对文件具有读取权限，该用户所属的组又对该文件具有写入的权限，则该用户账户就对此文件同时具有读取和写入的权限，如图 6-11 所示。
- 拒绝权限高于其他权限：拒绝权限可以覆盖所有其他的权限，甚至作为一个组的成员有权访问文件夹或文件，但是该组被拒绝访问，则该用户本来具有的所有权限都会被锁定，从而无法访问此文件夹或文件。此权限规则会导致权限累积规则失效，如图 6-12 所示。
- 指定权限优先于继承权限：用户或用户组对文件的明确权限设置优先于继承而来的权限设置。例如有一个文件夹 TestA，其中有子文件夹 TestB，TestB 与 TestA 存在权限继承关系。对于用户 User，TestA 拒绝其拥有写入权限，而 TestB 在除了继承的权限设置外，还单独赋予用户 User 写入权限，此时用户 User 对 TestB 拥有写入权限。

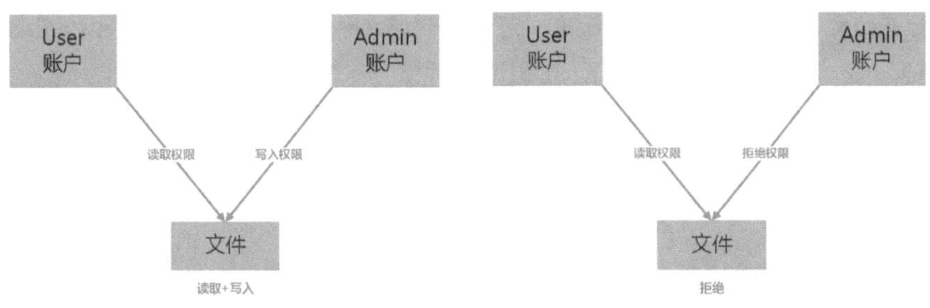

图 6-11 权限积累　　图 6-12 拒绝权限高于其他权限

6.2.5 获取文件权限

当用户对操作系统文件进行删除操作时，操作系统会要求用户提供 TrustedInstaller 账户权限，如图 6-13 所示。

图 6-13 需要提供 TrustedInstaller 账户权限

TrustedInstaller 为虚拟账户，其只能由操作系统使用，所以要删除或修改具备 TrustedInstaller 权限的文件，只能去更改文件或文件夹的权限所有者为普通账户，操作步骤如下。

① 右键单击要删除或修改的文件或文件夹，并在弹出菜单中选择【属性】。

② 选择【属性】→【安全】，单击【高级】，如图 6-14 所示。

图 6-14 属性安全页

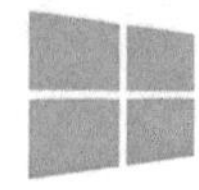

③ 在打开的文件高级安全设置界面中，可以看到此文件的权限所有者为 TrustedInstaller，以及该账户所具有的访问权限，如图 6-15 所示。

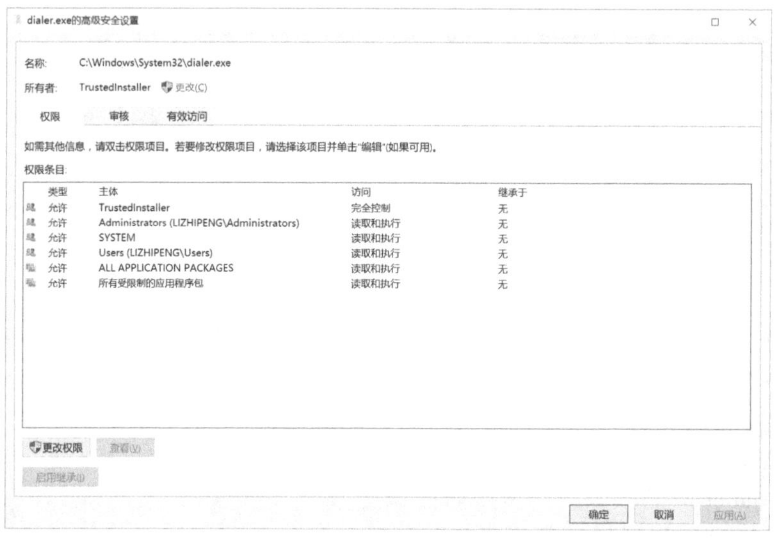

图 6-15　高级安全设置

④ 单击图 6-16 所示的【更改】选项，在打开的【选择用户或组】界面中输入要更改所有权的账户，单击【检查名称】可以自动识别账户的完整信息，然后单击【确定】。如要改回 TrustedInstaller 账户，输入 NT SERVICE\TrustedInstaller 即可。

图 6-16　选择用户或组

⑤ 在高级安全设置界面中，会发现此文件的权限所有者已变成当前使用的用户账户。这时再去删除文件，还会提示需要提升权限，如图 6-17 所示，虽然已经修改了此文件的权限所有者账户，但是此账户依旧只有读取和执行的权限，如

图 6-18 所示。

图 6-17　需要提供当前用户文件修改权限

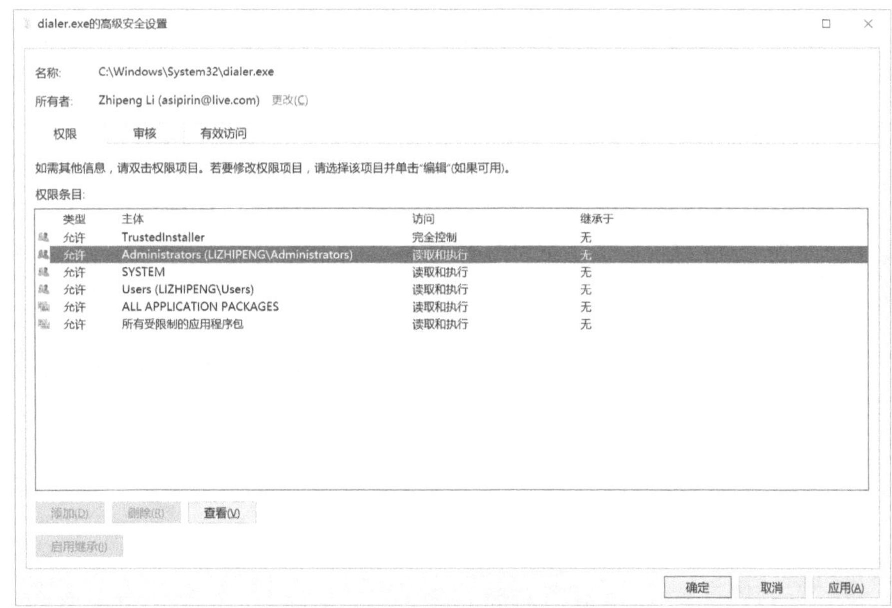

图 6-18　当前用户基本权限

⑥ 修改权限所有者之后，要继续为该账户委派访问权限，才能完全控制此文件。单击图 6-14 所示的【编辑】按钮，在打开的界面中选中要修改访问权限的账户，然后在下面的权限列表中勾选【完全控制】并单击【确定】，如图 6-19 所示，这样即可取得该文件的所有控制权限，如图 6-20 所示。

图 6-19　修改基本权限

图 6-20　修改后的当前用户基本权限

6.2.6　恢复原有权限配置

不建议用户随意修改操作系统文件或文件夹的权限，即使出于需要进行修改，之后

也要修改回默认权限配置，这样才能确保操作系统文件安全。使用 Windows 10 中的 icacls 命令行工具，可以快速恢复文件或文件夹的 ACL。

① 按下 Win+X 组合键，在弹出菜单中选择【命令提示符（管理员)】。

② 在命令提示符中输入如下命令并按回车键等待命令执行完毕，即可恢复文件或文件夹的 ACL，如图 6-21 所示。

```
icacls"C:\Windows\System32\dialer.exe"/reset
```

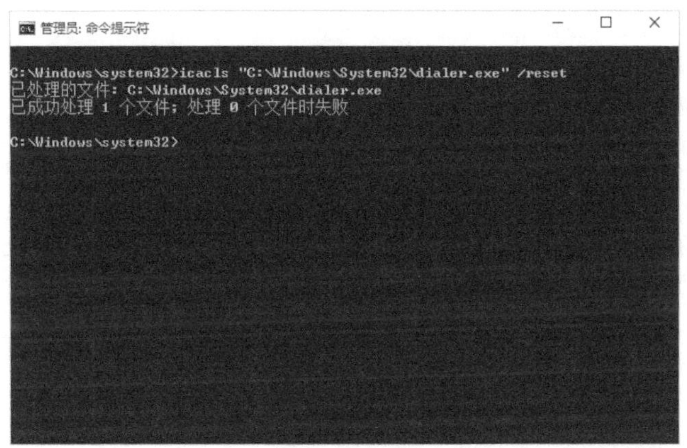

图 6-21　恢复原有权限配置

注意

如果要恢复文件或文件夹原有权限配置，必须手动修改。

6.3　文件加密系统（EFS）

加密文件系统（EFS）是将信息以加密格式存储于硬盘。加密是 Windows 10 所提供的最强信息安全保护措施。

6.3.1　EFS 概述

文件加密系统（Encrypting File System）是 Windows 10 基于 NTFS 文件系统提供的针对文件或文件夹的加密服务功能。EFS 只包含于 Windows 10 专业版及企业版操作系统中，其他版本没有 EFS 功能。

EFS 使用公钥与私钥配对的方式对文件或文件夹进行加密和解密。当用户对文件或文件夹启用 EFS 加密时，Windows 10 会生成文件加密密钥（FEK）文件，然后操作系统使用快速对称加密算法和 FEK 文件对需要加密的文件或文件夹进行加密，加密后的 FEK 文件与加密文件一起存储在数据加密字段（DDF）中，最后重新生成加密后的文件或文件夹，并删除原始文件或文件夹。

当用户读取被加密的文件或文件夹时，操作系统首先利用当前用户下与加密公钥相对应的私钥解密 FEK 文件，再利用 FEK 文件对加密的文件或文件夹进行解密，最后读取文件或文件夹。

EFS 对文件或文件夹的加密过程由文件系统层面完成，打开、读取、写入已加密文件与操作普通文件没有任何区别，因此对用户来说 EFS 属于透明操作。

综合来说 EFS 具备如下优点。

- 用户加密或解密文件或文件夹非常方便，只需勾选文件或文件夹属性界面中的【加密】复选框即可启用 EFS 加密。
- 访问加密的文件快且容易。如果当前用户已安装一个已加密文件的私钥，那么该用户就能像打开普通文件一样打开此文件，反之，操作系统会提示用户无权限访问此文件。
- 加密后的文件或文件夹在使用 NTFS 文件系统的硬盘分区上无论怎样移动或复制都能保持加密状态。如果已安装解密私钥，已加密的文件或文件夹移动或复制到非 NTFS 分区中时，会丢失加密信息，变成普通文件或文件夹。如果未安装解密私钥，已加密的文件或文件夹在复制或移动到非 NTFS 分区中时，操作系统会提示用户需要相关权限才能复制或移动成功，如图 6-22 所示。

图 6-22　EFS 加密文件复制错误

- EFS 属于文件系统层级功能，加密文件安全可靠。EFS 驻留在操作系统内核中，并且使用不分页的池存储文件加密密钥对，保证密钥对不会出现在分页文件中，这也防止了一些应用程序在创建临时文件时泄露加密密钥对的情况。

虽然 EFS 优点明显，但是也有缺点。

■ 如果没有备份加密证书和私钥，重新安装操作系统后 EFS 加密的文件将无法打开。

■ 如果证书和私钥丢失或损坏，EFS 加密文件也将无法打开。

■ 虽然用户无法读取加密的文件，但是可以删除加密文件。

6.3.2　EFS 加密与解密

EFS 加密和解密都可以通过图形界面工具以及 cipher 命令行工具完成。

EFS 加密文件和文件夹图形界面操作步骤如下。

① 单击右键要加密的文件或文件夹，然后在弹出菜单中选择【属性】，打开文件或文件夹属性界面，如图 6-23 所示。另外，也可以按住 Alt 键，然后双击文件或文件夹打开属性界面。

② 在文件或文件夹属性界面中单击【高级】，打开【高级属性】设置界面，如图 6-24 所示。

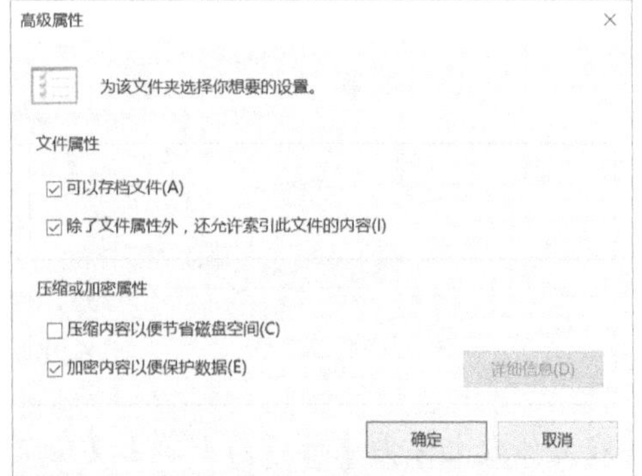

图 6-23　文件或文件夹属性界面　　　　图 6-24　高级属性

③ 在【高级属性】界面中勾选【加密内容以便保护数据】，单击【确定】退出界面。如果是对文件夹进行加密，此时操作系统会弹出【确认属性更改】对话框，如图 6-25 所示，询问用户是否把加密应用于该文件夹下的所有子文件夹和文件，按照需求选择即可。

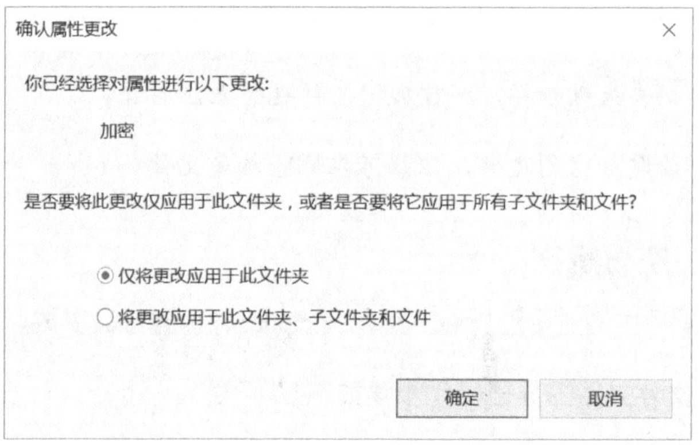

图 6-25　确认属性更改

在对文件加密时，如果该文件被应用程序读取，则会创建临时文件（如 Word），操作系统会弹出如图 6-26 所示的加密警告，提示用户应用程序读取该文件时，将会保存一份临时未加密的文件副本，同时操作系统会给予两种选择，“加密文件及其父文件夹”和“只加密文件”。加密文件及父文件夹会确保临时文件也被加密，推荐选择该选项。

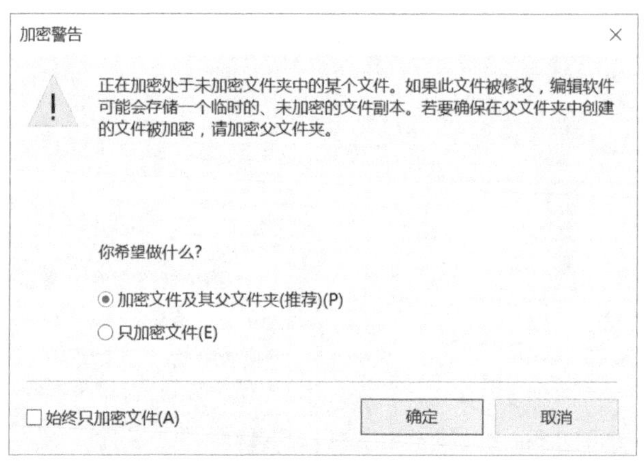

图 6-26　加密警告

④在文件或文件夹属性界面上单击【确定】，此时操作系统开始加密文件或文件夹，加密所需时间由文件大小以及文件夹中文件数量决定。加密完成之后，被加密的文件或文件夹图标上会多出一把锁，如图 6-27 所示。

使用命令行工具 cipher，同样可以加密文件和文件夹。以管理员身份运行命令提示符，输入 `cipher /?` 命令即可查看 cipher 所有参数，如图 6-28 所示。这里以加密 lizhipeng 文件夹为例进行介绍。

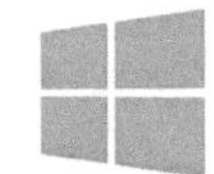

图 6-27　EFS 加密后的文件

图 6-28　cipher 参数

在命令提示符中输入 cipher/E/S:H:\lizhipeng 并按 Enter 键等待命令执行完成，即表明加密成功，如图 6-29 所示。如果需要对加密配置进行精细设置，推荐使用 cipher 命令行工具。

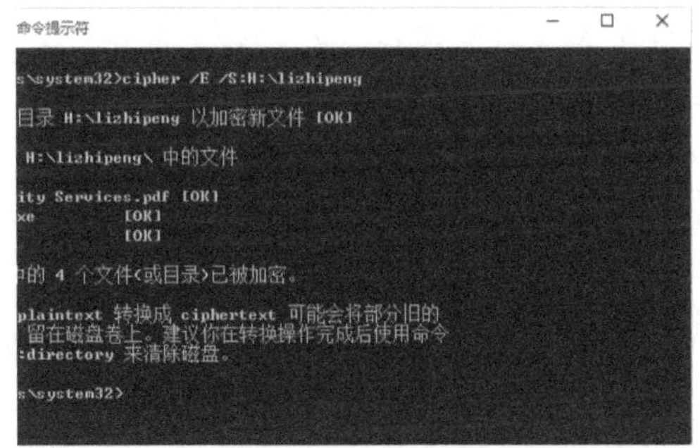

图 6-29　使用 cipher 加密文件夹

EFS 解密同样可以使用图形界面工具和 cipher 命令行工具完成。使用图形界面工具，只需取消勾选【高级属性】界面中的【加密内容以便保护数据】复选框，然后单击【确定】，即可完成文件或文件夹的解密。

使用 cipher 命令行工具，只需输入 cipher/D/S:H:\lizhipeng 命令并按 Enter 键，等待命令执行完成即可完成解密。

注意　本节解密是指删除文件或文件夹的 EFS 加密属性。

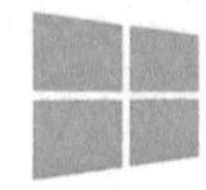

6.3.3　导入、导出和新建 EFS 证书

用户可以导出含有私钥的证书以供其他用户或在其他计算机上读取加密的数据。另外，如果重新安装操作系统或操作系统崩溃前没有备份证书，就会导致使用 EFS 加密后的文件无法打开，因此强烈建议用户完成加密操作之后，第一时间备份文件加密证书和私钥。

1. 导出 EFS 证书

第一次使用 EFS 加密文件或文件夹之后，操作系统会要求用户备份文件加密证书和私钥，以防止原始文件加密证书和私钥丢失，导致文件或文件夹无法访问。

此时单击该弹窗可以运行证书导出向导。此外，在文件的高级属性界面中选择【详细信息】，打开 EFS 证书管理界面，如图 6-30 所示，选中需要备份的用户证书，然后单击【备份密钥】。

证书和私钥是读取加密数据的唯一途径，强烈建议立即备份该数据，备份操作步骤如下。

① 在图 6-31 所示的提示备份文件加密证书和私钥界面中，选择【现在备份】，进入【证书导出向导】界面。

图 6-30　EFS 用户证书管理界面

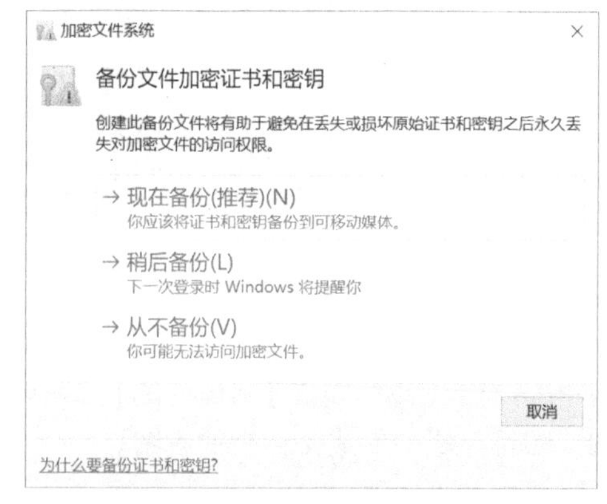

图 6-31　提示备份文件加密证书和密钥

② 在【证书导出向导】界面中会对证书进行简单的介绍。单击【下一步】，在出现的导出格式选择界面中，选择要导出的证书格式，一般保持默认即可。如果需要保留证书的扩展属性以及隐藏部分证书信息，勾选相应选项即可，如图 6-32 所示，然后单击【下一步】。

③ 在导出证书安全设置界面中，为导出的证书中的密钥设置密码，防止私钥被随意

导入滥用，输入密码后单击【下一步】，如图 6-33 所示。

图 6-32　导出证书格式选择

图 6-33　导出证书安全设置

④ 在图 6-34 所示的界面中选择导出证书的保存路径，然后单击【下一步】，最后在出现的导出证书确认界面中，确认导出的证书信息是否正确，然后单击【完成】，如图 6-35 所示。

图 6-34　选择证书保存路径

图 6-35　导出证书确认信息

注意　导出的 PFX（个人信息交换）格式文件包含证书及私钥，有别于普通的 CER 证书文件。

使用 cipher 命令行工具还可以导出 CER 证书文件。只需以管理员身份运行命令提示符执行 `cipher /R:H:\lizhipeng\` 命令，并设置私钥保护密码，即可导出文件到 lizhipeng 文件夹，如图 6-36 所示。

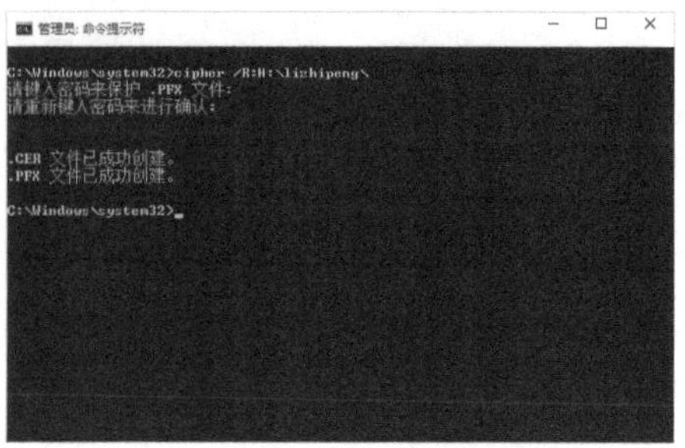

图 6-36　使用 cipher 导出证书和密钥

除了使用上述两种方式导出文件加密证书和私钥外，还可以使用证书管理器导出文件加密证书和私钥，操作步骤如下。

① 按下 Win+R 组合键，打开【运行】对话框再输入 `certmgr.msc` 并按回车键，打开证书管理器。

② 在证书管理器左侧列表中选择【个人】→【证书】，然后右键单击右侧列表中要导出的适用于加密文件系统的证书，在弹出菜单中选择【所有任务】→【导出】，如图 6-37 所示。

③ 在随后出现的证书导出向导界面中按需操作即可，这里不再赘述。使用证书管理器导出证书时，导出向导会询问用户私钥和证书是否一起导出，如图 6-38 所示。如果证书用于其他用户读取加密文件，建议将私钥和证书一起导出为 PFX 文件。

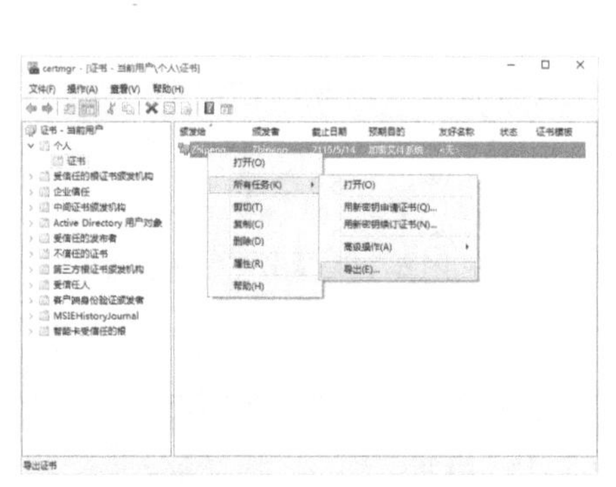

图 6-37　证书管理器

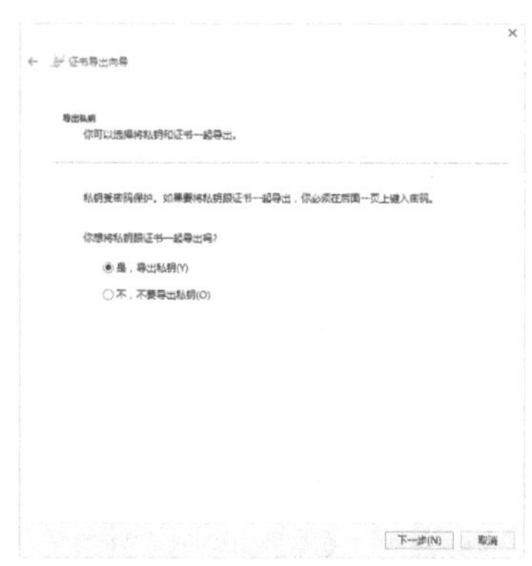

图 6-38　选择是否导出密钥

2. 导入 EFS 证书

证书的导入步骤非常简单，只需双击需要导入的 PFX 文件，然后在出现的证书导入向导中按需操作并输入私钥保护密码即可。

证书导入过程中，操作系统会询问用户该证书只供当前用户使用还是该计算机所有用户都能使用，如图 6-39 所示。基于安全的考虑，建议证书只针对特定用户使用。

3. 新建 EFS 证书

EFS 证书和私钥使用过久会渐生安全隐患，尤其是多人使用的情况下，更容易造成证书和密钥的泄露，及时更新证书和私钥有助于提高加密数据的安全性。在 Windows 10 中，可以通过图形界面工具和命令行工具创建新的 EFS 加密证书和私钥。

使用图形界面工具创建新的证书和私钥，操作步骤如下。

① 按下 Win+R 组合键，打开【运行】对话框并执行 `rekeywiz` 命令，打开管理文件加密证书向导，如图 6-40 所示。界面中简要介绍了其功能，单击【下一步】。

图 6-39　证书导入向导

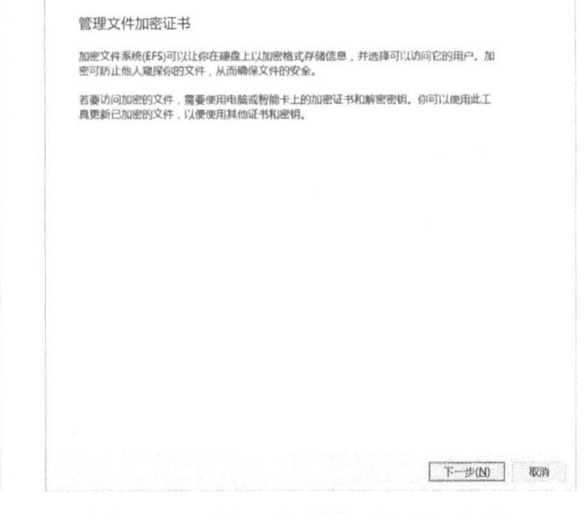

图 6-40　管理文件加密证书向导

② 在图 6-41 所示的界面中选择【创建新证书】，然后单击【下一步】。如果要使用存储在智能卡（IC 卡）中的证书，将智能卡连接到计算机后，选择证书即可。

③ 在证书类型选择界面中有 3 个选项，如图 6-42 所示。这里选择【生成新的自签名证书并将它存储在我的计算机上】。

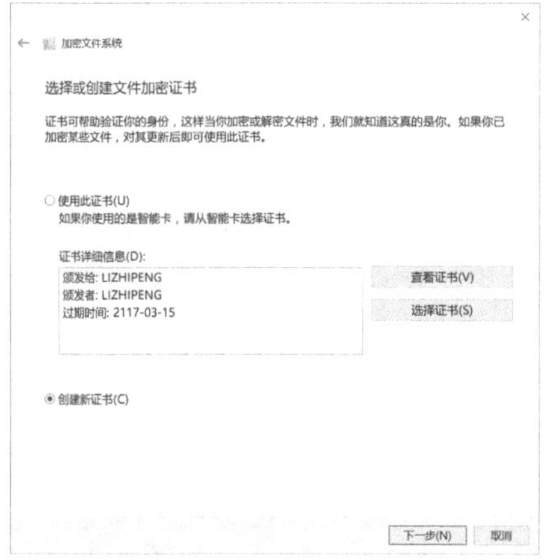

图 6-41　创建文件加密证书

图 6-42　选择证书类型

④ 创建新证书和密钥时，向导程序会要求用户备份证书和密钥，以防证书和密钥丢失或损坏而无法读取加密文件。在备份证书和密钥界面中选择 PFX 文件的保存位置并设置私钥保护密码，然后单击【下一步】，如图 6-43 所示。

⑤ 在随后出现的界面中，选择要更新证书和密钥的硬盘分区或文件夹。此步骤用来添加新创建的证书和私钥到以前加密的文件或文件夹中，确保旧证书和私钥丢失或损坏之后使用新证书和私钥同样能读取加密数据。同时用户也可以删除旧证书和私钥，只使用新证书和私钥读取加密数据。如图 6-44 所示，选择要更新的新证书和私钥的文件夹位置，然后单击【下一步】。

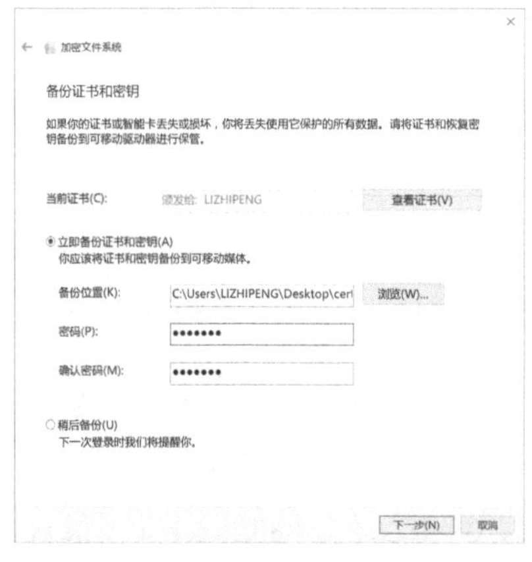

图 6-43　备份原始证书和密钥

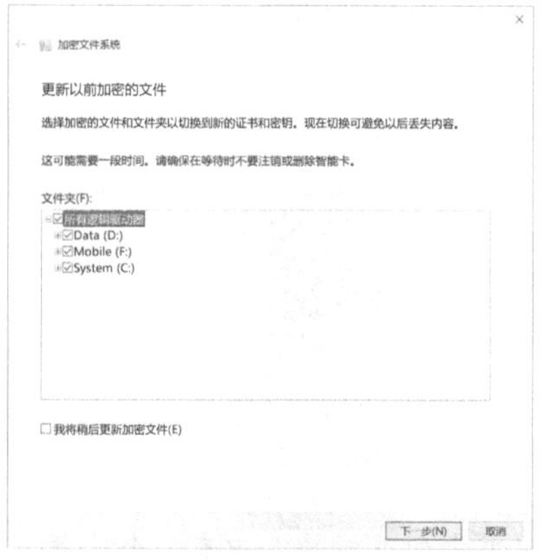

图 6-44　更新以前加密的文件

⑥ 此时向导程序开始更新所选择的文件夹的证书和私钥，更新时间视文件夹数量而

定。更新完成之后，进入图 6-45 所示界面，显示证书信息及证书和私钥备份位置。单击“查看日志”可以查看哪些文件或文件夹没有更新成功，最后单击【关闭】按钮，新证书和私钥创建完毕。

图 6-45　加密文件已经更新

除使用图形界面工具新建证书和私钥外，使用 cipher 命令行工具也可以创建证书和私钥。以管理员身份运行 PowerShell，执行 `cipher/K` 命令生成自签名新证书和私钥，然后执行 `cipher/U` 命令，程序开始扫描所有位置的加密文件并更新证书和密钥，如图 6-46 所示。

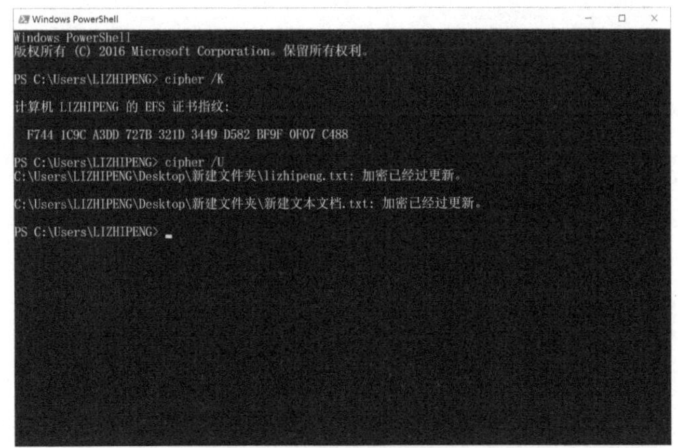

图 6-46　cipher 新建证书

使用 cipher 命令行工具创建新证书和密钥的方法很简单，但是不能对证书种类及证书更新范围进行选择，所以命令行工具适合单机及加密文件不多的情况。

6.3.4　EFS 配置与管理

EFS 虽然操作过程简单透明，但可以通过组策略编辑器和本地安全策略编辑器对 EFS 加密选项进行配置与管理。

1. 启用或关闭 EFS

在 Windows 10 专业版以及企业版操作系统中，默认启用 EFS 加密功能。如果为了防止 EFS 被滥用，可以关闭全部位置的 EFS 加密功能。EFS 关闭与启用操作步骤如下。

① 按下 Win+R 组合键，打开【运行】对话框并执行 `secpol.msc` 命令，打开【本地安全策略】管理器。

② 在【本地安全策略】管理器左侧列表中选择【公钥策略】→【加密文件系统】，然后单击鼠标右键，在弹出菜单中选择【属性】，如图 6-47 所示。

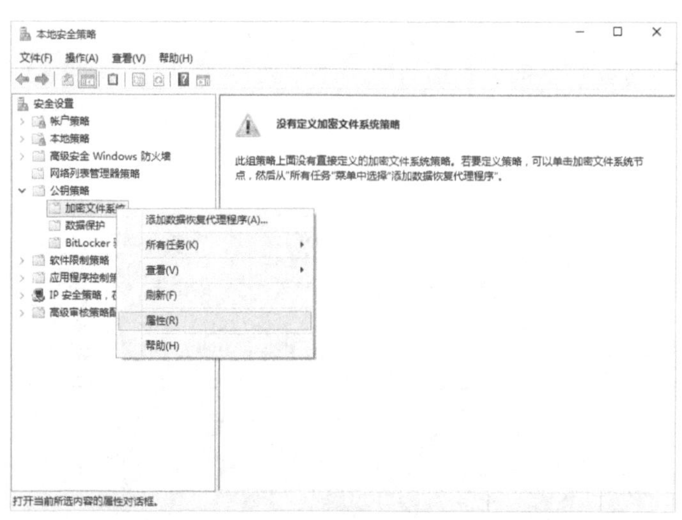

图 6-47　本地安全策略

③ 在【加密文件系统属性】界面中勾选【使用加密文件系统（EFS）的文件加密：】下方的【不允许】，即可关闭 EFS。勾选【允许】和【没有定义】，表示启用 EFS，如图 6-48 所示，按需选择后单击【确定】。禁用 EFS 之后，当对文件加密时，操作系统会提示这台计算机的文件夹加密功能已经停用。

图 6-48　加密文件系统属性

上面介绍的是关闭整个操作系统的 EFS 功能，如果只是针对某个文件夹禁用 EFS，只需在文件夹根目录下创建名为 desktop.ini 的配置文件并输入参数即可。配置文件中的参数为如下所示。

```
[Encryption]
Disable=1
```

当对文件夹进行加密时，操作系统会提示该文件夹已停用加密功能，如图 6-49 所示。删除 desktop.ini 即可对文件夹进行 EFS 加密。

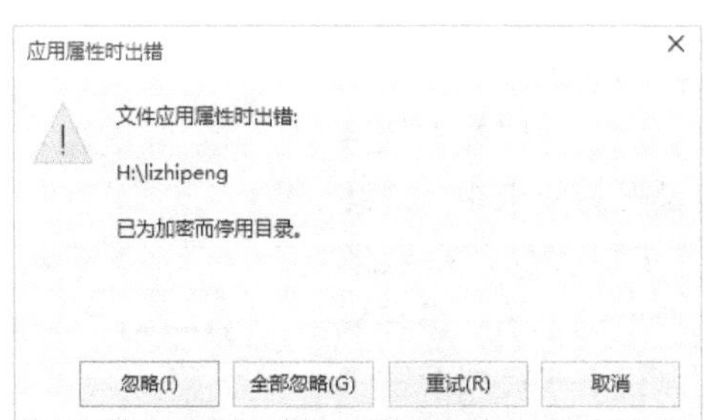

图 6-49　应用属性时出错

注意　建议隐藏 desktop.ini 文件，如果有更高的安全需求，建议使用 attrib 命令行工具为此文件添加系统属性，以防止文件被随意删除。

2. EFS 参数设置

EFS 参数配置可以通过本地安全策略编辑器中的 EFS 属性界面以及组策略来编辑，本节主要介绍使用 EFS 属性界面配置 EFS 选项。

在 EFS 属性界面【常规】选项卡中，可以启用或禁用 EFS，并可以选择是否启用椭圆曲线加密技术以及常规配置选项，如图 6-50 所示。

在【证书】选项卡中，可以选择证书模板以及 RAS 和椭圆曲线加密技术的密钥大小，如图 6-51 所示。

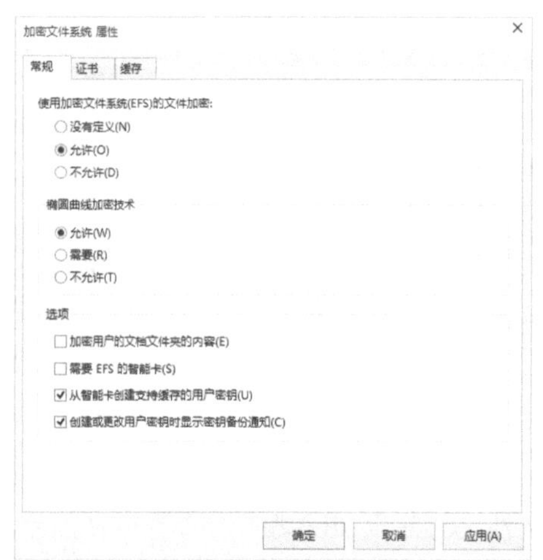

图 6-50 【常规】选项卡

图 6-51 【证书】选项卡

【缓存】选项卡中的选项，主要适用于使用智能卡存储私钥的情况。EFS 可以在非缓存或缓存模式下将私钥存储于智能卡中。非缓存模式与常规 EFS 工作方式类似，每次解密操作都需要读取智能卡上的私钥。缓存模式使用对称密钥（私钥派生）来完成解密工作，并将其缓存在内存中，操作系统使用对称密钥来进行数据的加密和解密。这样无需每次都使用智能卡，从而大大提高了性能。在图 6-52 所示的界面中还可以设置缓存超时时间，以及用户锁定工作站。

图 6-52 【缓存】选项卡

6.4 NTFS 文件压缩

所谓文件压缩，通俗来说就是缩小文件大小。有别于 WinRAR、WinZip 等压缩应用程序，NTFS 文件压缩是由 NTFS 文件系统提供的操作系统层级的高级压缩功能。

6.4.1 文件压缩概述

NTFS 文件系统提供的文件压缩功能采用 LZNTl 算法，支持对硬盘分区、文件夹和文件的压缩。图 6-53 所示为文件夹压缩前后所占用空间的对比，效果明显。

图 6-53　文件夹压缩前后容量对比

任何基于 Windows 10 的应用程序对 NTFS 分区上的压缩文件进行读写时，文件将在内存中自动完成解压缩，文件关闭或保存时，操作系统会自动对文件进行压缩。虽然如今计算机 CPU 性能过剩，使用文件压缩对计算机性能影响不是很大，但是也不建议对超过 10GB 的单个文件（例如虚拟机文件）以及操作系统文件进行压缩。另外，文件压缩功能对于已具备压缩属性的文件（如 ZIP、RAR、BMP、MP3、AVI、JPG、RMVB 等格式文档）来说，不会进一步缩小该类文件所占用的硬盘空间。

综上所述，使用文件压缩功能是需注意以下几点内容。

- 文件压缩属于 NTFS 文件系统的内置功能，文件压缩和解压缩过程完全透明，无需用户干预。
- 文件压缩与解压缩过程需要消耗 CPU 资源，对于计算机性能有一定影响。
- 经过文件压缩的文件通过网络传输时，会丢失压缩属性并恢复原始大小。所以 NTFS 文件压缩功能与第三方压缩应用程序无法互相替代。

■ 当对硬盘分区启用文件压缩功能，此后，存储于该分区的文件或文件夹会被自动压缩。

■ 在同一个 NTFS 分区中复制文件或文件夹时，文件或文件夹会自动继承目标位置文件夹的压缩属性，移动文件或文件夹则会保留原有压缩属性。

■ 在不同 NTFS 分区之间移动、复制文件或文件夹时，文件或文件夹会继承目标位置的文件夹的压缩属性。

■ 复制或移动压缩文件或文件夹至非NTFS分区时，会丢失压缩属性并恢复原始大小。

注意　NTFS 文件压缩与 EFS 功能不能同时使用。

6.4.2　文件压缩启用与关闭

NTFS 文件压缩的启用与关闭过程很简单，可以使用图形界面工具和 compact 命令行工具完成。

要对文件或文件夹启用文件压缩，只需右键单击要压缩的对象，在弹出菜单中选择【属性】，然后在属性的【常规】选项卡中选择【高级】，打开【高级属性】界面，勾选【压缩内容以便节省磁盘空间】复选框，如图 6-54 所示，最后单击【确定】即可完成文件或文件夹压缩。

文件或文件夹压缩完成后，其图标右下方会出现两个相对的蓝色箭头，以示与其他类型文件的区别，如图 6-55 所示。

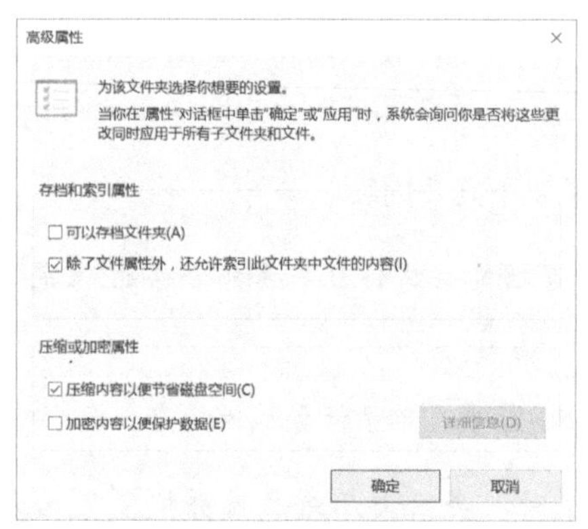

图 6-54　启用文件压缩

图 6-55　压缩后的文件夹

使用磁盘管理器新建分区向导创建分区时，在【格式化分区】页面中勾选【启用文件或文件夹压缩】，如图 6-56 所示，即可对整个硬盘分区启用文件压缩功能。同时，也可在硬盘分区属性界面的【常规】选项卡中，勾选【压缩内容以便节省磁盘空间】复选框，对现有硬盘分区进行压缩。

图 6-56 对分区启用文件压缩功能

使用 compact 命令行工具同样可以完成文件或文件夹的压缩。以管理员身份运行命令提示符，执行 `compact/?` 即可查看 compact 命令行工具的所有参数，如图 6-57 所示。

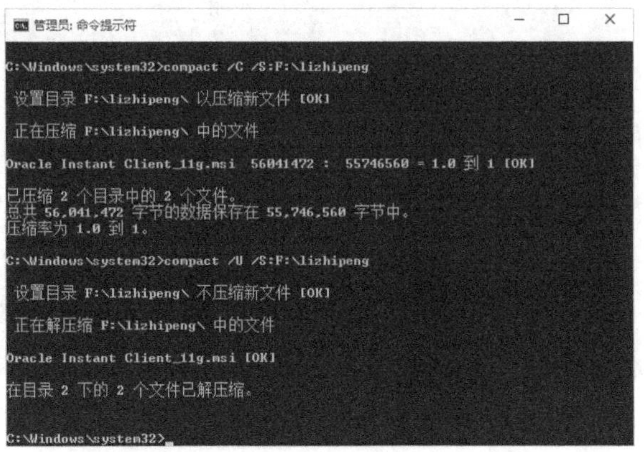

图 6-57 使用 compact 压缩与解压缩文件夹

如果要压缩或解压缩文件夹只需执行如下命令。

```
compact /C /S: 文件夹名称或文件夹路径（压缩）
compact /U /S: 文件夹名称或文件夹路径（解压缩）
```

如果只是压缩或解压缩文件，执行如下命令即可。

```
compact /C 文件名或文件路径（压缩）
compact /U 文件名或文件路径（解压缩）
```

在 Windows 10 中，compact 命令行工具新增了 /EXE 参数，可对 EXE 文件进行压缩算法定制压缩，包括 XPERSS4K(最快)、XPERSS8K、XPERSS16K 和 LZX 压缩算法，其中 XPERSS4K 为默认压缩算法，LZX 为压缩程度最高的压缩算法。

这里以使用 LZX 算法压缩 EXE 文件为例，执行如下命令即可，如图 6-58 所示。

```
compact /C /EXE:LZX 文件名或文件路径
```

解压缩执行如下命令。

```
compact /U /EXE:LZX 文件名或文件路径
```

注意　使用 /EXE 参数压缩 EXE 文件之后，文件名称不会变成蓝色。

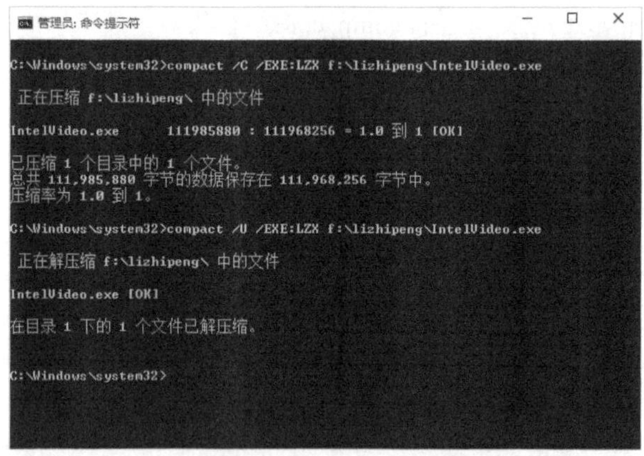

图 6-58　使用 compact 压缩与解压缩可执行文件

6.5　NTFS 文件链接

Windows 10 中的文件链接功能基于 NTFS 文件系统实现，其包含 3 种链接方式：硬链接（Hard Link）、软链接（也称为联接，Junction Link）以及符号链接（Symbolic Link）。

6.5.1 NTFS 文件链接概述

所谓 NTFS 文件链接，简单来说就是可以使用多个路径去访问同一个文件或者目录，功能上类似于快捷方式，但快捷方式是 Windows10 应用层级提供的功能，功能上有其不足之处。例如，应用程序不一定能识别并使用快捷方式链接的文件或目录，而 NTFS 文件链接弥补了快捷方式不足。

文件链接概念最早出现于 Unix 操作系统，Windows 2000 操作系统开始部分支持文件链接功能。目前在 Windows 10 中，NTFS 文件系统对文件链接的支持日趋成熟。

文件链接对用户而言是透明的，它看上去和普通文件或文件夹没有任何区别，操作方式一样。使用文件链接的好处在于文件链接只是作为一个标记存在，并不占用实际硬盘空间，而且用于文件夹的文件链接作用更为广泛。例如，某应用程序数据只能写入 D 盘某文件夹中，但是 D 盘空间不足，这时可以使用文件链接把 E 盘中的某个文件夹链接到 D 盘中，应用程序数据还是存储在 D 盘，数据实际存储于 E 盘，这样实际上变相地为 D 盘扩充了容量。

Windows 10 启动时不支持文件链接，所以不能对操作系统目录（如 Windows 以反其子目录）使用文件链接，以免操作系统无法启动。

6.5.2 硬链接

硬链接是指为一个文件创建一个或多个文件名，各文件名地位相等。用户删除任意一个文件名下的文件，对另外一个文件名的文件没有任何影响，而且对一个文件名下的文件更新，另外一个文件名下的文件也会同时更新。

综合来说，使用硬链接时需注意如下事项。

- 硬链接只能链接非空文件，不能链接文件夹。
- 硬链接文件图标和普通文件图标相同，硬链接属于透明功能。
- 硬链接只能建立同一 NTFS 分区内的文件链接。
- 移除源文件不会影响硬链接。
- 删除其中一个硬链接不会影响源文件。
- 硬链接文件的任何更改都会影响源文件。
- 硬链接不占用硬盘空间。

创建硬链接需要使用 mklink 命令行工具完成。以管理员身份运行命令提示符，执行如下命令。

```
mklink /H lizhipeng1.txt lizhipeng.txt
```

其中，lizhipeng1.txt 为创建的硬链接名称，可为其指定保存路径；lizhipeng.txt 为源文件，等待命令执行完毕会提示创建成功，如图 6-59 所示。

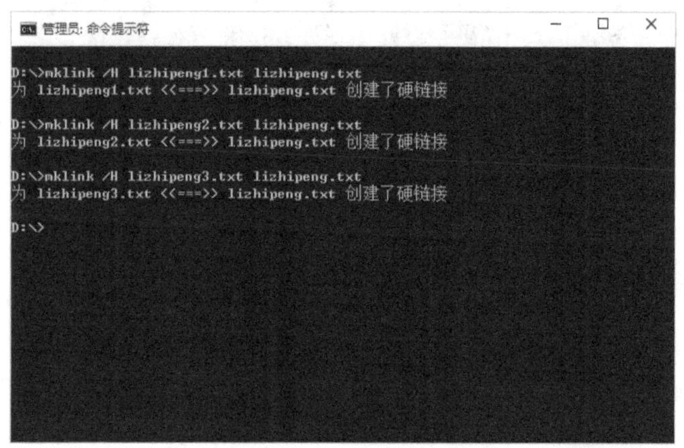

图 6-59　创建硬链接

要删除硬链接，只需保留一个文件，删除其他文件即可。

6.5.3　软链接

软链接只支持文件夹的链接，不支持文件的链接。软链接在创建时不管使用相对路径还是绝对路径，创建后全部转换为绝对路径。

使用软链接时需注意如下事项。

- 软链接只能链接文件夹，不能链接文件。
- 软链接文件图标和快捷方式图标相同。
- 软链接只能建立同一 NTFS 分区内的文件夹链接。
- 移除源文件夹会导致软链接无法访问。
- 删除软链接不会影响源文件夹。
- 软链接中的文件进行任何更改都会影响源文件。

■ 软链接不占用硬盘空间。

创建软链接同样可以使用 mklink 命令行工具，以管理员身份运行命令提示符，执行如下命令。

```
mklink /J lizhipeng1 lizhipeng
```

其中，lizhpneg1 为软链接名称，可为其指定保存路径；lizhipeng 为源文件夹名称，等待命令执行完毕会提示创建成功，如图 6-60 所示。

```
管理员: 命令提示符

D:\>mklink /J lizhipeng1 lizhipeng
为 lizhipeng1 <<===>> lizhipeng 创建的联接

D:\>mklink /J lizhipeng2 lizhipeng
为 lizhipeng2 <<===>> lizhipeng 创建的联接

D:\>mklink /J lizhipeng3 lizhipeng
为 lizhipeng3 <<===>> lizhipeng 创建的联接

D:\>
```

图 6-60　创建软链接

软链接文件夹和快捷方式图标相同，如何去区别两者呢？在命令提示符下定位到软链接所在目录，然后执行 dir 命令，会显示当前目录下的文件或文件夹信息，其中有 <JUNCTION> 字样的即为软链接，如图 6-61 所示。

要删除软链接，只需删除创建的软链接文件即可。

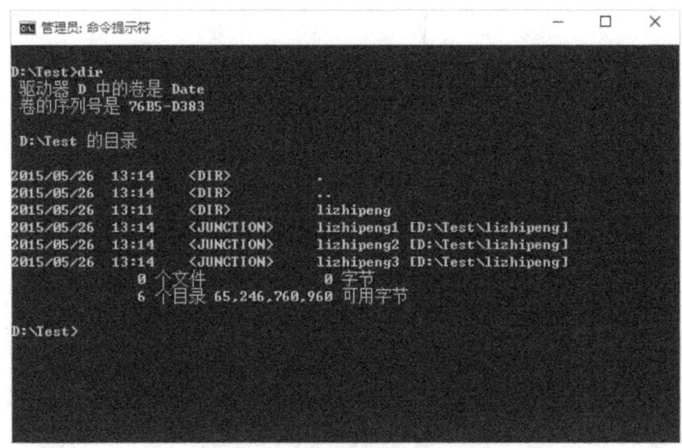

图 6-61　查看软链接信息

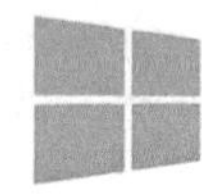

6.5.4　符号链接

符号链接支持文件和文件夹，功能上类似于快捷方式，但区别在于打开快捷方式会跳转回源文件路径，符号链接则不会跳转，而是使用创建后的路径。符号链接在创建的时候可以使用相对路径和绝对路径，创建链接后所对应的也是相对路径和绝对路径。绝对路径在源文件不移动的情况下允许使用，而相对路径是相对于两个文件的路径，所以两个文件的相对位置没有改变就不会导致链接错误。

综合来说，使用符号链接时需注意如下事项。

- 符号链接可以链接文件和文件夹。
- 符号链接文件图标和快捷方式图标相同。
- 符号链接可以跨 NTFS 分区创建文件或文件夹链接。
- 删除或移动源文件或文件夹，符号链接失效。
- 删除或移动链接文件不会影响源文件。
- 对符号链接中的文件进行任何更改都会影响源文件。
- 符号链接可以指向不存在的文件或文件夹。
- 符号链接不占用硬盘空间。

在 mklink 命令提示符中执行如下命令，即可创建文件和文件夹的符号链接，如图 6-62 所示。

创建文件的符号链接的命令如下。

```
mklink lizhipeng1.txt D:\test\lizhipeng.txt
```

其中，lizhipeng1.txt 为符号链接，D:\test\lizhipeng.txt 为源文件路径。

创建文件夹的符号链接的命令如下。

```
mklink /D lizhipeng1 D:\test\lizhipeng
```

其中，lizhipeng1 为符号链接，D:\test\lizhipeng 为源文件夹路径。

查看文件或文件夹是否为符号链接，只需在命令提示符下执行 `dir` 命令，就会显示当前目录下的文件或文件夹信息，其中有 <SYMLINKD>（文件夹）或 <SYMLINK>

（文件）字样的即为符号链接，如图 6-63 所示。

要删除符号链接，只需删除符号链接文件夹或文件即可。

```
管理员: 命令提示符

D:\Test>mklink lizhipeng1.txt D:\test\lizhipeng.txt
为 lizhipeng1.txt <<===>> D:\test\lizhipeng.txt 创建的符号链接

D:\Test>mklink /D lizhipeng1 D:\test\lizhipeng
为 lizhipeng1 <<===>> D:\test\lizhipeng 创建的符号链接

D:\Test>
```

图 6-62　创建符号链接

```
管理员: 命令提示符

D:\Test>dir
 驱动器 D 中的卷是 Date
 卷的序列号是 76B5-D383

 D:\Test 的目录

2015/05/26  13:21    <DIR>          .
2015/05/26  13:21    <DIR>          ..
2015/05/26  13:11    <DIR>          lizhipeng
2015/05/26  13:21    <SYMLINKD>     lizhipeng1 [D:\test\lizhipeng]
2015/05/26  13:21    <SYMLINK>      lizhipeng1.txt [D:\test\lizhipeng.txt]
               1 个文件              0 字节
               4 个目录 65,246,760,960 可用字节

D:\Test>
```

图 6-63　查看符号链接信息

第 7 章

虚拟化

虚拟化技术作为目前最流行的计算机技术之一，被广泛使用于各种环境，有效地提升了计算机硬件资源的利用率。本节将介绍 Windows 10 中的虚拟磁盘及 Hyper-V 虚拟化平台。

7.1 Hyper-V

Hyper-V 是微软在 2008 年推出的一款虚拟化产品，最初被集成于 64 位 Windows Server 2008 操作系统。经过几年的发展，Hyper-V 逐渐成熟，其功能也进一步完善，所以自 Windows 8 开始，Hyper-V 第一次被集成于普通消费者使用的 Windows 版本。而在 Windows 10 中，同样也集成了 Hyper-V。

Hyper-V 不仅可以用于创建虚拟机，安装 Windows 操作系统，它还对 Linux、Unix 等操作系统提供了完整的支持。

在 Windows 10 中开启 Hyper-V 需要满足如下条件。

- 计算机已安装 64 位 Windows 10 专业版或 Windows 10 企业版操作系统。
- 可用物理内存至少 4GB。
- 计算机 CPU 基于 64 位硬件架构，支持硬件虚拟化（AMD-V/VT-x）且必须处于开启状态。
- CPU 必须支持二级地址转换（SLAT）。

注意：2006 年之后发布的绝大部分 AMD/Intel CPU 都支持硬件虚拟化（AMD-V/VT-x），不过某些低端的 Intel CPU 可能不支持硬件虚拟化功能。

7.1.1 开启 Hyper-V

Windows 10 默认关闭 Hyper-V，需要用户手动启用，启用方法有如下两种。

- 使用 Cortana 搜索并打开【启用或关闭 Windows 功能】，然后在打开的【Windows 功能】界面中勾选【Hyper-V】并单击【确定】，如图 7-1 所示。最后等待操作系统安装完成，重新启动计算机之后即可使用 Hyper-V。
- 在操作系统中挂载 Windows 10 安装镜像文件到虚拟光驱或插入操作系统安装光盘（这里以 H 为虚拟光驱盘符为例），然后以管理员身份运行命令提示符，执行如下命令。

```
dism /online /enable-feature /featurename:Microsoft-Hyper-V-All /Source:H:\sources\sxs
```

图 7-1　开启 Hyper-V

等待命令执行完毕，按照提示重新启动计算机，如图 7-2 所示。

重新启动计算机之后，在“开始”菜单应用列表中的 Windows 管理工具文件夹中会显示 Hyper-V 管理器，如图 7-3 所示。

Hyper-V 管理器为 Hyper-V 的主要管理工具。打开 Hyper-V 管理器之后，如果在 Hyper-V 管理器左侧列表中出现当前计算机名称，就代表 Hyper-V 安装成功，如图 7-4 所示。

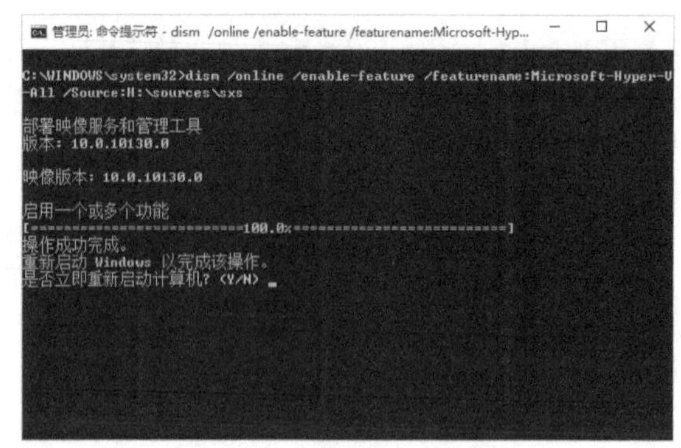

图 7-2　命令行开启 Hyper-V

图 7-3　Hyper-V 管理工具

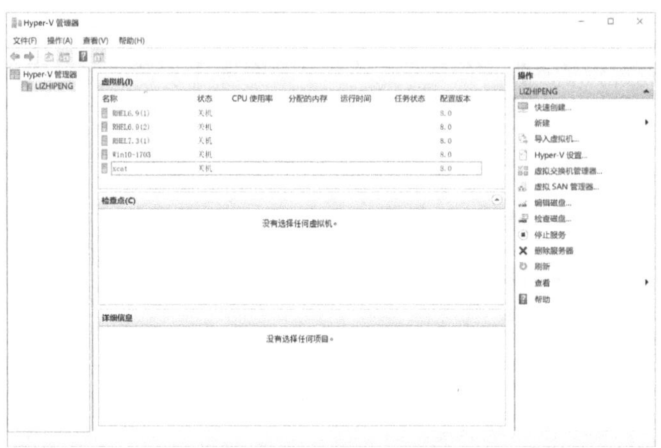

图 7-4 Hyper-V 管理器

7.1.2 创建虚拟机并安装操作系统

安装 Hyper-V 之后，就可以创建虚拟机并在虚拟机上安装操作系统。Hyper-V 管理器提供了一站式向导，通过向导可以快捷轻松地创建虚拟机。本节以创建虚拟机并安装 Windows 7 操作系统为例。

① 在 Hyper-V 管理器右侧的【操作】窗格中，单击【新建】，然后选择【虚拟机】，运行【新建虚拟机向导】。向导第一页为创建 Hyper-V 虚拟机的注意事项，可勾选左下角的【不再显示此页】选项，下次创建虚拟机时将不再显示此页面，然后单击【下一步】，如图 7-5 所示。

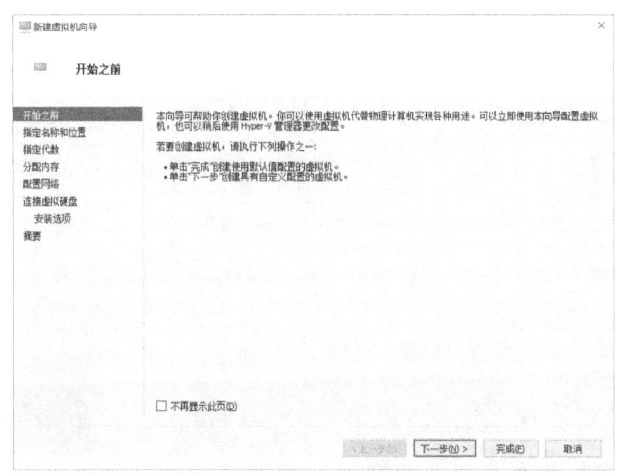

图 7-5 Hyper-V 向导提示

② 在【指定名称和位置】页面中，设置创建的虚拟机名称以及存储位置。这里要注意的是，创建的虚拟机文件会比较大，文件默认存储于 C 盘，所以请注意存储虚拟机的硬盘分区可用空间。之后单击【下一步】，如图 7-6 所示。

图 7-6　设置 VHD 存储路径

③ 选择虚拟机版本，如图 7-7 所示。虚拟机版本分为两代，第一代指使用 BIOS 固件，第二代指使用 UEFI 固件并开启安全启动功能。如果使用第二代虚拟机，则默认情况下只能安装 Windows 8 以后的操作系统版本，虚拟机一旦创建即无法修改版本。这里选择第一代，然后单击【下一步】。

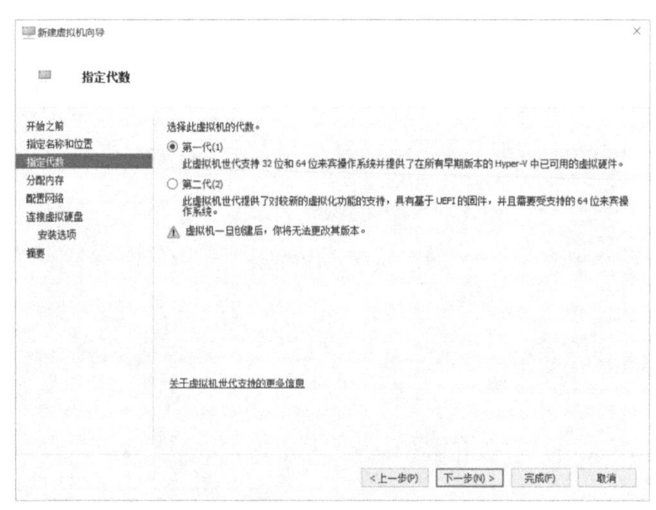

图 7-7　选择虚拟机版本

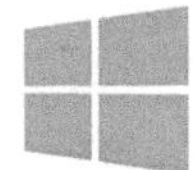

④ 在【分配内存】页面，设置虚拟机启动内存大小。在 Hyper-V 中，虚拟内存最小可设置为 8MB，最大可为物理内存容量的 70%，请根据所要安装操作系统的要求合理设置虚拟内存大小。Hyper-V 支持动态内存，所谓动态内存，就是针对不同虚拟机，在指定的内存范围内根据虚拟机中的应用优先级来自动调整虚拟机对物理内存的占用大小，在应用性能和内存消耗方面自动平衡，以达到优化性能的目的。建议启用此功能，然后单击【下一步】，如图 7-8 所示。

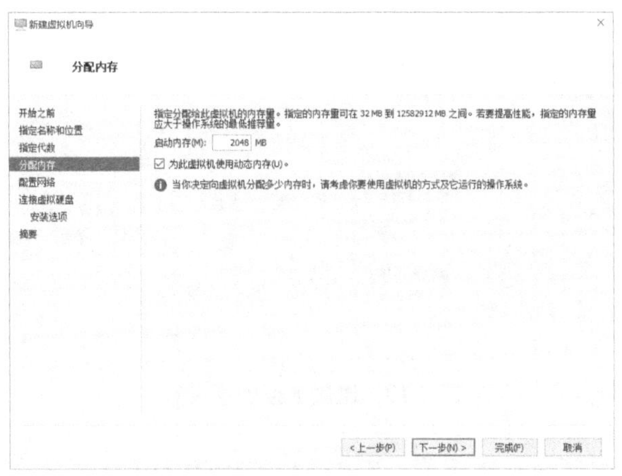

图 7-8　设置虚拟内存

⑤ 在【配置网络】页面中，选择虚拟机连接网络所用的网络交换机，如图 7-9 所示。如果是第一次使用 Hyper-V，保持此页默认设置，然后单击【下一步】。

图 7-9　配置网络

⑥ 在【连接虚拟硬盘】页面中，指定要创建虚拟硬盘（VHD）的名称、位置以及大小。虚拟硬盘用来安装操作系统，同时也可以使用已创建的虚拟硬盘，如图 7-10 所示。虚拟硬盘大小按照使用需要合理设置即可。

图 7-10　连接虚拟硬盘设置

⑦ 在【安装选项】页面，选择【从可启动的 CD/DVD-ROM 安装操作系统】。安装媒介可以选择物理驱动器中的安装光盘，或者操作系统安装映像文件（见图 7-11），还可以选择在创建完虚拟机后再安装操作系统。选择相应选项之后，单击【下一步】，随后会出现虚拟机的设置摘要核对虚拟机设置信息后，单击【完成】。此时，Hyper-V 开始自动按照设置的虚拟机参数创建虚拟机，等待完成即可。

图 7-11　插入操作系统安装映像文件

至此虚拟机创建完成，接下来开始安装操作系统。在 Hyper-V 管理器界面的【虚拟机】一栏中双击创建的虚拟机，就会打开虚拟机连接界面，可以将其视为计算机的显示器，如图 7-12 所示。

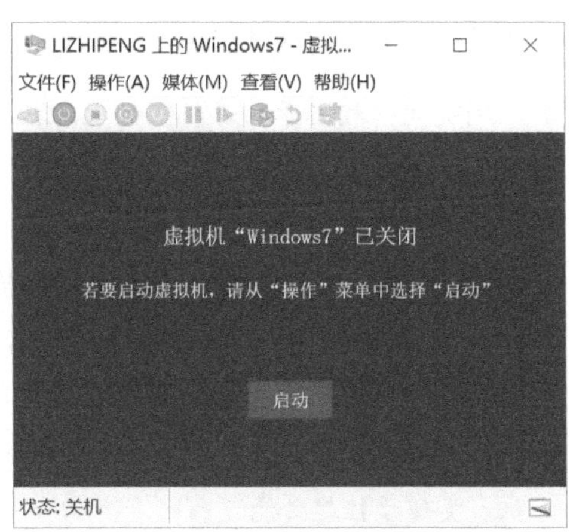

图 7-12　虚拟机连接

虚拟机安装完毕之后，可在虚拟机连接界面中按下 Ctrl+O 组合键或在 Hyper-V 管理器中对虚拟机配置进行修改，如图 7-13 所示。在虚拟机设置界面中，可以新增或删除硬盘、网卡等硬件，以及修改计算机启动方面的参数。例如取消勾选【启用安全启动】复选框，即可关闭安全启动功能。除此之外，还可以选择是否在虚拟机中启用 TPM 模块。

图 7-13　虚拟机设置

7.1.3　虚拟机管理

虚拟机连接界面的工具栏提供了如下几种功能，如图 7-14 所示。

- Ctrl+Alt+Delete：顾名思义，就是实现 Ctrl+Alt+Delete 组合键的功能。

■ 启动：按下此按钮即可启动虚拟机。

■ 强制关闭：相当于物理机上的电源按钮，操作系统无法通过正常途径关闭时，可以使用此按钮。

■ 关闭：软关机按钮，用来关闭虚拟机的功能按钮。使用此按钮的前提是必须要安装系统集成服务。

■ 保存：保存当前计算机的状态并关闭虚拟机，类似于挂起功能。

■ 暂停：暂时冻结虚拟机运行，并且释放所占用的 CPU 等资源。

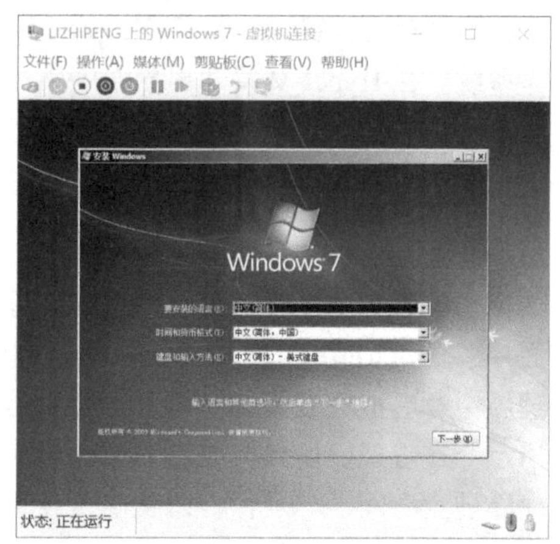

图 7-14　虚拟机连接

■ 重置：重置虚拟机中的操作系统至首次安装后的状态，类似于手机的恢复出厂设置功能。

■ 检查点：检查点是将虚拟机在特定时刻的状态、磁盘数据和配置等做快照。如果虚拟机系统出现崩溃之类的错误，可以使用检查点备份还原至正常状态，类似于系统还原功能。首次使用检查点功能将保存当前虚拟机的所有状态，之后创建的检查点将采用增量方式进行存储，以便减小检查点所占存储空间。

■ 还原：使用最近的检查点还原虚拟机。

■ 增强会话：在 Windows 8.1 操作系统之前的 Hyper-V 中，用户无法通过虚拟机连接工具实现物理机与虚拟机之间的文件复制与粘贴操作，如要实现文件复制与粘贴操作，需要使用远程桌面连接程序连接至虚拟机。此外，在虚拟机中也无法实现声音播放以及使用 USB 设备的功能。但是在 Windows 8.1 和 Windows 10 中，Hyper-V 添加了增强会话功能，开启增强会话功能之后，可进行如下操作。

- 使用剪贴板。
- 定向虚拟机声卡至物理机。
- 可使用物理机智能卡。
- 可使用物理机 USB 设备。

- 可使用物理机打印机。
- 支持即插即用设备。
- 可使用物理机硬盘分区。

开启 Hyper-V 虚拟机连接增强会话模式有如下几点。

- 虚拟机使用第二代版本。
- 虚拟机操作系统必须是 Windows 8 以上版本。
- 打开服务器增强会话模式。
- 打开用户增强会话模式。

一般在满足前三点要求的情况下，Hyper-V 自动启用服务器和用户增强会话模式。如要关闭或重新打开，只需在 Hyper-V 管理器右侧的【操作】窗格中选择【Hyper-V 设置】，打开 Hyper-V 设置界面，如图 7-15 所示，在右侧服务器及用户分类下，取消勾选【允许增强会话模式】及【使用增强会话模式】复选框，即可关闭增强会话模式，反之亦然。满足增强会话模式要求并启用之后，启动虚拟机中的操作系统，此时在虚拟机连接界面中会弹出如图 7-16 所示的虚拟机连接设置界面。在【显示】选项卡下可设置虚拟机分辨率，切换至【本地资源】选项卡，可设置虚拟机使用物理机声卡、剪贴板、打印机、硬盘分区、USB 设备等，如图 7-17 所示。

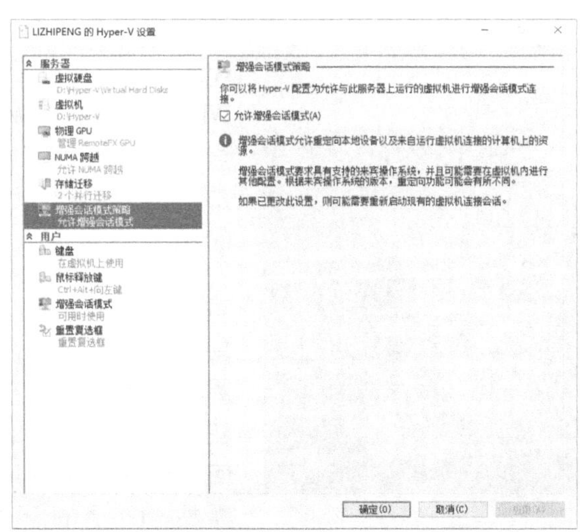

图 7-15 开启增强会话模式

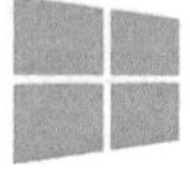

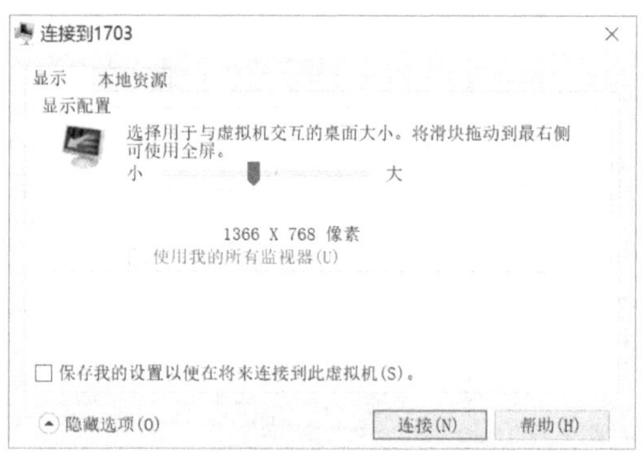

图 7-16　增强会话显示设置

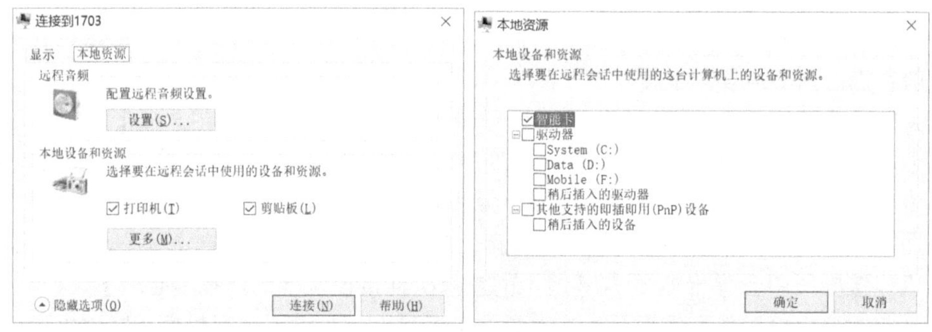

图 7-17　增强会话本地资源设置

图 7-18　虚拟机屏幕缩放级别

默认情况下，高分辨率屏幕会导致 Hyper-V 虚拟机显示画面过小，在 Windows 10 最新版中，加入了对高分辨率屏幕的支持，如图 7-18 所示，用户可以根据需要设置虚拟机屏幕缩放级别。

启动虚拟机之后，将鼠标指针移动到虚拟机连接中，鼠标指针变为小圆点，单击鼠标左键，此时虚拟机获得鼠标和键盘的使用权。若要返回物理计算机使用键盘和鼠标，只需按 Ctrl+Alt+ 鼠标左键（可自定义快捷键），然后将鼠标指针移动

到虚拟机窗口外即可。

7.1.4 在 Hyper-V 中使用虚拟硬盘

Windows 10 支持 VHDX 格式虚拟硬盘文件且支持从 VHDX 文件启动（Windows 10 之前的操作系统不支持从 VHDX 文件启动）。VHDX 相对于 VHD 的优点是可以创建最大 64TB 的虚拟硬盘，而且由于 Windows 10 具有更好的跨平台移动性，所以一个能在实机上启动的 VHD/VHDX 文件可以直接在 Windows 10 自己的 Hyper-V 虚拟机中启动运行。使用新建虚拟机向导创建的虚拟硬盘即为 VHDX 文件。

如图 7-19 所示，在新建虚拟机向导中的【连接虚拟硬盘】页面，可以选择【使用现有虚拟硬盘】来启动已安装了操作系统的 VHDX 文件，配置好其他设置之后单击【完成】，然后运行虚拟机即可使用。

图 7-19　用现有虚拟硬盘

7.1.5 配置 Hyper-V 虚拟网络

Hyper-V 通过模拟一个标准的（ISO/OSI 二层）交换机来支持以下 3 种网络模式。

- 外部：让虚拟机同外部网络联通。Hyper-V 通过将 Microsoft 虚拟交换机协议绑定至物理机网卡实现连接外部网络。如果虚拟机选择使用采用外部模式的虚拟交换机，则虚拟机相当于连接至外部网络（Internet）的一台计算机，其可以与外部网络的其他计算机相互访问。例如在由路由器设备组建的物理局域网络中，路由器会为虚拟机分配和物理机相同网段的 IP 地址。

■ 内部：使虚拟机使用由物理机作为网络设备组建的内部网络。使用此模式的虚拟交换机要和物理机网络互通，需要给物理机先行配置内部网络网关、子网掩码和 IP 地址，然后在虚拟机中设置相对应的 IP 地址、网关和子网掩码。默认情况下只允许虚拟机与物理主机互相访问，不能访问外部（物理网络上的计算机或外部网络，如 Internet），外部也不能访问内部的虚拟机。如要使虚拟机访问网络，只需在物理机中对内部虚拟交换机启用网络共享功能即可。

■ 专用：只允许虚拟机之间互相访问，与物理机之间也不能相互访问。

由于 Hyper-V 的网络架构不同，所以用户必须手动配置网络连接，虚拟机与物理机才能网络互通。本节以设置外部模式交换机为例介绍操作步骤。

① 在 Hyper-V 管理器右侧的【操作】窗格中选择【虚拟交换机管理器】，在随后出现的【虚拟交换机管理器】界面中，选择要创建的虚拟交换机的类型，这里选择【外部】，然后单击【创建虚拟交换机】，如图 7-20 所示。

图 7-20　选择虚拟交换机类型

② 在【虚拟交换机属性】页面中，可以选择虚拟交换机连接至物理机的哪个网络设备。这里选择当前物理计算机正在使用的网卡，如图 7-21 所示，之后单击【确定】，虚拟交换机创建完毕。

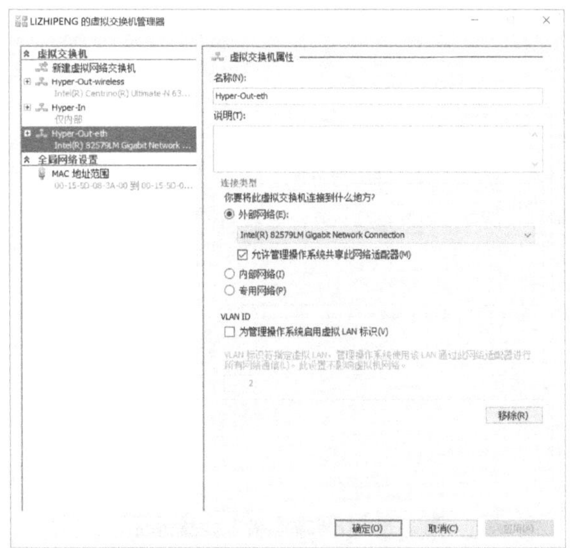

图 7-21 选择物理网卡

③ 打开虚拟机设置页面，在左侧边栏中选择【网络适配器】，打开网络适配器配置页面，在页面顶端可以看到关于虚拟交换机的选项，在下拉列表中选择上一步创建的交换机，如图 7-22 所示，然后单击【确定】，等程序配置完毕之后，路由器等网络设备自动为虚拟机分配 IP 地址，虚拟机即可连接至 Internet。

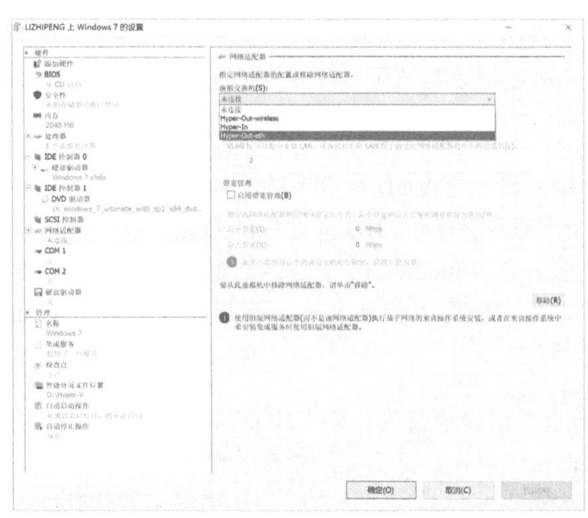

图 7-22 选择创建的虚拟交换机

创建虚拟交换机之后，打开物理机网络连接设置界面，即可看到创建的虚拟交换机，

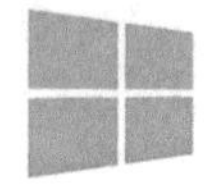

如图 7-23 所示，可以像设置物理设备一样对其进行设置。

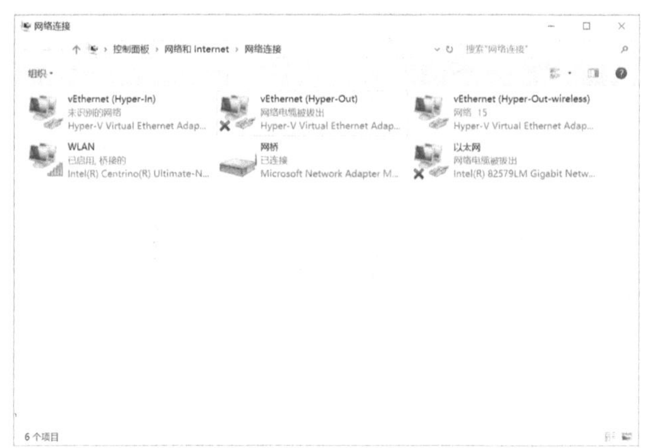

图 7-23 【网络连接】设置界面

7.2 虚拟硬盘

7.2.1 虚拟硬盘概述

虚拟硬盘文件格式（VHD）可以被简单地理解为硬盘的一种，就像 1.8 寸、2.5 寸、3.5 寸等不同规格的硬盘一样。VHD 是存在于物理硬盘上的一种文件虚拟硬盘，用户可以像对物理硬盘一样对 VHD 进行格式化分区并安装操作系统，不需要的时候将其删除即可，非常方便。同时虚拟硬盘还可以托管本地物理硬盘上的文件系统，例如 NTFS、FAT 等。

在 Windows 7/8/10 中，微软把 VHD 所需要的驱动直接内置于操作系统，所以用户可以在 Windows 7/8/10 中直接访问 VHD 文件中的数据，此时操作系统会把 VHD 文件映射为一个硬盘分区。在 Windows 10 中可以通过右键菜单快速加载 VHD 文件并查看里面数据。此外，用户还可以使用 Windows 启动管理器（bootmgr），启动安装于 VHD 文件中的操作系统。

Windows 10 支持新版虚拟硬盘文件，即 VHDX 文件。与 VHD 文件相比，VHDX 支持更大的存储空间，还可以在计算机突然断电的情况下保护数据，并且优化了动态磁盘和差分磁盘的结构对齐方式，以防止在使用了高级格式化功能（俗称 4K 对齐）的物理磁盘上出现读写性能下降的情况。

VHDX 文件主要有如下功能和特性。

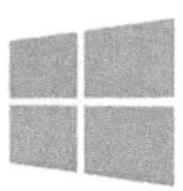

- VHDX文件支持的存储空间最高为64TB，最小为3MB。VHD则最大支持2TB存储空间。
- 通过记录对VHDX元数据结构的更新，可以在计算机突然断电的情况下保护数据不被损坏。
- 改进了虚拟硬盘格式的磁盘扇区对齐方式，可以在使用了高级格式化功能的物理磁盘上更好地工作。

VHDX 文件还提供以下功能。

- 动态磁盘和差分磁盘使用了较大的数据块，可让这些磁盘满足工作负荷的需求。
- 一个4KB的逻辑扇区虚拟磁盘，在为4KB扇区设计的应用程序工作时可以提供较高的性能。
- 能够存储有关用户可能想记录的文件自定义元数据，例如操作系统版本或应用的修补程序。
- 高效地表示数据（也称为“剪裁”），使文件体积更小并且允许基础物理存储设备回收未使用的空间（剪裁需要直接连接到虚拟机或SCSI磁盘的物理磁盘以及与剪裁兼容的硬件）。

注意 VHDX文件不适用于Windows 8之前的操作系统。

7.2.2 创建虚拟硬盘

在正式创建 VHD 之前，先介绍一下 3 种 VHD 文件类型：固定、动态和差分。每种类型都有其优缺点与适用环境。

固定

固定类型 VHD 已分配的存储空间大小不会改变。例如用户创建了存储空间为 30GB 的 VHD，则无论写入其中的数据是否达到 30GB，都将占用 30GB 的物理硬盘存储空间。推荐将固定类型虚拟硬盘用于生产环境的服务器。

动态

动态类型 VHD 文件的大小与写入其中的数据大小相同，也就是给这个 VHD 文件

设一个存储容量的上限。向 VHD 写入多少数据，VHD 就动态扩展到相应大小，直到达到 VHD 容量上限。例如，创建一个动态类型的 VHD 文件，存储容量上限为 30GB，当向 VHD 写入 10GB 数据时，VHD 文件就是 10GB。动态类型 VHD 文件较小、易于复制，并且在加载后可将其容量扩展。推荐将动态类型虚拟硬盘用于开发和测试环境。

差分

差分本是数学中的概念，指的是一个函数通过某种关系映射为另一个函数，差分类型 VHD 也是同样的原理。使用固定、动态类型 VHD 中数据时，一切被修改的数据信息都实时写入唯一的 VHD 文件，但是使用差分 VHD 必须要创建两个 VHD 文件，一个是父 VHD 文件，另一个是子 VHD 文件。

创建一个 VHD 文件，然后向里面写入数据，这里称之为父 VHD，然后再创建一个 VHD 文件，并且指向父 VHD，这里称之为子 VHD。挂载子 VHD 到本地计算机中，就会发现里面的数据和父 VHD 中的一模一样。格式化子 VHD，然后再挂载父 VHD 至本地计算机，会发现文件完好无损。因为父 VHD 为只读文件，所以所有被修改的数据信息都会被保存到子 VHD 中。而且子 VHD 文件的大小动态扩展，只保留和父 VHD 不相同的数据，因此子 VHD 必须是动态类型 VHD 文件，父 VHD 可以是固定、动态、差分文件类型中的任意一种，多个差分 VHD 可形成一个差分链。

使用差分 VHD 之前，需注意如下几点内容。

- 不能修改差分 VHD 的父 VHD。如果父 VHD 被修改或由其他 VHD 替换（即使具有相同的文件名），则父 VHD 和子 VHD 之间的块结构将不再匹配，并且差分 VHD 也将损坏。
- 必须将父 VHD 和子 VHD 同时放在同一个分区的同一个目录中才能用于从本地计算机启动 VHD 文件。如果不从计算机启动 VHD 文件，则父 VHD 可以在不同的分区和目录中，甚至可以在远程共享服务器上。

在使用 DiskPart 命令行工具或磁盘管理器时，可以创建、附加和分离 VHD。

创建 VHD

用户可以创建不同类型和大小的 VHD 文件。创建的 VHD 文件挂载至本地计算机之后，需要先进行格式化才能使用，同时还可以在 VHD 中创建一个或多个分区，并且使用 FAT/FAT32 或 NTFS 等文件系统格式化这些分区，此过程和对物理硬盘的操作一样。

附加 VHD

附加 VHD 就是把 VHD 文件挂载到本地计算机中，挂载后的 VHD 文件作为连接到计算机的本地硬盘，显示在文件资源管理器及磁盘工具中。VHD 文件右键菜单中的【装载】选项的作用和附加功能一样。如果附加 VHD 时，该 VHD 已被格式化，则操作系统会为此 VHD 分配盘符，此过程和在计算机插入 U 盘或移动硬盘的过程一样。

附加 VHD 文件时，还需注意以下限制。

- 用户必须具有管理员权限才能附加 VHD 文件。
- 只能附加存储在 NTFS 分区上的 VHD 文件。VHD 文件可以存储在 FAT/FAT32、exFAT、NTFS 等文件系统的分区中。
- 不能附加已经使用 NTFS 压缩或 EFS 加密的 VHD 文件。如果文件系统支持压缩和加密，则可以压缩或加密 VHD 中的分区。
- 不能将两个已附加的 VHD 文件配置为动态扩展 VHD。动态扩展 VHD 是一种已初始化用于动态存储的物理硬盘，它包含动态卷，例如简单卷、跨区卷、带区卷、镜像卷和 RAID-5 卷。
- 不能附加存储在网络文件系统（NFS）或文件传输协议（FTP）服务器中的 VHD 文件，但是可以附加服务器消息块（SMB）共享上的 VHD 文件。
- 无法使用远程 SMB 共享上的客户端高速缓存来附加 VHD。如果使用网络文件共享来存储要远程附加的 VHD 文件，则要更改共享的高速缓存属性以禁用自动高速缓存。
- 只能附加两层嵌套的 VHD。所谓嵌套，就是在一个已被附加 VHD 的文件中再附加一个 VHD 文件，但无法继续附加第三个 VHD 文件。
- 重新启动计算机之后，操作系统不会自动附加重启前已被附加的 VHD 文件。

分离 VHD

分离就是指断开操作系统和 VHD 文件的连接，相当于从计算机弹出 U 盘或移动硬盘。

1. 创建普通虚拟硬盘

虚拟硬盘可通过操作系统的磁盘管理器和 DdiskPart 命令行工具来创建，两种工具各有优缺点，以下分别使用这两种工具创建 VHD。

使用磁盘管理器创建普通 VHD 操作步骤如下。

① 按下 Win+X 组合键，在弹出菜单中选择【磁盘管理】。

② 在磁盘管理器的【操作】菜单下选择【创建 VHD】选项，打开【创建和附加虚拟硬盘】界面，如图 7-24 所示。

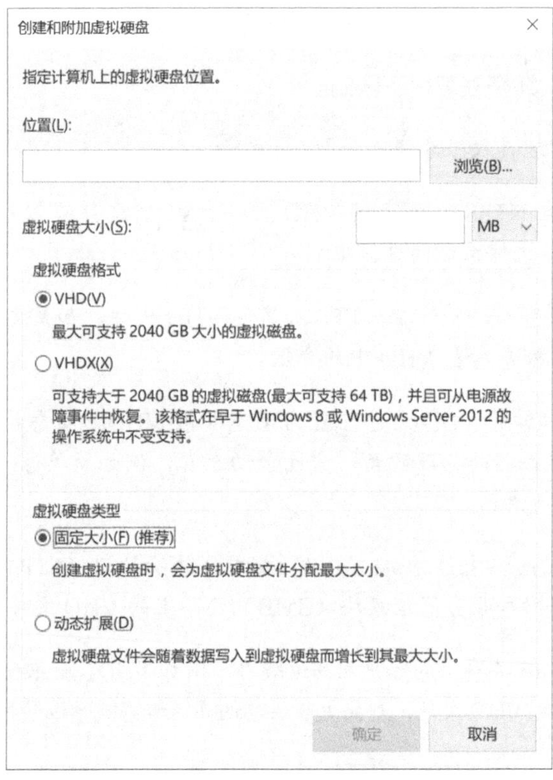

图 7-24　创建 VHD 文件

③ 在【创建和附加虚拟硬盘】界面中，单击【浏览】选择 VHD 文件的存储目录并且命名 VHD 文件。VHD 大小根据使用情况合理设置即可，默认以 MB 为单位。如果只是在 Windows 8 / 10 操作系统中使用 VHD，则推荐采用 VHDX 文件格式，此时虚拟硬盘 VHD 默认使用动态扩展。如果考虑到 VHD 的兼容性，要在 Windows 7 中使用此 VHD，则推荐使用 VHD 文件格式，VHD 类型默认为固定大小。这里选择 VHDX 文件格式，VHD 类型为动态扩展，单击【确定】，开始创建 VHD。

④ 创建完成 VHD 之后，磁盘管理器会自动附加此 VHD，但是该 VHD 没有被初始化，也就是不能被逻辑磁盘管理器访问，所以也不会在文件资源管理器中显示，如图 7-25 所示。

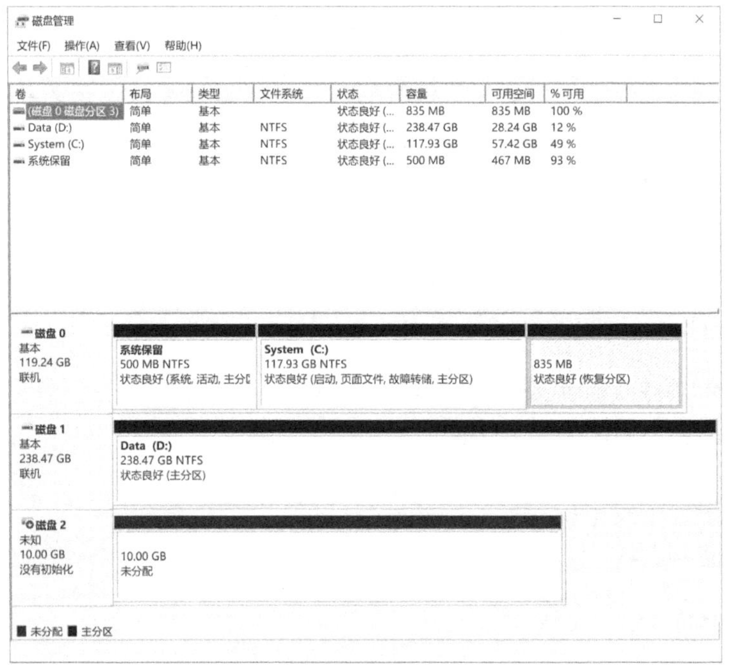

图 7-25 在磁盘管理器中查看 VHD

右键单击磁盘列表中已被附加的 VHD（也就是列表中的磁盘 2），在弹出菜单中选择【初始化磁盘】选项，然后在初始化磁盘界面中勾选【磁盘 2】。如果有多个 VHD，可以同时进行初始化操作，磁盘分区格式选择【默认】即可，如图 7-26 所示，然后单击【确定】即可完成 VHD 初始化。

初始化磁盘

磁盘必须经过初始化，逻辑磁盘管理器才能访问。

选择磁盘(S):

☑ 磁盘 2

为所选磁盘使用以下磁盘分区形式:

○ MBR(主启动记录)(M)

◉ GPT (GUID 分区表)(G)

注意: 所有早期版本的 Windows 都不识别 GPT 分区形式。

确定 取消

图 7-26 初始化 VHD 过程

⑤ 初始化 VHD 之后，在磁盘管理器的磁盘列表中就会看到 VHD 的当前状态为联机，此时要对其设置文件系统并进行格式化操作，也就是创建分区，这样才能在文件资源管理器中使用 VHD。在 VHD 上单击右键并在弹出菜单中选择【新建简单卷】选项，然后按提示完成操作即可。在 VHD 上创建分区后，操作系统会自动打开创建的 VHD，到此正式完成 VHD 的创建。

如果使用 DiskPart 命令行工具创建 VHD，以管理员身份运行命令提示符执行 diskpart 命令，这里以创建大小为 3GB、使用 VHDX 文件格式、固定类型、文件名为 win10 的 VHD 文件为例，执行如下命令。

```
create vdisk file=D:\win10.vhdx maximum=3000 type=fixed
```

创建 VHD 文件，VHD 容量为 3GB，使用固定类型。

```
list vdisk
```

显示虚拟磁盘列表。

```
select vdisk file=D:\win10.vhdx
```

选择创建的 VHD 文件。

```
attach vdisk
```

附加 VHD。

```
create partition primary
```

在 VHD 中创建主分区。

```
assign letter=K
```

为创建的分区分配盘符为 K。

```
format quick label=vhd fs=ntfs
```

设置分区使用 NTFS 文件系统、卷标为 vhd 并快速格式化分区。格式化完成之后，操作系统会自动打开创建的分区。

上述命令全部执行完毕之后，如图 7-27 所示，退出 DiskPart 命令行工具，即可在文件资源管理器中使用 VHD 上的分区。

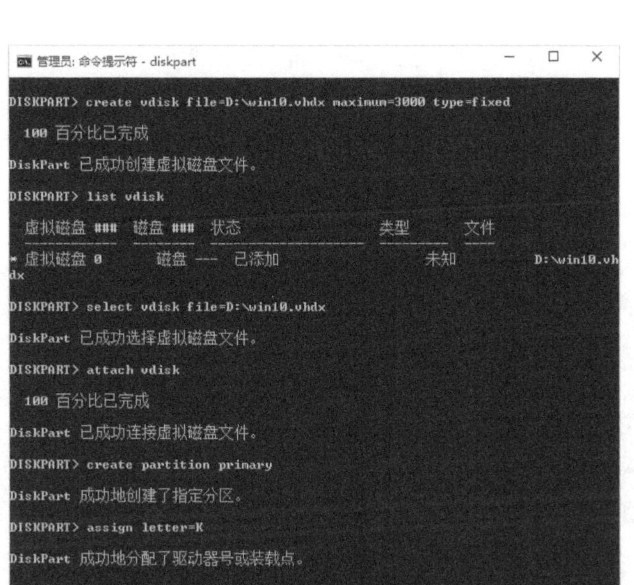

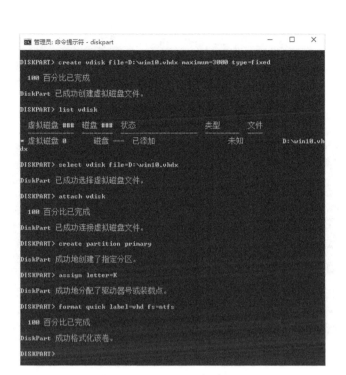

图 7-27　用 DiskPart 创建 VHD

2. 创建动态虚拟硬盘

创建动态虚拟硬盘的步骤和创建普通虚拟硬盘一样。使用磁盘管理器创建 VHD 时，虚拟磁盘的类型选择为动态扩展即可。

使用 DiskPart 命令行工具时，执行如下命令即可创建动态扩展类型的 VHD 文件。

```
create vdisk file=D:\Win10.vhdx maximum=3000 type=expandable
```

3. 创建差分虚拟硬盘

创建差分 VHD，执行如下命令即可。

```
create vdisk file=D:\chafen.vhdx parent=D:\Win10.vhdx
```

win10.vhdx 是已经创建的父 VHD 文件，chafen.vhdx 为新创建的子 VHD 文件，如图 7-28 所示。

注意 创建差分 VHD 时，要确保父 VHD 文件已分离。

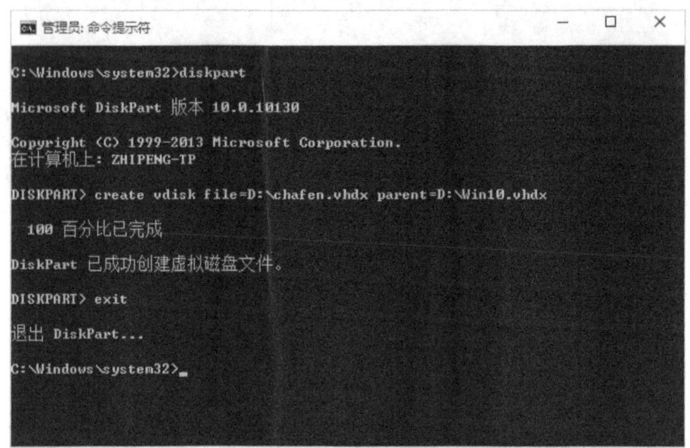

图 7-28 创建差分 VHD

使用差分 VHD 时，由于父 VHD 文件为只读，所以只要对子 VHD 文件备份，就可以做到对父 VHD 的秒备份、秒恢复。新创建的子 VHD 只有 4MB 大小，所以备份和还原都很方便。

7.2.3 安装操作系统到虚拟硬盘

使用 Windows 安装程序无法将操作系统安装到 VHD 的分区，所以需要使用操作系统提供的命令行工具来手动安装。手动安装需要使用 dism 命令行工具，此工具用来展开 Windows 安装文件到 VHD 分区。本节以安装 Windows 8 操作系统至 VHD 为例，安装操作步骤如下。

① 创建一个不小于 30GB 的 VHD 文件。由于要在 VHD 中安装操作系统，所以 VHD 文件推荐采用固定类型，然后在 VHD 中使用所有空间创建一个使用 NTFS 文件系统的主分区并设置盘符为 K。

② 从 Windows 8 安装映像文件或 DVD 安装光盘的 sources 目录中，提取 install.wim 文件至物理硬盘分区的任意位置，这里提取的位置为 D 盘根目录。

③ 以管理员身份运行命令提示符，执行如下命令展开 install.wim 中的文件至 VHD 分

区，如图 7-29 所示。

```
dism /apply-image /imagefile:d:\install.wim /index:1 /applydir:k:\
```

```
管理员: 命令提示符

C:\Windows\system32>dism /apply-image /imagefile:d:\install.wim /index:1 /apply
dir:k:\

部署映像服务和管理工具
版本: 10.0.10130.0

正在应用映像
[==========================100.0%==========================]
操作成功完成。

C:\Windows\system32>
```

图 7-29　部署安装文件到 VHD

7.2.4　从虚拟硬盘启动计算机

将操作系统安装文件复制至 VHD 分区，只是整个操作系统安装步骤之一，此后需要使用 bcdedit（启动配置数据存储编辑器）命令行工具创建 VHD 文件启动引导信息，并将该 VHD 分区中的操作系统添加到物理硬盘上的 Windows 8 引导菜单，最后从 VHD 启动其中的操作系统。操作步骤如下。

① 以管理员身份运行命令提示符，执行如下命令，复制本机操作系统中的现有引导项目，并生成新的标识符（guid），然后修改此引导项作为 VHD 引导项目。引号中间的文字为引导项名称，可以自行设置。

```
bcdedit /copy {default} /d"Windows 8 VHD"
```

命令执行完毕之后会输出 guid，这里获得的 guid 为 {2cb94d76-0cfb-11e5-943c-f0def1038eaf}。

② 执行如下命令，对 VHD 引导项目设置 device 和 osdevice 选项。

```
bcdedit /set {2cb94d76-0cfb-11e5-943c-f0def1038eaf} device vhd=[D:]\Win10.vhdx
bcdedit /set {2cb94d76-0cfb-11e5-943c-f0def1038eaf} osdevice vhd=[D:]\Win10.vhdx
```

命令中 vhd 后面接 VHD 文件的存储路径，切记路径盘符要用方括号括起来。

③ 执行如下命令，将 VHD 的引导项目设置为默认引导项目。计算机重新启动时，

会自动进入引导菜单并显示计算机上安装的所有 Windows 操作系统引导项目，如图 7-30 所示。

```
bcdedit /default {2cb94d76-0cfb-11e5-943c-f0def1038eaf}
```

如果不想设置 VHD 为默认启动项目，则输入如下命令，如图 7-31 所示。

```
bcdedit /set {2cb94d76-0cfb-11e5-943c-f0def1038eaf} detecthal on
```

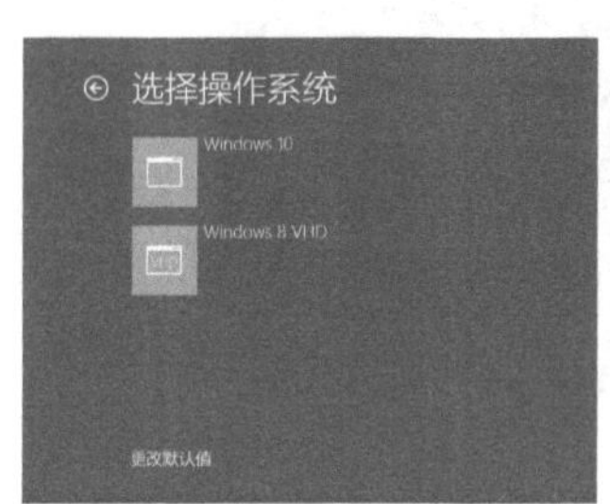

图 7-30　Windows 10 多系统引导菜单

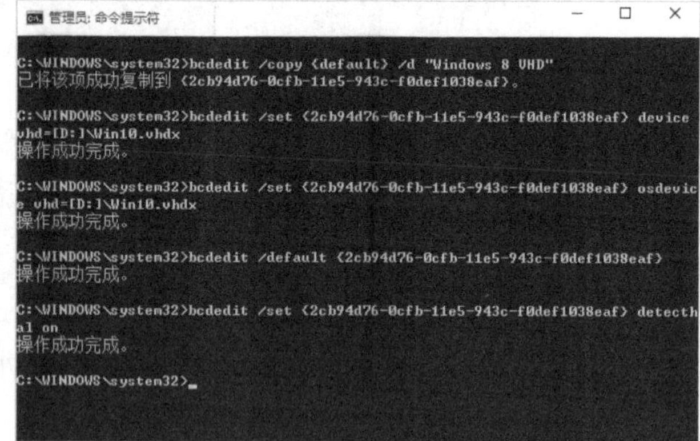

图 7-31　添加 VHD 系统到启动菜单

虽然虚拟硬盘技术成熟且功能完善，但是计算机对其还具有以下限制。

- 仅 Windows 7/8/8.1/10 支持从 VHD 启动计算机，且计算机可引导安装在 VHD 中的操作系统，限制在以下版本。
    - Windows 7 企业版；
    - Windows 7 旗舰版；
    - Windows Server 2008 R2（Foundation 版本除外）；
    - Windows 8/8.1 企业版；
    - Windows 8/8.1 专业版；
    - Windows Server 2012 与 Windows Server 2012 R2；
    - Windows 10 企业版 /LTSB；
    - Windows 10 专业版；

- Windows Server 2016；
- Windows Server 2019。

■ VHD 中的操作系统支持睡眠，但是不支持休眠功能。

■ 计算机不支持从存储在服务器消息块（SMB）上的 VHD 启动。

■ 计算机不支持从已在本机物理硬盘上使用 NTFS 压缩或加密文件系统加密的 VHD 启动。

■ 计算机不支持从使用 Bitlocker 加密的 VHD 上启动，也不能在 VHD 中的分区上启用 Bitlocker 功能。

■ 计算机不支持将 VHD 中的 Windows 版本通过升级安装升级到较新版本。

■ 在 VHDX 文件格式的 VHD 中，只有 Windows 8/8.1、Windows Server 2012、Windows Server 2012 R2、Windows 10、Windows Server 2016、Windows Server 2019 等操作系统才可以引导启动。

■ 如果要从其他计算机启动 VHD 中的操作系统，必须在启动之前在本机上使用 Sysprep 程序重新封装（一般化）VHD 中的操作系统。

7.2.5 磁盘格式转换

本节介绍 VHD 格式文件和 VHDX 格式文件相互转换内容。转换方式有两种，以下分别做介绍。

1. 使用 PowerShell 命令

在 Cortana 中搜索“PowerShell”或在“开始”菜单的【Windows 系统】文件夹中选择【Windows PowerShell】选项即可打开 PowerShell。本节以转换名为 win10.vhd 的文件为例，在 PowerShell 中执行如下命令进行磁盘格式转换。

```
convert-VHD -path C:\disk.vhd -destinationPath C:\disk.vhdx
```

上述命令可将 VHD 格式文件转换为 VHDX 格式文件，执行如下命令可将 VHDX 格式文件转换为 VHD 格式文件，如图 7-32 所示。

```
convert-VHD -path C:\disk.vhdx -destinationPath C:\disk.vhd
```

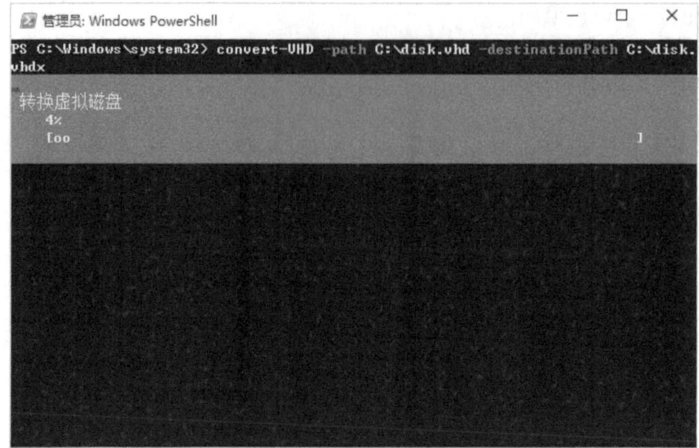

图 7-32　PowerShell 中转换磁盘格式

2. 使用 Hyper-V 管理器

在 Hyper-V 管理器右侧窗格中选择【编辑磁盘】打开【编辑虚拟硬盘向导】，操作步骤如下。

① 首先选择要转换的 VHD 文件所在位置并单击【下一步】，如图 7-33 所示。

② 如图 7-34 所示，选择要对虚拟硬盘进行的操作，默认有压缩、转换和扩展 3 种操作方式，这里选择【转换】选项，之后单击【下一步】。

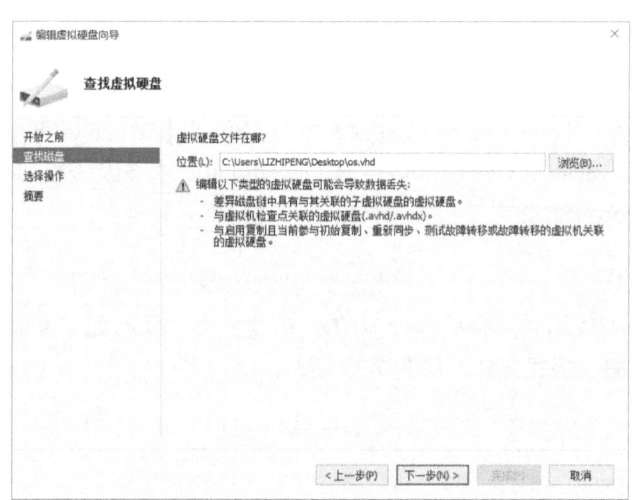

图 7-33　选择 VHD 文件位置

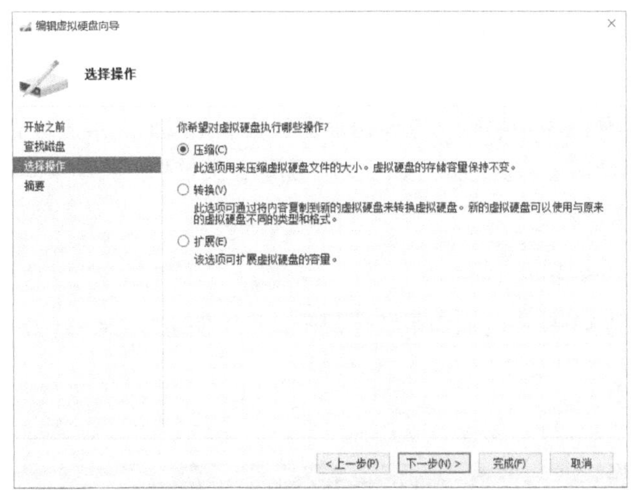

图 7-34　选择虚拟硬盘操作类型

③ 如图 7-35 所示，选择虚拟硬盘格式，按照转换需求选择即可，之后单击【下一步】，最后选择转换后的 VHD 文件保存位置并单击【完成】，等待程序完成转换。

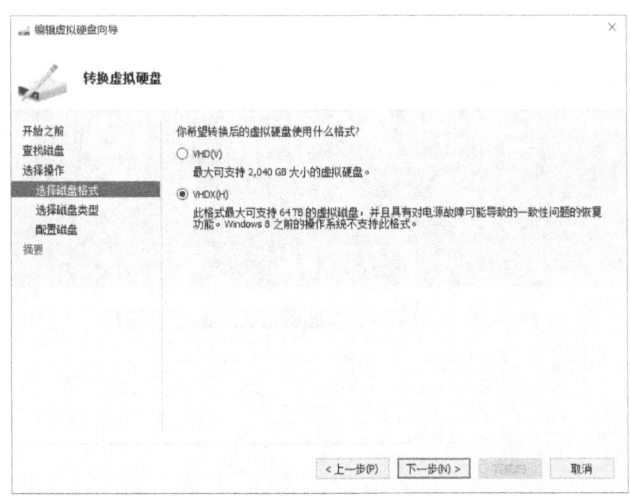

图 7-35　选择硬盘格式

7.2.6　删除虚拟硬盘

不需要使用 VHD 时，可以删除并释放其所占用的物理硬盘空间，对于只用来存储数据的 VHD，只要在磁盘管理器中使用【分离 VHD】或直接在 VHD 附加的分区右键菜单中选择【弹出】，断开 VHD 与操作系统的连接，然后删除 VHD 文件即可。

但是，对于安装有操作系统并创建有启动信息的 VHD，仅仅删除 VHD 文件还不能完全将其从本地操作系统中删除，因为启动配置数据（BCD）中还存储有安装至 VHD 中的操作系统启动信息。执行如下命令即可删除此类信息，启动菜单中也不会再出现此 VHD 的引导选项。

```
bcdedit /delete {guid} /cleanup
```

{guid} 为安装至 VHD 中的操作系统标识符，可以使用 `bcdedit/v` 命令进行查看，如图 7-36 所示。

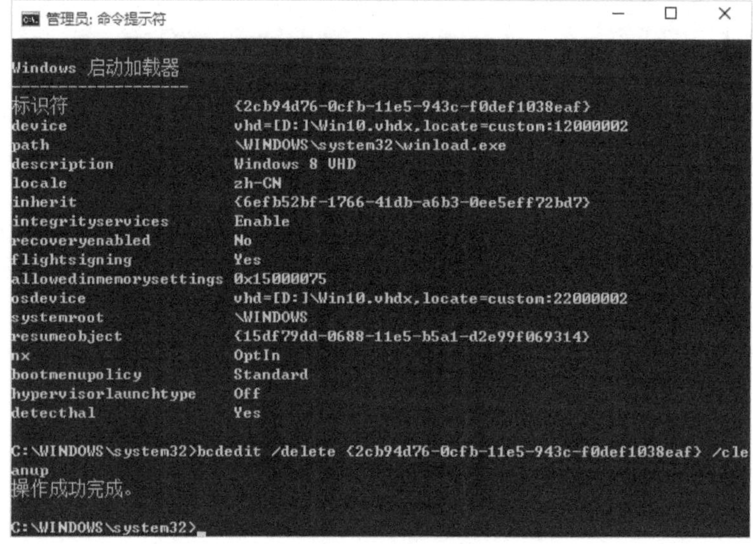

图 7-36　从启动菜单删除 VHD 系统引导项

第 8 章

Windows 云网络

在 Windows 10 中，“云”无处不在，OneDrive、Microsoft 账户等云服务无缝集成在操作系统中，极大地方便了用户的使用。Windows 10 的云网络构建于 OneDrive 基础之上，本节将介绍 OneDrive 的相关知识。

8.1　OneDrive 是什么

OneDrive 是由微软推出的云存储服务，最初名为 Windows Live Folders，并且仅在小范围内测试。在 Windows 8 中，OneDrive 首次以应用的方式被集成，而在 Windows 10 中，OneDrive 将直接操作系统整合。OneDrive 在功能上类似于百度网盘之类的产品。

用户只需使用 Microsoft 账户登录 OneDrive 即可开通此项云存储服务。OneDrive 不仅支持 Windows 平台，而且也支持 macOS、iOS、Android 等平台，并且提供了相应的客户端。用户可以在 OneDrive 中上传自己的图片、文档、视频等，而且可以在任何时间任何地点通过受信任的设备（例如平板电脑、笔记本、手机等）来访问 OneDrive 中存储的数据。在受信任的情况下，OneDrive 可自动上传图片、视频，无需人工干预。同时，OneDrive 支持将 Outlook 中的邮件附件直接存储于 OneDrive。此外，OneDrive 视频上传功能得到增强，通过全新的动态引擎，能够实现动态编码，当上传视频文件至 OneDrive，其他用户在线观看时，其会根据用户的带宽和网速选择合适的质量及流畅度，减少缓存现象。

OneDrive 不仅可以存储数据，还能让用户使用 Office Online 组件编辑存储的 Microsoft Office 文档。当用户上传一份 Microsoft Office 文档至 OneDrive 后，该用户就可以发送文档链接给其他用户，其他用户可以通过 Office Online 或本地文档编辑应用程序来编辑此文档。在线编辑的文件可实时保存，以避免计算机死机等情况造成的文档内容丢失，提高了文档的安全性，如图 8-1 和图 8-2 所示。

图 8-1　OneDrive 同步文件

图 8-2　使用 Office Online 多人编辑文档

Office 2019 直接与 OneDrive 集成，本地创建的 Office 文档可直接存储至 OneDrive，也可使用本地计算机中的 Office 2019 组件编辑 OneDrive 中的文档。

8.2　OneDrive 存储空间

OneDrive 存储空间的大小也是用户所关心的问题，微软提供了多样的空间大小设置。新注册的用户，会获得 5GB 免费储存空间。当然 5GB 的存储空间对于大多数人也够用。如果不够用，微软还额外提供了付费选择，如图 8-3 所示。

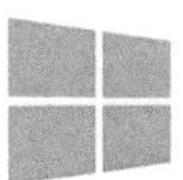

图 8-3　OneDrive 付费标准

8.3　OneDrive 应用程序

Windows 10 默认集成了桌面版 OneDrive，支持文件或文件夹的复制、粘贴、删除等操作。桌面版 OneDrive 支持上传的单个文件最大为 10GB。

使用 Microsoft 账户登录 Windows 10 之后，操作系统会提示用户设置 OneDrive，如图 8-4 所示，按照提示完成设置，即可在本地计算机使用 OneDrive 服务。

图 8-4　设置桌面版 OneDrive

设置完成桌面版 OneDrive，OneDrive 会在操作系统状态栏添加云朵形状的状态图标，单击该图标会提示 OneDrive 的更新情况，如图 8-5 所示；双击该图标会打开本地 OneDrive 文件夹。在文件资源管理器导航栏中同样可以打开本地 OneDrive 文件夹。本地 OneDrive 文件夹默认存储所有同步的数据，如图 8-6 所示，用户可以像平常一样对文件进行各种操作，上传文件只要复制到相应的文件夹即可，非常方便。

图 8-5　OneDrive 状态提示

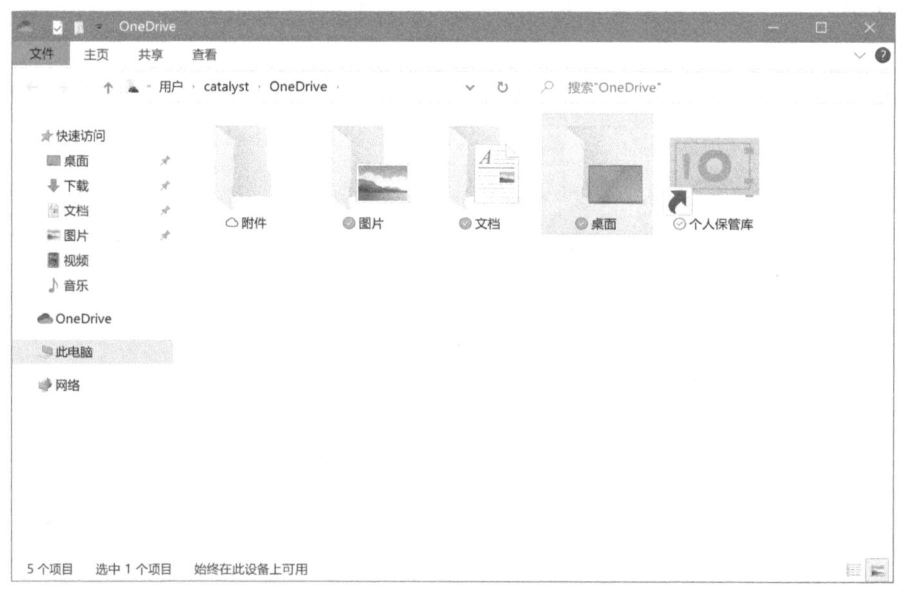

图 8-6　OneDrive 存储所有同步的数据

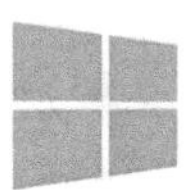

当对 OneDrive 文件夹中的文件或文件夹进行上传、移动、复制、删除、重命名等操作之后，OneDrive 会自动同步这些变动并在状态栏图标中显示进度，如图 8-7 所示。如果同步完成，则在文件或文件夹的图标左下角会显示绿色标记。

此外，用鼠标右键单击状态栏中的 OneDrive 图标并在弹出菜单中选择〔设置〕，即可打开 OneDrive 设置界面，如图 8-8 所示，其中可设置 OneDrive 同步选项、同步文件夹以及上传下载速度等。

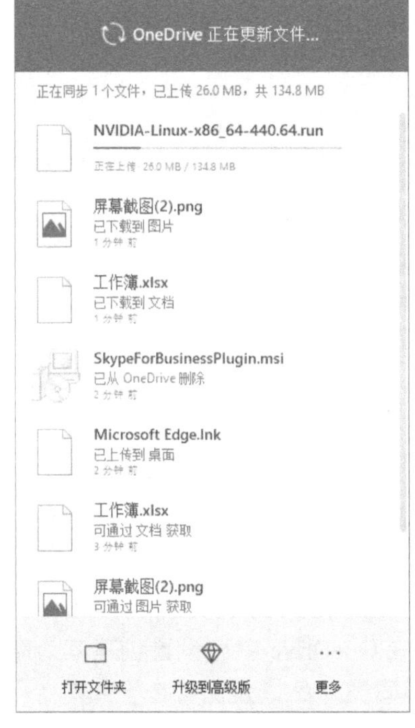

图 8-7　OneDrive 上传进度条

图 8-8　OneDrive 设置界面

8.4　网页版 OneDrive

进入 OneDrive 官网，输入账户及密码即可进入网页版 OneDrive，如图 8-9 所示。网页版 OneDrive 中的选项都在顶部菜单栏中，单击其中的【V】，可以查看更多的选项。在不同的文件或文件夹上选中或单击鼠标右键，会在顶部菜单栏或弹出菜单中显示不同的选项命令。网页版 OneDrive 支持上传的单个文件最大为 10GB。

只要是支持 HTML5 的浏览器，都能在网页版 OneDrive 中以拖拽的方式上传文件。

使用 IE11、Microsoft Edge、Chrome 等浏览器，可以直接拖拽本地计算机中的文件或文件夹至网页版 OneDrive 文件列表中，程序会自动完成上传。另外，在文件上传过程中，用户可以继续浏览网页或使用 OneDrive，而无需等待上传完成，如图 8-10 所示。

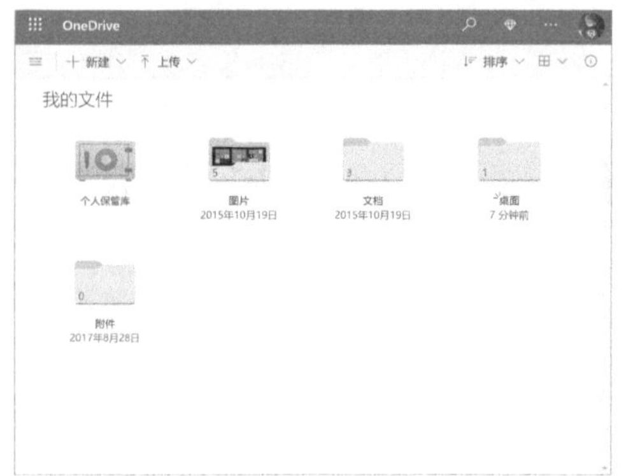

图 8-9　网页版 OneDrive

图 8-10　在网页版 OneDrive 中上传文件

8.5　Office Online

Office Online 由 Office Web Apps 升级而来，其中包括 Word Online、Excel Online、OneNote Online、OneDrive、PowerPoint Online、Outlook.com、To Do、日历、Skype 等件，如图 8-11 所示。使用 Office Online 可以直接创建或编辑 Office 文件，而且允许受信用户（可以是用户本人或拥有编辑链接的人）在线编辑文档。Office Online 支持 OpenDocument 格式（.odt、.odp 和 .ods），用户在 OneDrive 中可设置创建其为默认格式，如图 8-12 所示。Office Online 相较于其他同类产品最大优势在于：支持多人同时编辑、可以用本地微软 Office 组件编辑、在线编辑实时保存文件、具有微软 Office 组件的基本功能。目前 Office Online 中的组件已更新为 Office 2019。

要修改已经存储在 OneDrive 中的 Office 文档，只需用鼠标右键选中文档，在弹出的菜单中选择【使用 Excel Online 打开】，就可以在浏览器中在线编辑文档。选择【在 Excel 中编辑】即可调用本地计算机中的微软 Office 组件，打开文档进行编辑。

图 8-11 Office Online 组件

图 8-12 选择 Office Online 默认格式

第 9 章

操作系统设置

电源管理不仅涉及开机、关机这样的常规操作，对于使用电池供电的笔记本或平板电脑来说，电源管理决定着计算机的续航时间。对于台式计算机来说，电源管理不仅影响平台的功耗，还涉及操作系统性能方面的用户体验。

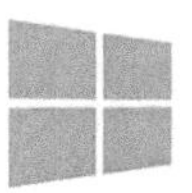

9.1 电源管理

相较于以前的 Windows 版本，Windows 10 中的电源管理功能更加强大，不仅可以根据用户实际需要灵活设置电源使用模式，让笔记本或平板计算机用户在使用电池的情况下依然能最大限度发挥功效，同时在细节上更加贴近用户的使用需求，方便用户更快、更方便地设置和调整电源计划，做到既节能、又高效。

9.1.1 电源基本设置

Windows 10 将部分电源设置选项移入 Windows 设置界面，并且新增节电模式选项，以便提升笔记本或平板计算机的续航能力。本节将介绍电源管理原理以及基本设置选项。

1. 检查计算机电源管理是否符合要求

Windows 10 的电源管理功能，需要计算机符合 ACPI（高级配置电源管理接口）电源管理标准才能够实现本节介绍的所有功能。目前绝大部分计算机，其电源管理都已采用 ACPI 标准。如果无法确定计算机是否支持 ACPI 电源管理标准，可以按照以下方法进行检查。

① 按下 Win+R 组合键打开“运行”对话框，执行 devmgmt.msc 命令，或按下 Win+X 组合键并在弹出菜单中选择【设备管理器】选项，打开设备管理器。

② 定位至【计算机】节点并展开。如果【计算机】节点使用 ACPI 电源管理标准，则会看到【基于 ACPI×64 的电脑】选项，如图 9-1 所示。

2. 设置机身电源按钮和闭合笔记本屏幕

Windows 10 默认设置状态下，计算机机身电源按钮和闭合笔记本顶盖的作用是让计算机进入睡眠状态，用户可以自定义电源按钮和闭合笔记本顶盖等行为模式。

在控制面板中选择【硬件和声音】→【电源选项】选项，然后在电源选项侧边栏中单击【选择电源按钮的功能】或【选择关闭盖子的功能】选项，两者使用同一设置界面。

在打开的设置界面中，可在下拉列表中分别选择电源按钮、休眠按钮以及闭合笔记本盖子在使用电池和使用交流电源时的作用，台式计算机仅有使用交流电源一种选择，如图 9-2 所示。

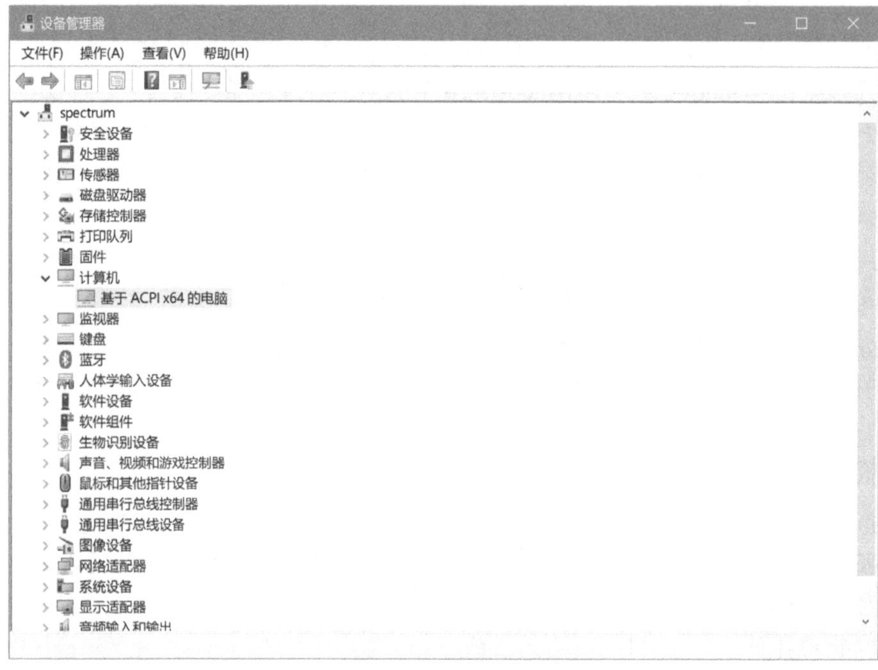

图 9-1　设备管理器

图 9-2　设置机身电源按钮和闭合笔记本计算机屏幕的作用

此外，Windows 10 还将部分常用的电源设置选项添加至 Windows 设置。在 Windows 设置中选择【系统】→【电源和睡眠】，如图 9-3 所示，在其中可设置计算机屏幕关闭以及睡眠时间。

图 9-3 电源和睡眠设置

3. 节电模式

节电模式是 Windows 10 中的新增功能，主要针对笔记本和平板电脑。在 Windows 设置中选择【系统】→【电池】，启用节电模式，如图 9-4 所示。手动调整电量百分比，操作系统会自动开启节电模式，限制应用程序后台活动并降低屏幕亮度，以便延长计算机续航时间。

单击【按应用的电池使用情况】选项，可查看电池电量的详细使用情况，如图 9-5 所示，其中会以百分比的形式显示应用程序使用的电量。

系统默认显示 24 小时内的电池电量使用情况，单击电池周期下拉列表，可以显示一周内的电池电量使用情况。

在 Windows 设置中选择【隐私】→【后台应用】，可以启用或关闭 Windows 应用后台运行模式，如图 9-6 所示，建议将邮件、即时通信类 Windows 应用设置为后台运行模式。

图 9-4　节电模式

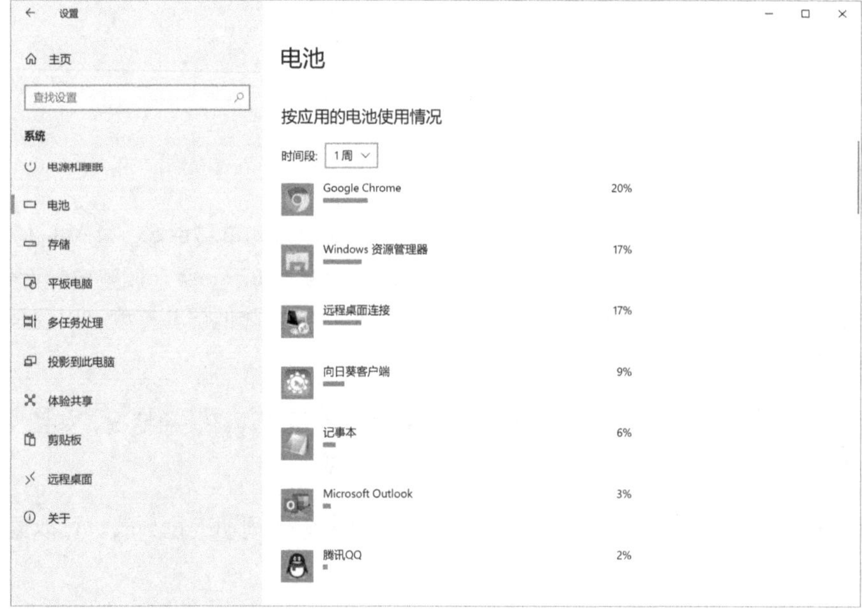

图 9-5　电池使用情况

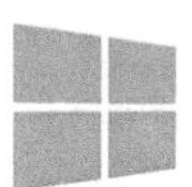

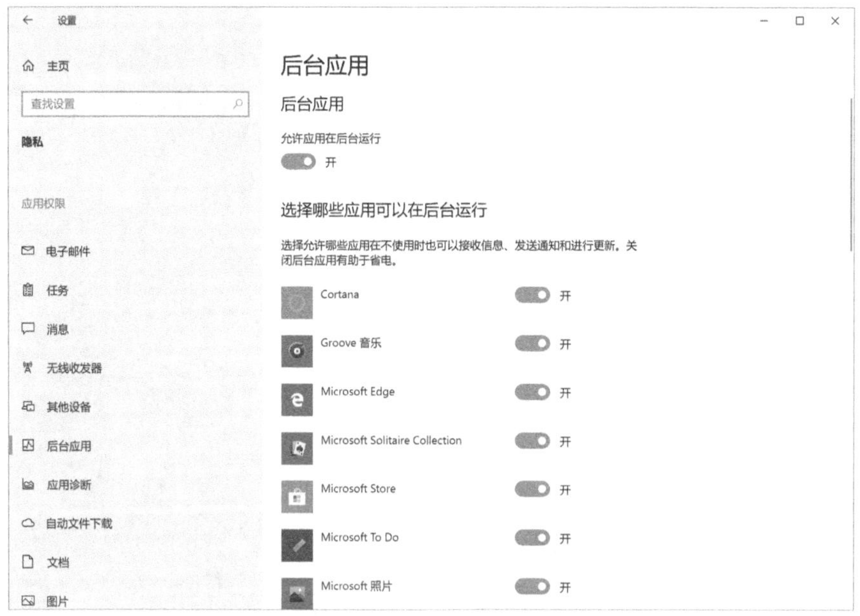

图 9-6 更改后台应用设置

9.1.2 电源计划详解

1. 电源计划

利用 CPU 倍频动态调节机制和其他耗电设备的省电策略，可使操作系统更加省电。Windows 10 默认提供 3 种电源计划供用户快速管理平台功耗，分别是平衡模式、节能模式、高性能模式。

在控制面板中选择【硬件和声音】→【电源选项】，打开电源选项设置界面，如图 9-7 所示。

- 平衡：电源计划默认处于平衡模式，此时 CPU 会根据当前应用程序的需求动态调节主频，使 CPU 在相对闲置的状态时降低功耗，这对于使用电池的笔记本计算机尤为重要。
- 节能：此计划会将 CPU 限制在最低倍频工作，同时其他设备也会应用最低功耗工作策略。
- 高性能：高性能计划会让所有设备发挥最大性能，因此耗电量也最大，比较适合交流电源供电的情况下使用，此时 CPU 始终会以标准主频运行。

图 9-7　电源选项设置

这里强调几点与 Windows 10 电源计划相关的主板 BIOS 设置。对于笔记本计算机而言，BIOS 中与 Windows 电源管理相关的选项保持默认即可。但对台式计算机来说，虽然近些年的 CPU 和芯片组都具有省电机制，但是 BIOS 相关设置选项方面并不一定满足要求。例如，如果 BIOS 禁用了 CPU 省电功能的选项，则无论在 Windows 10 中选择哪种电源计划都无效，CPU 的倍频不会根据操作系统设置来自动调节，因此需要参考主板说明书的说明进行设置。

2. 管理电源模式

如果 Windows 10 默认提供的方案无法满足用户需求，用户则可以对其进行详细的修改或创建自定义模式。

修改预设性能模式

在电源选项界面中选择要修改的电源模式，然后单击旁边的【更改计划设置】选项，打开编辑计划设置界面。在这里可对当前使用的电源模式及相关联的选项进行简单的设置，如关闭显示器时限以及计算机进入睡眠时间。对于台式计算机，则只能设置屏幕自动关闭时间以及进入睡眠状态时间等选项，如图 9-8 所示，最后单击【保存修改】按钮。

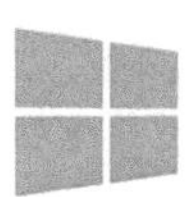

图 9-8　对预设性能模式进行修改

如果需要进行更为详细的设置，则可以单击图 9-8 中的【更改高级电源设置】选项，打开电源高级设置界面，如图 9-9 所示。在这里可对更多设备的电源策略进行设置，也可以单击右下角的【还原计划默认值】来恢复默认策略。

在自定义详细的策略时，如果出现某个选项呈灰色无法修改的情况，则需要单击界面中的【更改当前不可用的设置】来获取操作权限。除了对当前活动状态的电源模式进行修改，还可以通过高级设置中的下拉列表，选择其他电源模式进行更改。

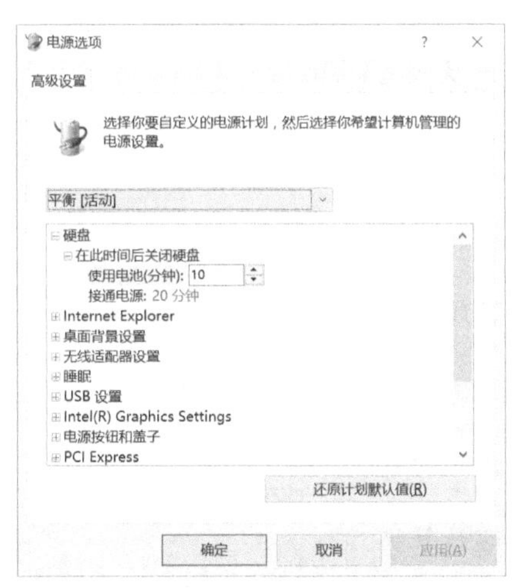

图 9-9　电源高级设置

对于笔记本计算机来说，高级设置中每个节点的策略都会同时包含使用电池和交流电源供电两种状态选项，而在台式计算机中则只有交流电源供电一种选项，以下分别对这些选项做介绍。

■ 硬盘

默认情况下，如果操作系统在特定时间内没有读写操作，则硬盘会休眠，从而实现省电的目的。在此节点中可对默认时间进行更改，例如增加或缩短时间，如图 9-10 所示。

■ Internet Explorer

自动调节 JavaScript 计时器频率，以便在浏览网页时达到省电目的，如图 9-11 所示。

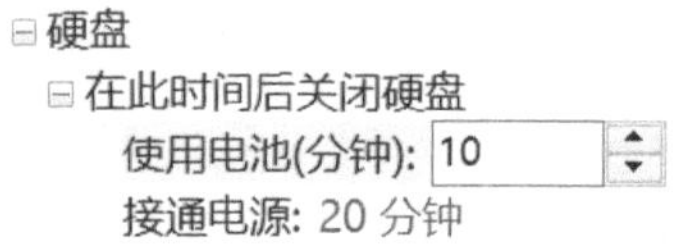

⊟ 硬盘
⊟ 在此时间后关闭硬盘
使用电池(分钟): 10
接通电源: 20 分钟

图 9-10　硬盘设置

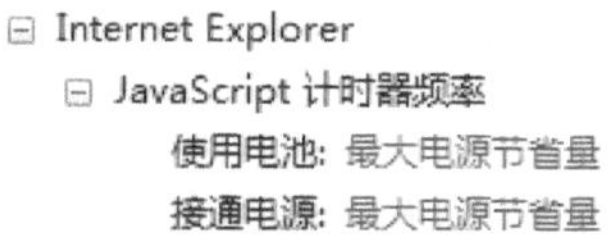

⊟ Internet Explorer
⊟ JavaScript 计时器频率
使用电池: 最大电源节省量
接通电源: 最大电源节省量

图 9-11　Internet Explorer 设置

■ 桌面背景设置

Windows 10 桌面背景支持多图片自动平滑切换，但此类效果会比较费电，因此可分别对使用电池供电和交流电源供电状态下的背景图片切换功能，设置为【可用】和【暂停】状态，如图 9-12 所示。

■ 无线适配器设置

在配置有无线网卡的计算机中，无线网卡的耗电量也较大，当用户在浏览网页、网络聊天以及使用邮箱等低带宽网络应用时，可以通过此节点设置降低无线网卡的性能，从而减少电量消耗，如图 9-13 所示。

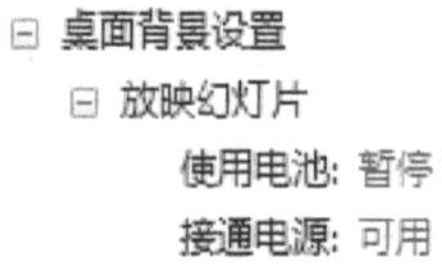

⊟ 桌面背景设置
⊟ 放映幻灯片
使用电池: 暂停
接通电源: 可用

图 9-12　桌面背景设置

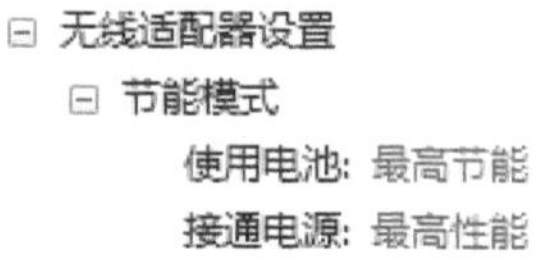

⊟ 无线适配器设置
⊟ 节能模式
使用电池: 最高节能
接通电源: 最高性能

图 9-13　无线适配器设置

■ 睡眠

在睡眠节点中可对计算机的睡眠和休眠模式进行详细的设置，如图 9-14 所示。

- 在此时间后睡眠：此处设置操作系统进入睡眠的时间。
- 允许混合睡眠：此处设置在混合睡眠状态下由待机转为休眠的时间。
- 在此时间后休眠：此处设置操作系统进入休眠的时间。
- 允许使用唤醒定时器：通过计划事件来唤醒计算机。

■ USB 设置

若无法使用USB鼠标唤醒处于省电状态的计算机，则可选择禁用此选项，如图9-15所示。

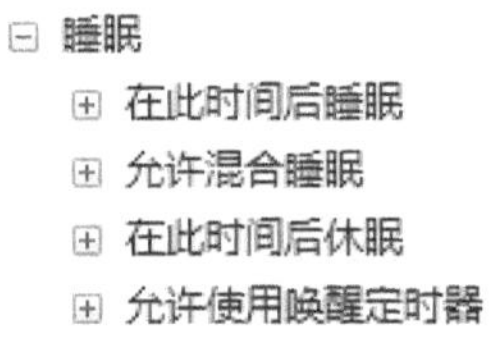

⊟ 睡眠
⊞ 在此时间后睡眠
⊞ 允许混合睡眠
⊞ 在此时间后休眠
⊞ 允许使用唤醒定时器

图 9-14　睡眠设置

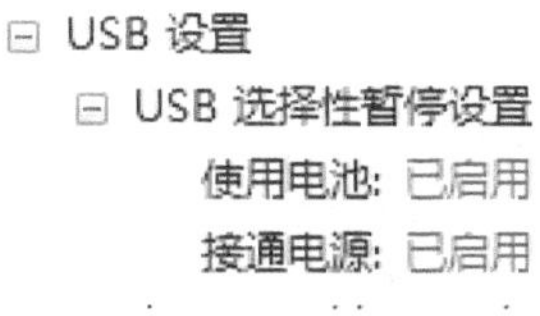

⊟ USB 设置
⊟ USB 选择性暂停设置
使用电池：已启用
接通电源：已启用

图 9-15　USB 设置

■ 电源按钮和盖子

在此节点中，可对电源按钮和笔记本计算机合上盖子的行为进行设置。电源按钮是指计算机机身上的物理电源按键，可将其设置为【睡眠】【休眠】(关闭混合睡眠后可见)和【关机】，如图 9-16 所示。

■ PCI Express

设置 PCI Express 设备的链接状态电源，如图 9-17 所示。

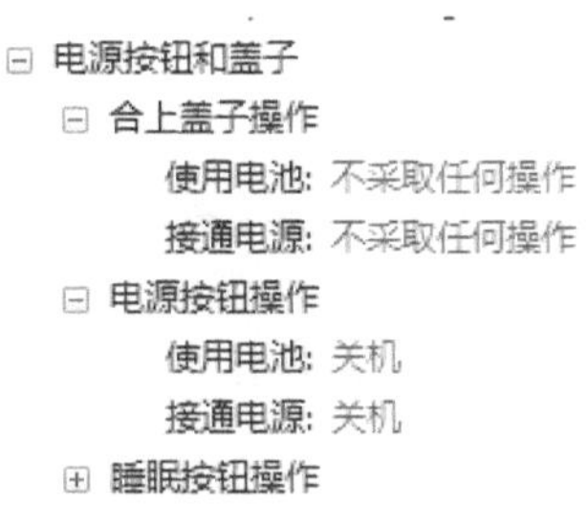

⊟ 电源按钮和盖子
⊟ 合上盖子操作
使用电池：不采取任何操作
接通电源：不采取任何操作
⊟ 电源按钮操作
使用电池：关机
接通电源：关机
⊞ 睡眠按钮操作

图 9-16　电源按钮和盖子设置

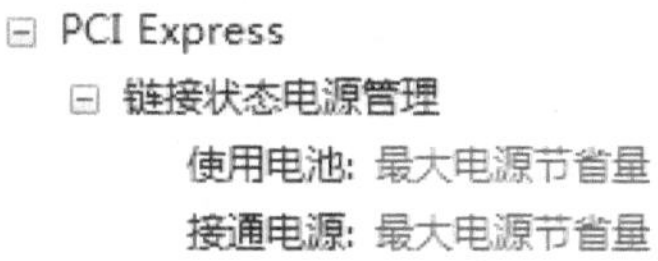

⊟ PCI Express
⊟ 链接状态电源管理
使用电池：最大电源节省量
接通电源：最大电源节省量

图 9-17　PCI Express 设置

■ 处理器电源管理

随着 CPU 性能逐步提高，即使 CPU 以较低频率运行也能很好地满足用户的使用需求，因此对于性能较强的 CPU 来说，可以通过限制性能来减少电池电量损耗，从而延长笔记本计算机电池的续航时间。在此节点中可对 CPU 的性能和散热策略进行设置，其对使用电池供电的笔记本计算机很有帮助，如图 9-18 所示。

■ 显示

在该节点中可对显示器的相关省电功能进行设置，例如亮度、自动变暗和关闭时间等，如图 9-19 所示。

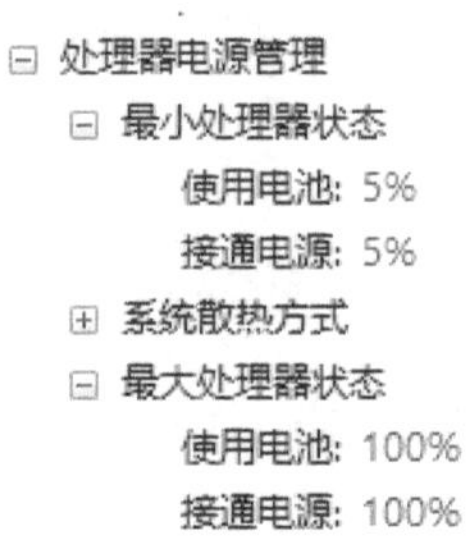

⊟ 处理器电源管理
⊟ 最小处理器状态
使用电池: 5%
接通电源: 5%
⊞ 系统散热方式
⊟ 最大处理器状态
使用电池: 100%
接通电源: 100%

图 9-18　处理器电源管理设置

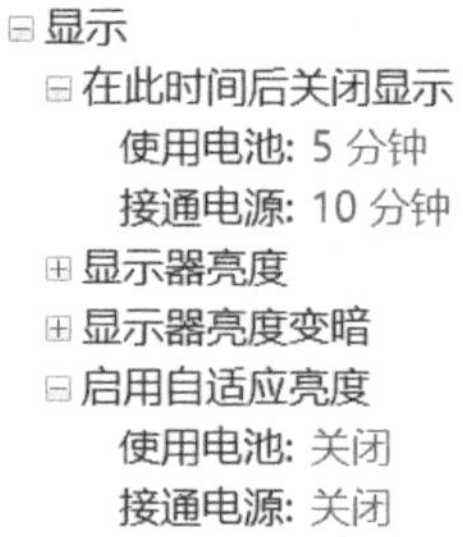

⊟ 显示
⊟ 在此时间后关闭显示
使用电池: 5 分钟
接通电源: 10 分钟
⊞ 显示器亮度
⊞ 显示器亮度变暗
⊟ 启用自适应亮度
使用电池: 关闭
接通电源: 关闭

图 9-19　显示设置

■ "多媒体"设置

在该节点中可以对多媒体共享和视频播放的相关内容进行设置。特别要注意，【共享媒体时】选项会导致计算机进入睡眠状态，如果希望计算机不受共享影响任意进入睡眠状态，则可以选择【允许计算机睡眠】。若希望计算机在共享媒体时不会自动进入睡眠状态，则选择【阻止计算机在一段时间不活动后进入睡眠状态】。如果选择【允许计算机进入离开模式】，则计算机在一段时间不活动后不会进入睡眠状态，而且手动设置计算机进入睡眠的操作也无效，如图 9-20 所示。

■ 电池

在使用电池供电过程中，Windows 10 分别通过【低水平】和【关键级别】选项来表示电池即将耗尽时的状态。操作系统默认的低水平电量标准为低于电池总容量的 10%，关键级别为 5%，展开相应节点可修改相关设置，如图 9-21 所示。

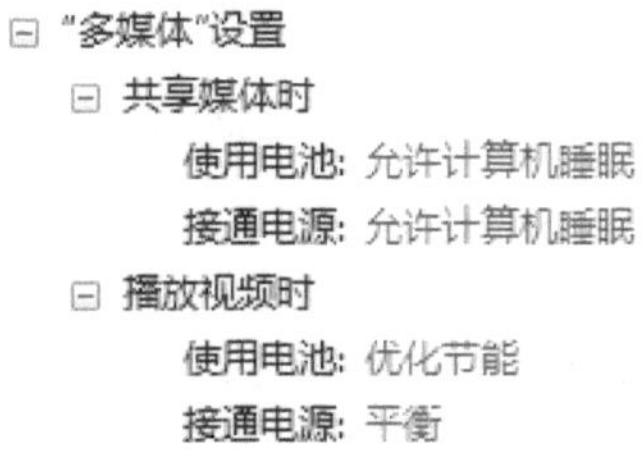

⊟ "多媒体"设置
⊟ 共享媒体时
使用电池: 允许计算机睡眠
接通电源: 允许计算机睡眠
⊟ 播放视频时
使用电池: 优化节能
接通电源: 平衡

图 9-20　"多媒体"设置

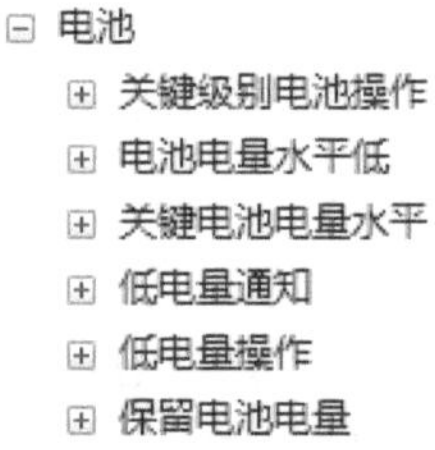

⊟ 电池
⊞ 关键级别电池操作
⊞ 电池电量水平低
⊞ 关键电池电量水平
⊞ 低电量通知
⊞ 低电量操作
⊞ 保留电池电量

图 9-21　电池设置

创建自定义性能模式

如果操作系统提供的 3 种模式还不能够满足用户需求，则用户可以自定义电源计划。例如创建一个专用于下载状态的电源计划，让平台功耗降至最低。具体操作步骤如下。

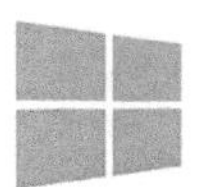

① 在图 9-22 所示的电源选项界面中单击【创建电源计划】选项，然后在打开的【创建电源计划】界面中选择一个最贴近需求的系统预设电源模式，最后输入计划名称并单击【下一步】。

图 9-22　创建电源计划

② 此处修改计算机睡眠及显示设置，如图 9-23 所示，然后单击【创建】按钮。

图 9-23　编辑电源计划

当需要使用计算机长时间下载时，直接在电源选项主界面选择新创建的下载计划即可。另外，还可以按照本节前面介绍的方法对自行创建的计划进行更加详细的设置。

9.2　快速启动

Windows 的启动速度一直是用户所关心的问题之一，Windows 开发团队也在这方面付出了巨大的努力。

Windows 10 中的快速启动功能采用了类似休眠的混合启动技术（Hybrid Boot），能使计算机快速启动。从实际感受来说，采用同等配置的情况下，Windows 10 的启动速度明显比 Windows 7 更迅速。如果使用 UEFI 固件，启动速度则会更快。

9.2.1　快速启动原理

介绍混合启动技术之前，先简单介绍一下休眠和冷启动这两个概念。休眠就是将操作系统状态和内存中的数据保存至硬盘上的一个文件（hiberfil.sys）中，当操作系统唤醒时，重新读取该文件，并将原先内存中的数据恢复至内存。冷启动是指用户在计算机完全断电的状态下按下电源键，计算机完成自检并启动操作系统。

休眠与冷启动同样是从硬盘读取文件，但是休眠恢复的速度要比冷启动快很多，因为硬盘的连续读写速度非常快，而随机读写能力较差。使用冷启动方式启动至桌面环境，Windows 10 需要从硬盘各处读取 DLL 文件、程序文件、配置文件，而使用休眠方式恢复，操作系统则只需从硬盘上连续的空间里读取数据并恢复至内存中，所以恢复速度更快。

Windows 10 采用的混合启动技术可以理解为高级休眠功能，操作系统只休眠系统核心文件并保存至 hiberfil.sys 休眠文件。与传统冷启动方式相比，混合启动使操作系统初始化的工作量大大减少。同时操作系统还会利用计算机 CPU 的所有核心并行处理多阶段恢复任务，进一步加快操作系统的启动速度。

在 Windows 10 中，以管理员身份运行命令提示符并切换至 Windows 分区根目录，然后执行 `dir/s/a/hiberfil.sys` 命令，即可查看 hiberfil.sys 休眠文件的详细信息，如图 9-24 所示。从图中可以看到，休眠文件在 Windows 分区中占用空间非常大，默认是物理内存大小的 75%。当然，实际使用不了这么大空间，如果只是使用快速启动功能，休眠文件所占的空间通常是物理内存大小的 10% ~ 15%。

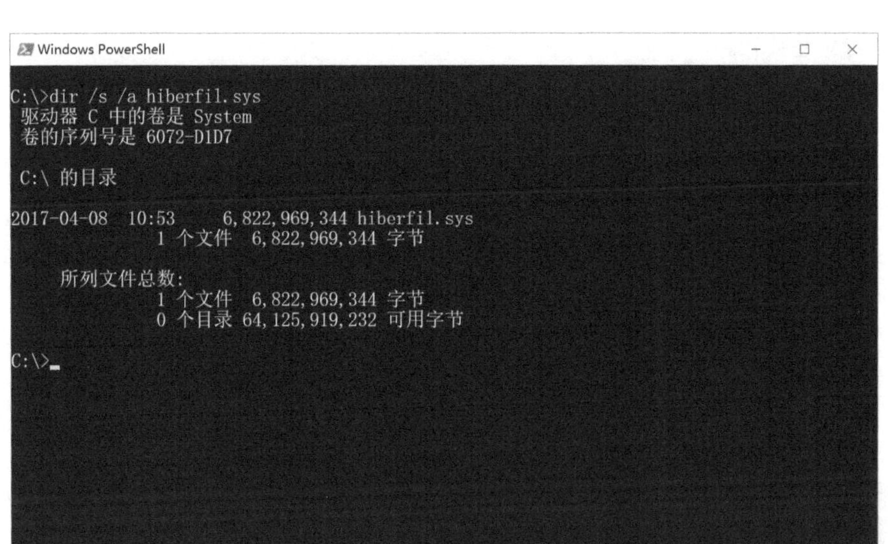
```
C:\>dir /s /a hiberfil.sys
 驱动器 C 中的卷是 System
 卷的序列号是 6072-D1D7

 C:\ 的目录

2017-04-08  10:53     6,822,969,344 hiberfil.sys
               1 个文件  6,822,969,344 字节

     所列文件总数:
               1 个文件  6,822,969,344 字节
               0 个目录 64,125,919,232 可用字节

C:\>
```

图 9-24 查看休眠文件

9.2.2 关闭 / 开启快速启动功能

Windows 10 默认启用快速启动功能，如果对于操作系统的启动速度没有特殊要求且需要回收休眠文件所占用的空间，则可以完全关闭快速启动功能，操作步骤如下。

① 在 Windows 设置的【电源和睡眠】页面，选择【其他电源设置】→【选择电源按钮的功能】。

② 在打开的系统设置界面中，首先单击【更改当前不可用的设置】选项获取操作权限，然后取消勾选【启用快速启动】复选框，如图 9-25 所示，最后单击【保存修改】即可关闭快速启动功能。开启快速启动功能只需按照上述步骤操作，重新勾选【启用快速启动】复选框即可。

当为计算机添加新硬件之后，必须要使用冷启动方式重新启动计算机，初始化新添加的硬件并安装驱动程序。此时快速启动不适合此类情况，因此可使用如下两种冷启动方式重新启动计算机。

- Windows 10 为 shutdown 命令行工具提供了一个新参数，用来使计算机即时完整关机，而不必关闭快速启动功能。以管理员身份运行命令提示符并执行如下命令。

```
shutdown /s /full /t 0
```

- 通过“开始”菜单、Win+X 组合键、Alt+F4 组合键等方式选择【重新启动】也会

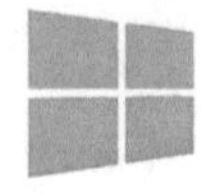

执行完整关机。

图 9-25　启用或关闭快速启动

9.2.3　回收休眠文件所占用空间

如果 Windows 分区空间不足，则完全可以关闭休眠功能并回收休眠文件所占空间。以管理员身份运行 PowerShell 并执行如下命令关闭系统休眠功能。

```
powercfg -h off
```

命令执行完成后，操作系统没有任何提示，但此时被休眠文件占用的硬盘空间得到释放。

开启系统休眠功能只需在命令提示符中执行如下命令即可。

```
powercfg -h on
```

如果仅仅是使用基于休眠的快速启动功能，则可以指定 hiberfil.sys 文件大小，以管理员身份运行命令提示符并执行如下命令。

```
powercfg /hibernate /size X
```

其中 size 后面的 X 为一个介于 0 到 100 之间的数值，该值表示休眠文件的预设大小占物理内存的百分比，建议设置为 10% ~ 15%，如图 9-26 所示。

图 9-26 设置休眠文件大小

9.3 多显示器体验

多显示器模式通俗来说就是为一台主机配备多个显示器，不同的显示器可以用于显示不同的内容。对于要一边编辑文档，一边查找资料的用户来说，准备多个显示器可以大大提高工作效率。而现在几乎所有的计算机都提供了额外的显示输出接口，例如 VGA、DVI、HDMI、Type-C、DisplayPort 以及雷电 3 等。

Windows 10 加强了多显示器功能，Windows 应用程序也提供了更强大的支持。

9.3.1 连接外接显示器

在 Windows 10 中，当把外接显示器和计算机相连之后，操作系统会自动识别外接显示器，并应用默认的显示方式。

Windows 10 多显示器功能有 4 种显示方式，默认显示方式为“复制”。要修改显示方式，可按下 Win+P 组合键打开显示模式菜单，修改显示方式，如图 9-27 所示。

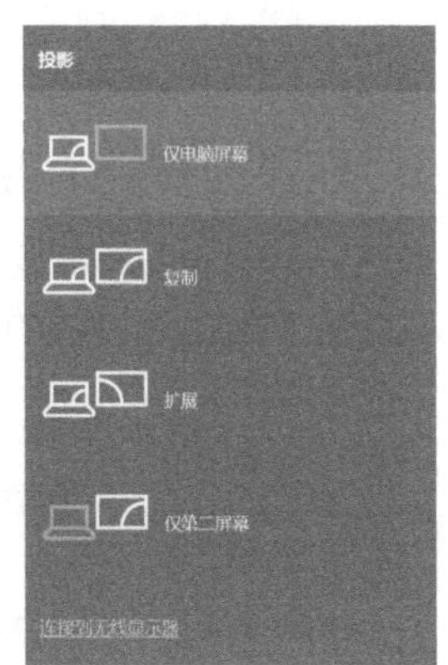

图 9-27 显示模式菜单

- 仅电脑屏幕：使用计算机默认屏幕，也就是主显示器。
- 复制：在两个显示器中显示同一个桌面。如果使用笔记本计算机连接到投影仪或大型显示器进行讲演，使用这种方法非常有用。
- 扩展：就是将主显示器的桌面扩展在两个显示器中显示，

增大了桌面的工作面积，并且可以在两个屏幕间拖动程序窗口。和 Windows 7 不同的是，Windows 10 中的扩展显示方式可以使外接显示器显示超级任务栏，但不会显示任务栏通知区域和系统时钟。

- 仅第二屏幕：选择该项，计算机只会输出图像信息到外接显示器，同时会关闭主显示器。

9.3.2　外接显示器设置

在 Windows 10 中，显示方面的设置选项已由控制面板移至 Windows 设置。在桌面单击鼠标右键，并在弹出菜单中选择【显示设置】，或打开 Windows 设置的【系统】选项，即可打开 Windows 显示设置界面，如图 9-28 所示。

图 9-28　Windows 显示设置界面

1. 设置屏幕显示方向

现在一些高端显示器支持屏幕旋转，但这样的旋转会造成显示画面的旋转，因此要通过操作系统对显示器的显示方向进行修改。

在 Windows 显示设置界面中，单击【显示方向】下拉菜单，选择合适的旋转方向，如图 9-29 所示，然后单击【确定】即可应用设置。

2. 调整屏幕位置和次序

默认情况下，主显示器在外接显示器的左边，拖动程序窗口也只能从主显示器的右侧边

缘移动至外接显示器中，不能从主显示器的其他方向移动。如果显示器的摆放位置不适合默认的设置，则可以自定义屏幕位置。此项设置仅在使用扩展显示方式下有使用意义。

在 Windows 显示设置界面中拖曳“1”和“2”号显示器图标，摆放到合适的位置，例如两个显示器是上下摆放，就可以拖拽“1”号显示器图标到“2”号图标的上面，如图 9-30 所示，此时鼠标箭头只能从主显示器底部移动到外接显示器。

如果两个显示器不在同一个水平面，可以通过拖拽一个显示器图标调整高低关系，如图 9-31 所示，此时鼠标箭头也只能从主显示器的右下角移动到外接显示器中。

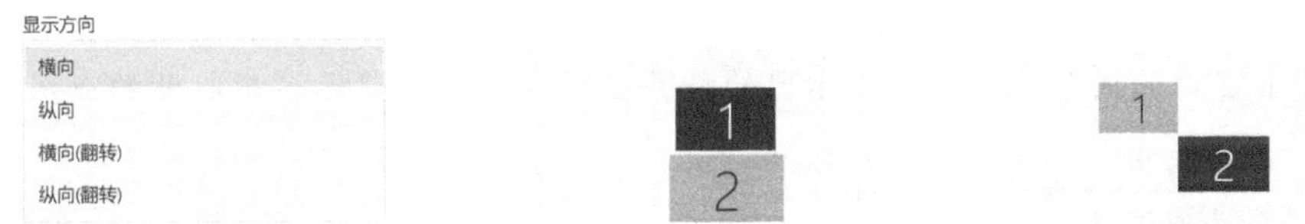

图 9-29　设置屏幕显示方向　图 9-30　显示器屏幕上下设置　图 9-31　显示器屏幕高低设置

9.3.3　超级任务栏设置

Windows 8 之前的版本都不支持在外接显示器中显示任务栏。但是大多数用户使用多显示器配置都是为了提高工作效率，而没有任务栏从何提高效率呢？从 Windows 10 开始，也可以在外接显示器中显示任务栏，并且有多种显示方式。

连接好外接显示器之后，在任务栏单击鼠标右键并在弹出菜单中选择【任务栏设置】，在打开的界面中可以看到关于多显示器的设置选项，如图 9-32 所示。

图 9-32　超级任务栏设置

单击【将任务栏按钮显示在】下拉菜单，就可以修改任务栏显示方式，如图 9-33 所示。

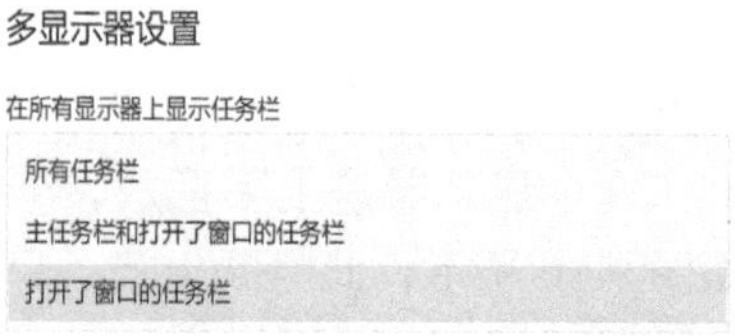

多显示器设置

在所有显示器上显示任务栏

所有任务栏

主任务栏和打开了窗口的任务栏

打开了窗口的任务栏

图 9-33　超级任务栏显示方式

- 所有任务栏：在主从显示器任务栏中都显示所有程序窗口。始终可以从任意显示器屏幕中打开程序窗口。
- 主任务栏和打开了窗口的任务栏：主显示器拥有一个特别的任务栏，其中包含所有显示器中的所有程序窗口，而外接显示器中都包含一个单独的任务栏，只显示在该外接显示器中显示的应用程序图标。
- 打开了窗口的任务栏：每台显示器的任务栏将仅包含该显示器中打开的应用程序图标。

9.4　WSL2 Linux 子系统

使用 Windows Subsystem for Linux（WSL），可以在 Windows 中原生运行 Linux 的大多数命令行程序。

Windows 7 之前的操作系统中，都含有一个 POSIX 子系统，以便将 UNIX 的程序源代码编译为 Windows 程序。微软为 POSIX 子系统提供了众多的 UNIX 工具，而这些工具都是基于 POSIX 子系统直接使用 GNU 的原生代码编译实现的。同时 POSIX 子系统也可运行 C Shell 和 Korn Shell。不过 Windows 7 以后的操作系统中都移除了 POSIX 子系统。

WSL 自发布以来，受到了很多关注，微软也在持续改进其性能，增加其功能。WSL2 作为 WSL 的升级版本，具备以下功能特性。

- WSL2 支持 GPU 计算。
- 增加 Linux GUI 应用程序。
- WSL2 包含完整 Linux 内核，具有完整的系统调用兼容性。
- 通过 Windows Update 进行安装更新。

9.4.1　启用 WSL2

启用 WSL2 功能，计算机要满足以下条件。

- 使用 x86-64 架构的 CPU。
- 使用 Windows 10 更新五月版（2004）的 64 位版本。
- 先安装 WSL，然后升级至 WSL2。

启用步骤如下。

① 搜索“启用或关闭 Windows 功能”，打开【Windows 功能】，勾选其中的【适用于 Linux 的 Windows 子系统】，如图 9-34 所示，最后按照提示重新启动操作系统完成 WSL 安装。

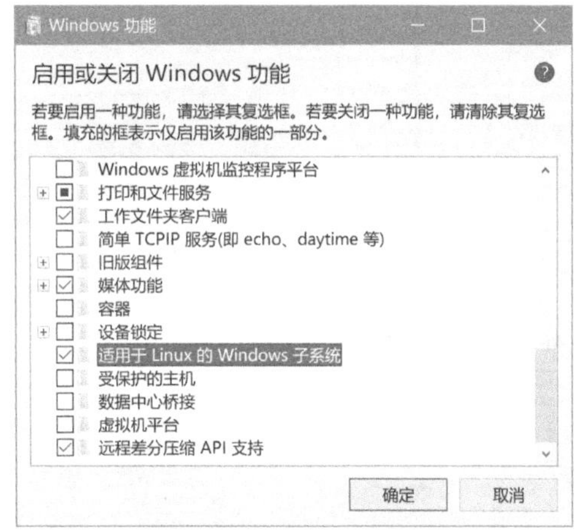

图 9-34　Windows 功能

此外，也可以以管理员身份运行 PowerShell 并使用如下命令安装 WSL。

```
Enable-WindowsOptionalFeature -Online -FeatureName Microsoft-Windows-Subsystem-Linux
```

或

```
dism.exe /online /enable-feature /featurename:Microsoft-Windows-Subsystem-Linux /all /norestart
```

② 升级 WSL2 之前，必须启用【虚拟机平台】可选功能。以管理员身份运行命令提示符或 PowerShell，执行如下命令进行安装。

```
dism.exe /online /enable-feature /featurename:VirtualMachinePlatform /all /norestart
```

③ 通过官网下载安装 WSL2 升级包，双击进行安装，如图 9-35 所示，然后按照提示

完成安装即可。

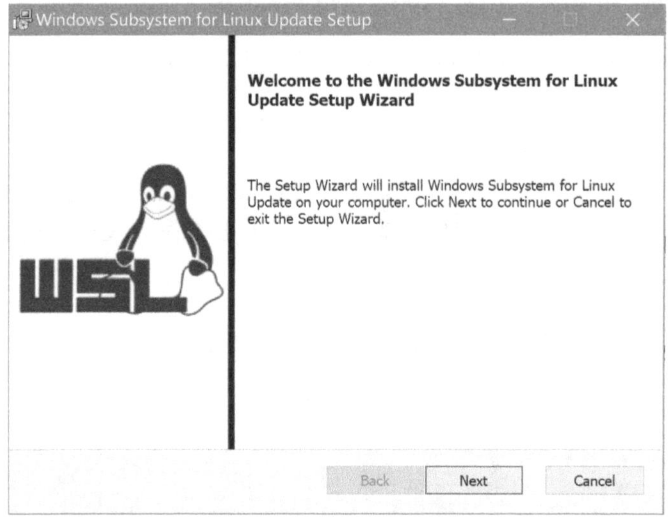

图 9-35　WSL2 升级界面

④ 以管理员身份运行命令提示符或 PowerShell，然后输入如下命令，将 WSL2 设置为默认版本，如图 9-36 所示。

```
wsl --set-default-version 2
```

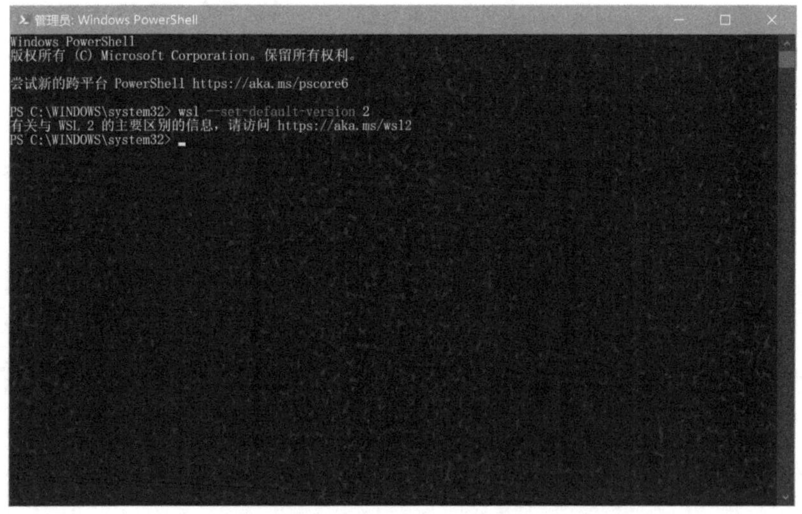

图 9-36　设置 WSL2 为默认版本

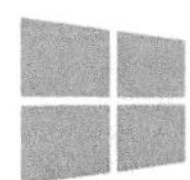

⑤ 打开应用商店，如图 9-37 所示，在其中选择要安装的 Linux 发行版，这里选择 openSUSE 进行示范。

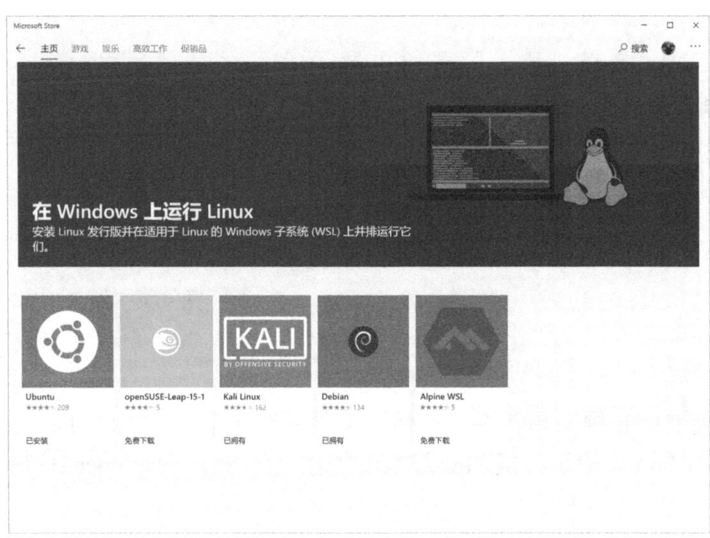

图 9-37　Windows 应用商店 WSL 分类页面

进入 openSUSE 应用界面后，单击【获取】，如图 9-38 所示，然后在刷新的界面中单击【安装】，等待安装完成。

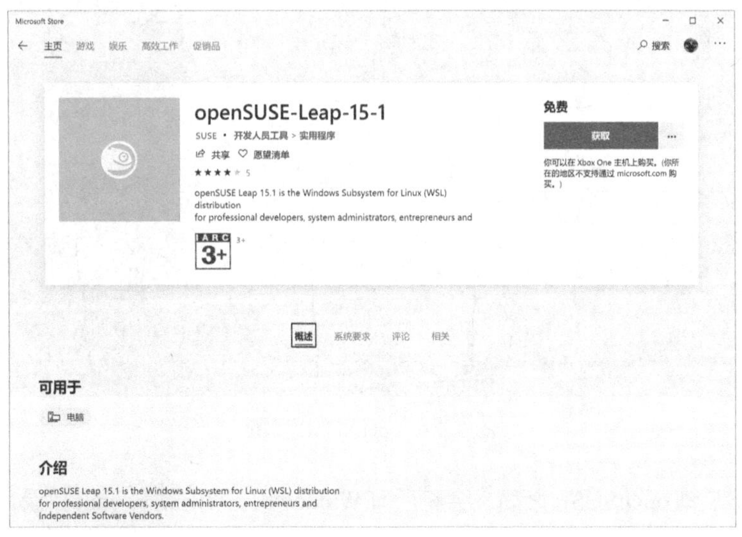

图 9-38　openSUSE 应用界面

注意 如果从 Windows 商店下载安装失败，请多试几次。

安装完成之后，会在“开始”菜单中显示 openSUSE 图标，如图 9-39 所示。双击图标，即可开始安装 openSUSE。安装完成后，会要求用户创建新账户，按照提示输入账户和密码即可。

图 9-39　openSUSE 图标

9.4.2　使用基于 WSL2 的 Linux 发行版

启动安装 openSUSE 很简单，在“开始”菜单中选择【openSUSE-Leap-15-1】即可。此外，还可以在命令提示符或 PowerShell 中输入 `bash`，启动 openSUSE，如图 9-40 所示。

在 openSUSE 可以使用 Linux 常用命令修改 root 密码、更新 Linux 程序等。

```
openSUSE Leap 15.1  lizhipeng@spectrum: /mnt/c/Users/lizhipeng
PS C:\Users\lizhipeng> bash
lizhipeng@spectrum:/mnt/c/Users/lizhipeng> sudo passwd root

We trust you have received the usual lecture from the local System
Administrator. It usually boils down to these three things:

    #1) Respect the privacy of others.
    #2) Think before you type.
    #3) With great power comes great responsibility.

[sudo] password for root:
New password:
Retype new password:
passwd: password updated successfully
lizhipeng@spectrum:/mnt/c/Users/lizhipeng> cat /etc/os-release
NAME="openSUSE Leap"
VERSION="15.1 "
ID="opensuse-leap"
ID_LIKE="suse opensuse"
VERSION_ID="15.1"
PRETTY_NAME="openSUSE Leap 15.1"
ANSI_COLOR="0;32"
CPE_NAME="cpe:/o:opensuse:leap:15.1"
BUG_REPORT_URL="https://bugs.opensuse.org"
HOME_URL="https://www.opensuse.org/"
lizhipeng@spectrum:/mnt/c/Users/lizhipeng>
```

图 9-40　openSUSE 环境

默认情况下启动 openSUSE 之后，会将所有 Windows 分区挂载于 /mnt 目录，如图 9-41 所示，以便在 Linux 下操作 Windows 分区下的数据。

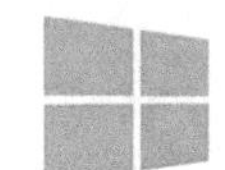

```
openSUSE Leap 15.1  lizhipeng@spectrum: /mnt/c
lizhipeng@spectrum:/mnt/c> ll
ls: cannot access 'DumpStack.log.tmp': Permission denied
ls: cannot access 'hiberfil.sys': Permission denied
ls: cannot access 'pagefile.sys': Permission denied
ls: PerfLogs: Permission denied
ls: cannot access 'swapfile.sys': Permission denied
ls: 'System Volume Information': Permission denied
total 0
lrwxrwxrwx 1 lizhipeng users   12 Dec 27  2019 Documents and Settings ->
-????????? ? ?         ?        ?            ? DumpStack.log.tmp
-????????? ? ?         ?        ?            ? hiberfil.sys
drwxrwxrwx 1 lizhipeng users 4096 Jan 11 03:44 OneDriveTemp
-????????? ? ?         ?        ?            ? pagefile.sys
d--x--x--x 1 lizhipeng users 4096 Dec  7  2019
drwxrwxrwx 1 lizhipeng users 4096 Jun  4 05:12 ProgramData
dr-xr-xr-x 1 lizhipeng users 4096 May 31 14:45
dr-xr-xr-x 1 lizhipeng users 4096 Jun 11 12:09
dr-xr-xr-x 1 lizhipeng users 4096 May 16 02:43
drwxrwxrwx 1 lizhipeng users 4096 Dec 27  2019 $Recycle.Bin
-????????? ? ?         ?        ?            ? swapfile.sys
drwxrwxrwx 1 lizhipeng users 4096 Jun 14 03:57 $SysReset
d--x--x--x 1 lizhipeng users 4096 Jul 10 15:44
dr-xr-xr-x 1 lizhipeng users 4096 May 16 02:39
dr-xr-xr-x 1 lizhipeng users 4096 Jun 21 14:03
drwxrwxrwx 1 lizhipeng users 4096 Jun  9 23:51 $WinREAgent
-r-xr-xr-x 1 lizhipeng users    0 May 16 02:16 $WINRE_BACKUP_PARTITION.MARKER
lizhipeng@spectrum:/mnt/c>
```

图 9-41　分区挂载目录

9.4.3 WSL2 管理

基于 WSL2 安装的 Linux 发行版运行时，其默认运行目录挂载于 \\wsl$\。该目录为隐藏目录，需要在文件资源管理器中直接输入地址访问。其中 openSUSE 挂载安装于该目录下的 openSUSE-Leap-15-1 文件夹中，如图 9-42 所示。

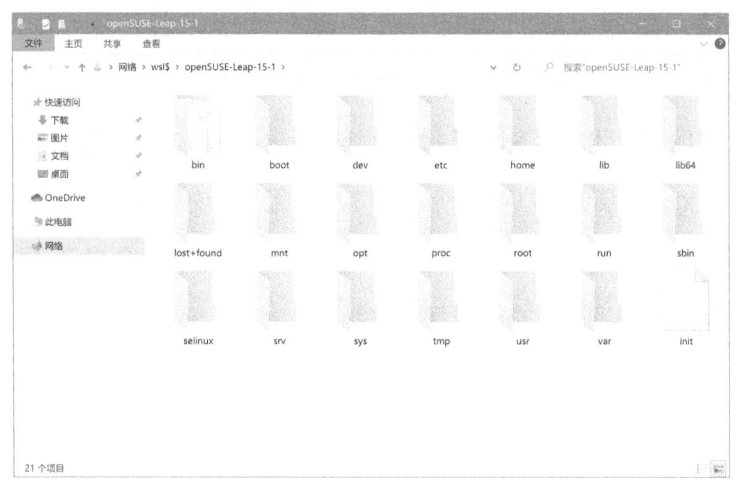

图 9-42　openSUSE 运行挂载目录

此外，还有 wsl.exe、wslconfig.exe、bash.exe 命令行工具来管理 WSL2，可以在命令提示符或 PowerShell 中运行。

第 10 章

备份与还原

当操作系统出现故障时，大部分用户马上会想到将系统还原到原始状态。因此，Windows 10 引入了“系统重置”这一功能，此功能类似于手机、路由器等设备中的“恢复出厂设置”。

如果用户使用的是品牌计算机，使用磁盘管理软件时就会发现厂商在硬盘中设置了隐藏分区，储存有用于系统重置的文件。当操作系统出现故障时，用户可以一键恢复操作系统至出厂状态。当然，使用 Ghost 还原、Windows 系统镜像备份、通过 DVD 系统安装盘或 U 盘但可以重新安装系统。虽然这些工具都能实现系统重置，但是不同的方法在不同的计算机上实现的效果也不尽相同。

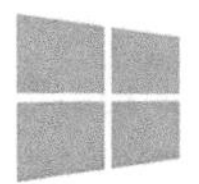

10.1 系统重置

一键恢复的概念很早就出现了，方法也是多种多样。但是在 Windows 10 中才算真正做到了基于不同计算机，使用的方法和用户体验都是一致的。

使用系统重置功能，既可以从计算机中移除个人数据、应用程序和设置，也可以选择保留个人数据，然后重新安装 Windows 10。对于普通用户来说，系统重置功能相当实用。

注意：使用系统重置功能必须要确保系统恢复分区存在且能正常使用。

系统重置操作步骤如下。

① 在 Windows 设置中选择【更新和安全】-【恢复】，然后在【重置此电脑】选项下单击【开始】，如图 10-1 所示，启动系统重置向导程序。

图 10-1 恢复

② 选择数据操作类型，系统重置提供两种选项：删除所有数据、应用程序和设置；以及删除应用程序和设置，只保留个人文件，如图 10-2 所示。这里按需选择即可。

③ 选择以何种方式重新安装操作系统，这里提供云下载、本地重新安装两种方式，如图 10-3 所示。云下载会从网络下载 Windows 安装程序，但时间也相对较长，不过通过此方式重置操作系统的成功率最高，建议使用此种方式。方式进行说明。

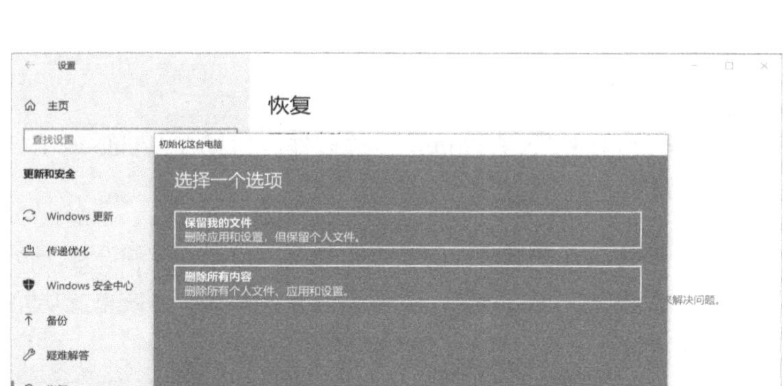

图 10-2　选择是否保留个人文件

④ 选择数据操作类型之后，系统会检测操作系统设置是否符合重置要求，并进入如图 10-4 所示的提示界面，确认操作无误后，单击【下一步】，进入图 10-5 所示的界面，系统重置会提示将要进行的操作。确认无误后，单击【重置】。此时操作系统自动重新启动并进入系统重置阶段，如图 10-6 所示。系统重置完成之后，操作系统开始重新安装。等待操作系统安装完成，即系统重置完成。

图 10-3　选择重新安装 Windows 方式

图 10-4　其他设置

以上方法适合计算机能正常启动的情况下重置操作系统。如果操作系统不能正常启动，则操作系统会自动进入【自动修复】界面，如图 10-7 所示。选择其中的【高级选项】即可进入【选择一个选项】界面，如图 10-8 所示。选择【疑难解答】，进入疑难解答界面，如图 10-9 所示，选择其中的【重置此电脑】，即可在 Windows 10 不能正常启动的情况下重置操作系统。后续操作步骤和前面介绍的步骤相同，这里不再赘述。

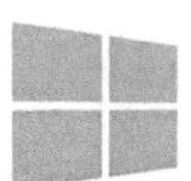

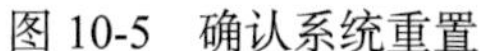
图 10-5　确认系统重置

图 10-6　操作系统正在重置

注意　重置过程中需要提供管理员身份账户才能继续操作。如账户没有设置密码，直接选择账户即可。

图 10-7　自动修复

图 10-8　选择启动选项

图 10-9　疑难解答

10.2　文件备份和还原

通过 Windows 10 中广受好评的备份和还原功能，用户可以有效地保护个人数据和操作系统安全。文件和系统映像的备份和还原，都基于 NTFS 文件系统的卷影复制功能。

对于用户来说，保护数据安全是重中之重的问题。尤其是工作文档、家庭照片等数据，对于用户的重要性不言而喻。使用针对文件的备份和还原功能，可为最重要的个人文件创建安全副本，使用户始终能够针对最坏情况做好准备。

10.2.1　文件备份

计算机的所有账户都可使用文件备份功能。文件备份功能针对操作系统默认的视频、图片、文档、下载、音乐、桌面文件以及硬盘分区进行备份，启用文件备份功能之后，操作系统默认定期对选择的对象进行备份，用户也可以更改计划并且可以随时手动创建备份。设置文件备份之后，操作系统将跟踪新增或修改的对象并将他们添加到备份中，这也被称为增量备份。

Windows 10 默认关闭备份和还原功能。启用备份和还原功能的操作步骤如下。

① 在 Windows 设置中选择【更新与安全】→【备份】，然后单击【转到“备份和还原（Windows 7）”】，即可打开备份和还原设置界面，如图 10-10 所示。这里以将备份数据存储于移动硬盘为例。

图 10-10　备份和还原

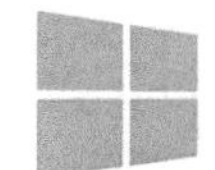

② 单击【设置备份】，启动文件备份向导。此时向导程序要求选择备份文件保存位置，如图 10-11 所示，操作系统会自动检测符合备份存储要求的硬盘分区、移动硬盘、U 盘等，并标识推荐选项。请确保选择的备份位置可用且空间满足备份需求。用户在这里选择推荐选项，之后单击【下一步】。

③ 文件备份默认为备份库、桌面以及个人文件夹中的数据创建系统备份映像，如图 10-12 所示。同时用户还可选择【让我选择】选项，自定义备份内容，如图 10-13 所示，其中可以选择备份其他硬盘分区中的内容，也可以选择不创建系统备份映像。这里按需选择即可，然后单击【下一步】。

④ 如图 10-14 所示，确认备份对象以及备份计划。如果需要修改备份时间，单击【修改计划】。这里保持默认设置，然后单击【保存设置并运行备份】开始备份。

图 10-11　选择备份位置

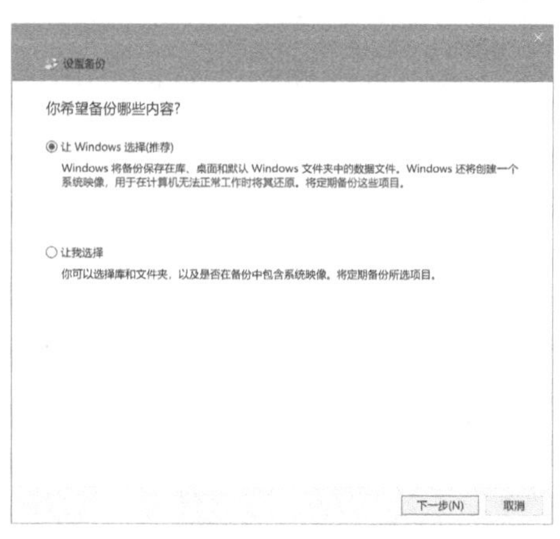

图 10-12　选择备份内容

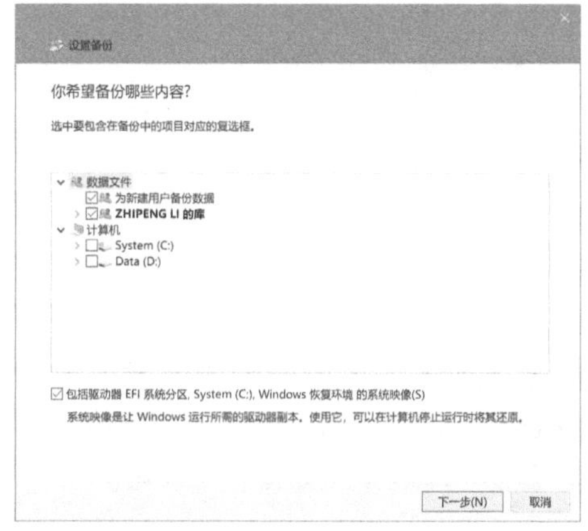

图 10-13　自定义备份内容

图 10-14　确认备份设置

⑤ 操作系统开始备份之后，会如图 10-15 所示显示备份进度。单击【查看详细信息】可以显示备份详细进度。

文件备份完成之后，会显示文件备份信息，包括备份文件所占空间、备份内容和备份计划等，如图 10-16 所示。单击【管理空间】，可以查看或删除备份数据，如图 10-17 所示，其中详细显示了备份文件、系统映像所占用空间。单击【查看备份】可以选择删除某一时间段备份的数据以释放空间。单击【更改设置】可以设置以何种方式备份系统映像，如图 10-18 所示。

图 10-15　正在备份

图 10-16　备份和还原

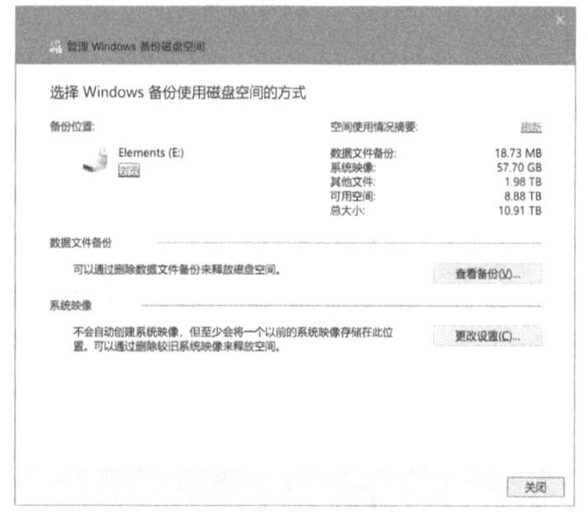

图 10-17　管理备份空间

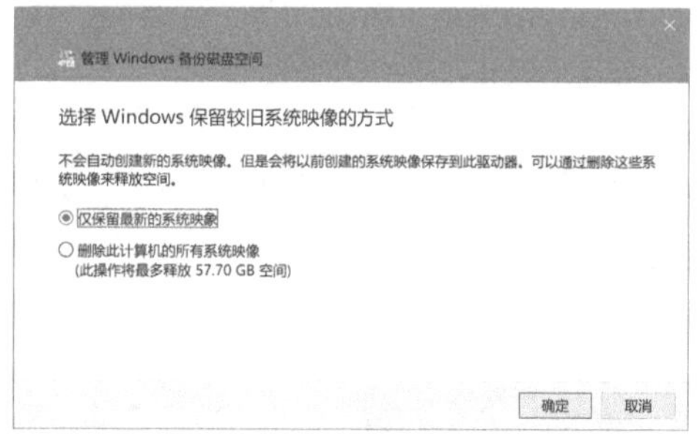

图 10-18　选择系统映像保存方式

默认情况下，文件备份会使用计划任务，每 6 天自动进行一次备份。如果用户不想使用操作系统制定的备份计划，可以单击图 10-16 所示界面左侧列表中的【关闭计划】选项，关闭自动备份功能。如要手动执行文件备份，单击【立即备份】即可。

如果对操作系统制定的备份计划不满意，可按照如下步骤进行修改。

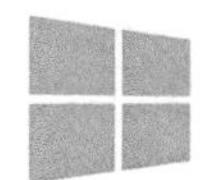

① 在“开始”菜单中搜索“任务计划程序”，打开任务计划设置界面，然后依次在左侧列表中选择【任务计划程序库】→【Microsoft】→【Windows】→【WindowsBackup】，如图 10-19 所示。

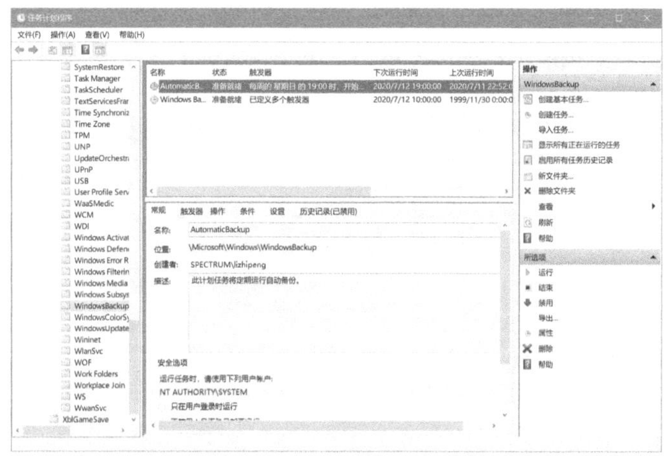

图 10-19　任务计划程序

② 在图 10-19 所示的中间窗格中，显示了所有关于 Windows 备份的计划任务，其中 AutomaticBackup 为文件备份计划任务，双击打开该计划任务。

③ 在【AutomaticBackup 属性】中，切换至触发器选项卡，即可查看触发该任务的时间节点，如图 10-20 所示。选中该时间节点，然后单击【编辑】，打开【编辑触发器】界面，如图 10-21 所示，用户可按照需求自定义修改触发该任务的时间节点，修改完成之后单击【确定】即可。

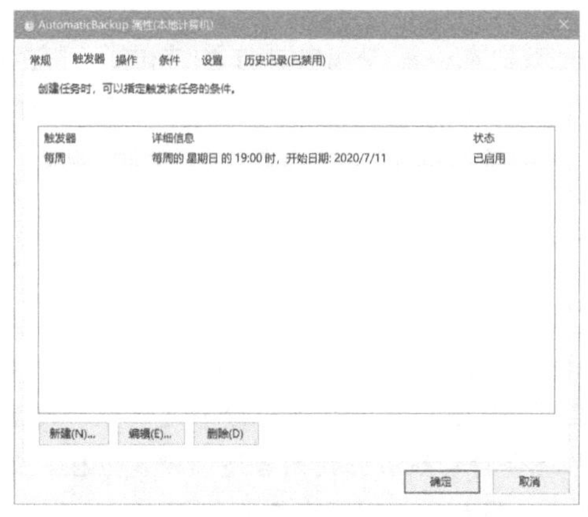

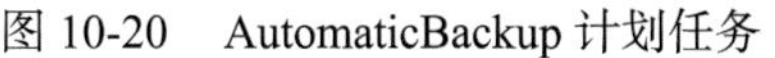
图 10-20　AutomaticBackup 计划任务

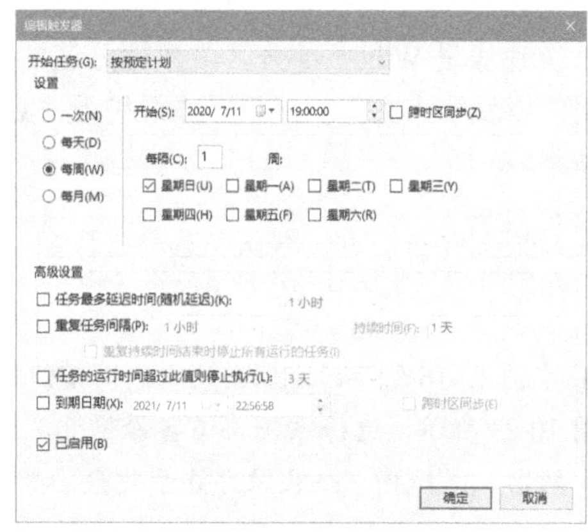

图 10-21　编辑触发器

10.2.2　文件还原

文件还原过程现对简单，单击【还原我的文件】即可启动还原向导，如图 10-22 所示。默认情况下，文件还原会选择最新的备份数据进行还原，如果需要还原特定时间段备份的数据，可单击【选择其他日期】，选择其他时间段内备份的数据用以还原。文件还原的后续操作步骤按照提示完成即可，这里不再赘述。

图 10-22　还原文件

10.3　系统映像备份与还原

使用备份和还原功能可以在系统出现故障无法启动的情况下，使用 WinRE 还原系统。

10.3.1　系统映像备份

系统映像是 Windows 分区或数据分区的全状态副本，其中包含操作系统设置、应用程序以及个人文件。如果操作系统无法启动，用户可以使用创建的系统映像来还原操作系统。

在设置文件备份时，默认创建系统映像，如果需要手动创建系统映像，可按照如下步骤操作。

① 在图 10-16 所示的左侧列表中选择【创建系统映像】，启动系统映像创建向导程序，如图 10-23 所示，选择系统映像备份位置。这里提供有 3 个备份位置，分别是硬盘、光盘和网络。选择将系统映像存储于硬盘，操作系统会自动检测并使用合适的硬盘分区。如果选择的硬盘分区中已经包含了之前备份的系统映像数据，则会显示该备份数据信息。

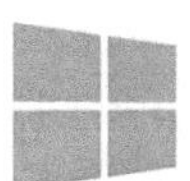

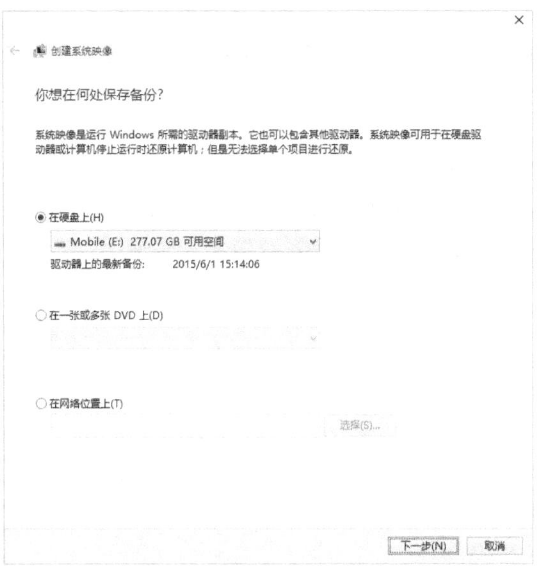

图 10-23　选择系统映像备份位置

② 选择需要备份的硬盘分区，默认且必须选择系统分区和 Windows 分区，如图 10-24 所示。按需选择即可，然后单击【下一步】。

图 10-24　选择备份分区

③ 确认备份设置，单击【开始备份】，如图 10-25 所示。然后等待系统映像创建完成即可。

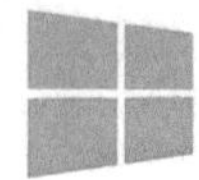

注意　系统映像创建完成之后，操作系统会询问用户是否创建系统修复光盘，按需选择即可。

系统映像创建完成之后，会在设置的备份位置创建 WindowsImageBackup 系统映像存储文件夹，如图 10-26 所示。此文件夹被操作系统标注为恢复文件夹，所以请勿修改或移动该文件夹中的内容，否则会导致系统映像无法使用。

图 10-25　确认备份设置

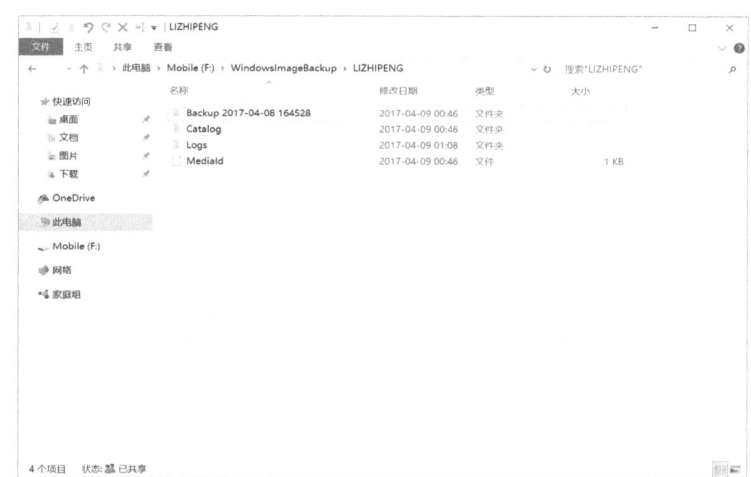

图 10-26　系统映像文件夹

10.3.2 系统映像还原

使用系统映像还原操作系统时，将进行完整还原，不能选择个别项进行还原。而且当前操作系统中的所有应用程序、操作系统设置和文件都将被替换，所以用户还原系统前，请备份数据。

系统映像的还原需要在 WinRE 中完成，所请确保操作系统中具备可用的恢复分区。系统映像还原的操作步骤如下。

① 按住 Shift 键，单击“开始”菜单中的【重启】按钮，打开【高级选项】界面，如图 10-27 所示。选中【系统映像恢复】，此时需要提供具备管理员权限的账户才能进行系统映像还原，如图 10-28 所示，选择相应账户并输入密码，然后计算机重新启动并进入 WinRE 环境。

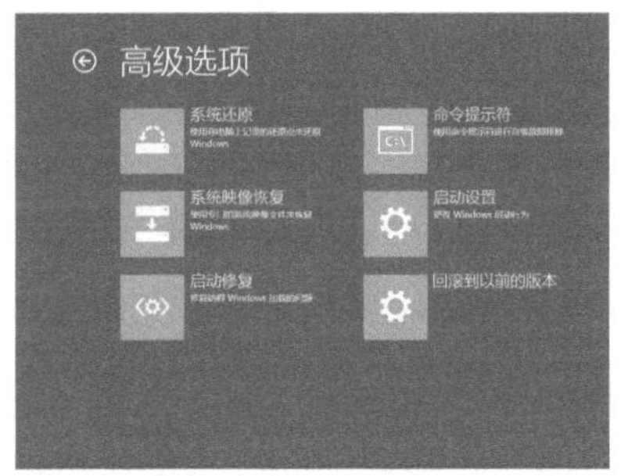

图 10-27 高级选项

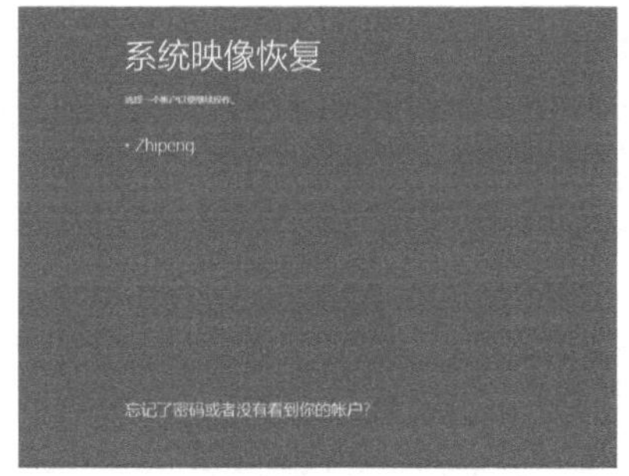

图 10-28 选择操作账户

② 进入 WinRE 之后，自动运行系统映像还原向导，如图 10-29 所示。系统映像向导程序默认使用最新备份映像进行还原，如果需要使用其他系统映像，勾选【选择系统映像】，然后按照提示选择即可。这里以使用最新备份数据进行还原为例，单击【下一步】继续。

③ 选择系统映像备份位置，如图 10-30 所示。如果计算机有多个系统映像备份位置，则向导程序会自动检测并在列表中显示所有备份。这里选择唯一的备份位置，然后单击【下一步】。

④ 如果使用同一备份位置对操作系统进行过多次系统映像备份，则可选择不同时间段备份的系统映像进行恢复，然后单击【下一步】，如图 10-31 所示。

⑤ 此时向导程序会询问用户是否选择其他还原方式，如图 10-32 所示，保持默认即可，然后单击【下一步】。

图 10-29　选择系统映像

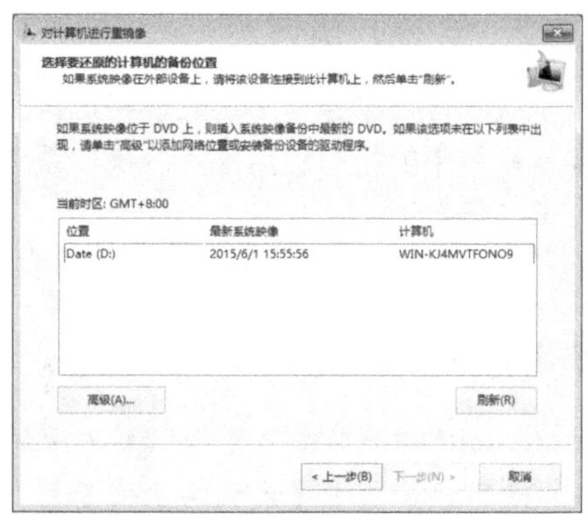

图 10-30　选择系统映像备份位置

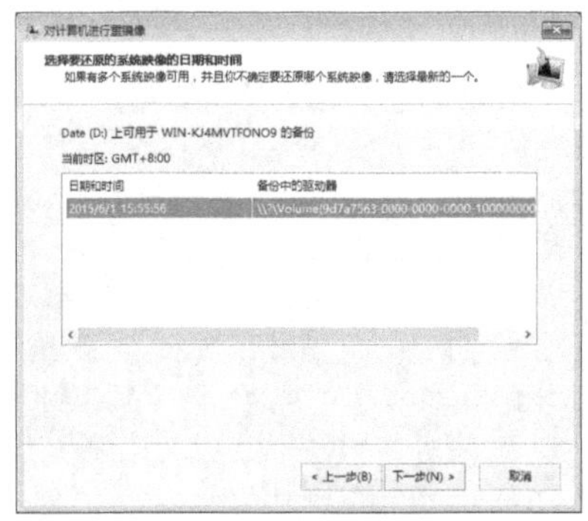

图 10-31　以备份时间选择系统映像

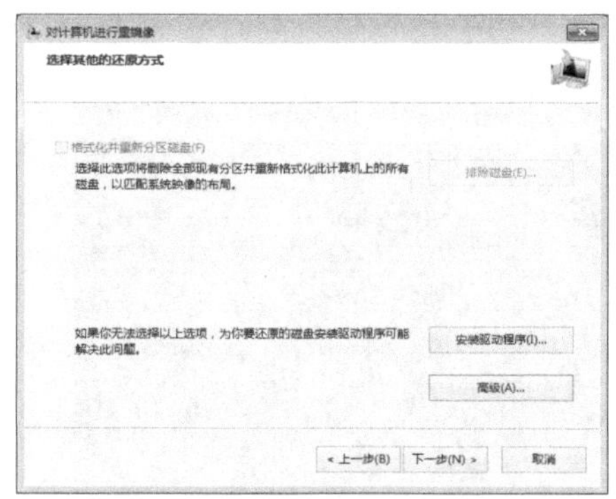

图 10-32　选择其他还原方式

⑥ 确认系统映像还原信息，然后单击【完成】，如图 10-33 所示。此时系统映像还原程序开始进行还原操作，系统映像还原完成，计算机会自动重新启动，如图 10-34 所示。

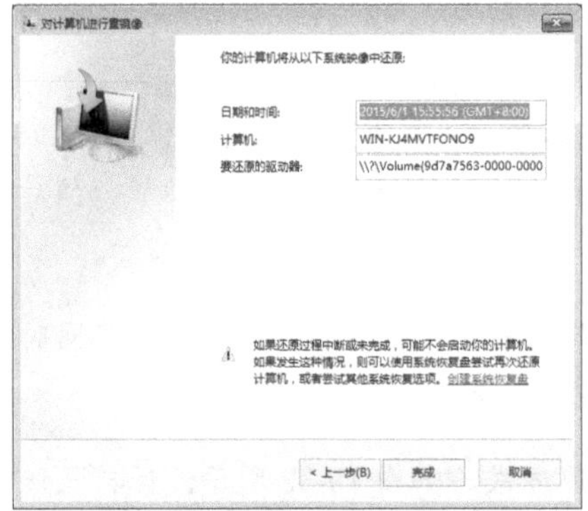

图 10-33　确认还原信息

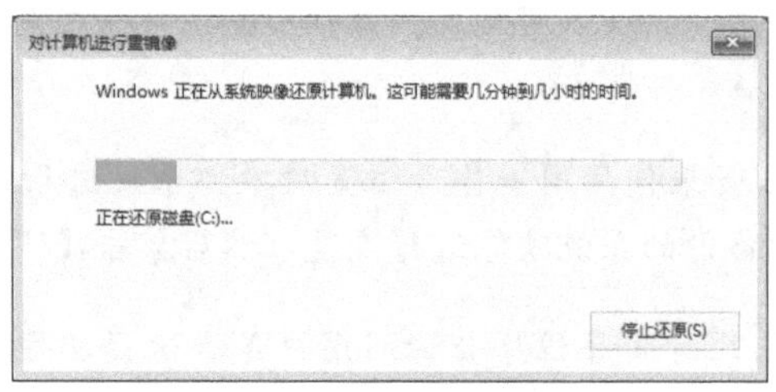

图 10-34　还原进度

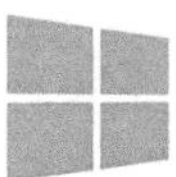

10.4 系统保护与系统还原

系统保护与系统还原基于 NTFS 文件系统的卷影复制实现其功能。默认情况下安装完成 Windows 10 之后，操作系统会自动启用针对 Windows 分区的系统保护功能。

10.4.1 系统保护

系统保护功能会定期保存 Windows 10 的系统文件、配置、数据文件等。操作系统以特定事件（安装驱动、卸载软件）或时间节点为触发器，自动保存这些文件和配置信息，并存储于被称为还原点的存储文件中。当操作系统无法启动或驱动程序安装失败时，用户可以使用还原点将操作系统恢复到之前的某一状态。系统保护功能类似于虚拟机中的系统快照，只不过系统保护的对象是硬盘分区。

注意 对于 Windows 分区，操作系统只保存注册表、系统文件、应用程序、用户配置文件等状态信息。对于非 Windows 分区，操作系统会保存所有文件状态信息。

按下 Win+PauseBreak 组合键打开系统信息界面，然后在其左侧列表中单击【系统保护】打开系统保护设置，如图 10-35 所示。

图 10-35　系统保护

默认情况下，系统保护功能是关闭状态，如果要对硬盘分区启用系统保护，只需在图 10-35 所示界面的【保护设置】列表中，选中要开启系统保护的硬盘分区，然后单击【配置】打开系统保护配置界面，如图 10-36 所示。选中图中的【启用系统保护】，然后单击【确定】，即可开启系统保护功能。反向操作即可关闭系统保护功能。

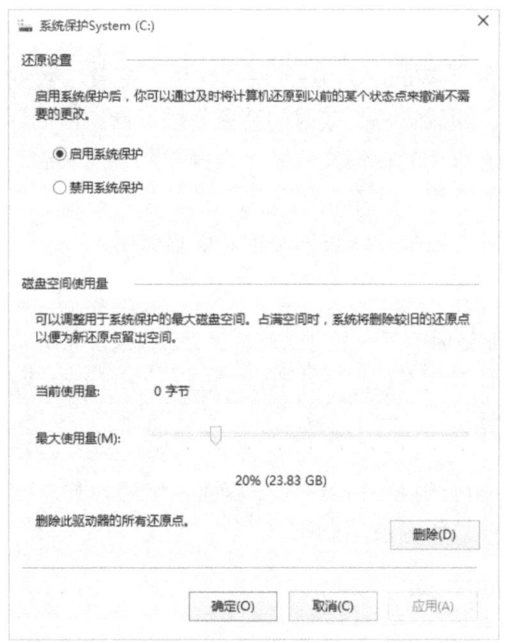

图 10-36　系统保护配置界面

还原点的创建除了操作系统自动触发创建外，还可以手动创建。在图 11-35 的界面中，单击【创建】按钮，然后在出现的界面中输入还原点名称并单击【确定】，等待操作系统提示创建完成即可。

系统保护创建的还原点会占用一定的硬盘空间。所以建议在图 11-36 所示的系统保护配置界面中，设置系统保护硬盘空间最大使用量。如果还原点所占硬盘空间过大，可以删除该分区中的所有还原点。

注意

Windows 10 不支持删除特定还原点。在硬盘空间不足的情况下，系统还原会删除一些旧的还原点。还原点寿命只有 90 天，超过 90 天之后将会被删除。

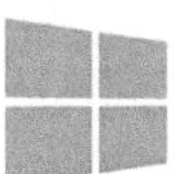

10.4.2 系统还原

系统还原过程有两种情况：一种是操作系统能正常启动的情况下，单击【系统还原】打开系统还原向导，如图 10-37 所示，然后单击【下一步】，在还原点选择界面中选择要恢复的还原点，如图 10-38 所示。

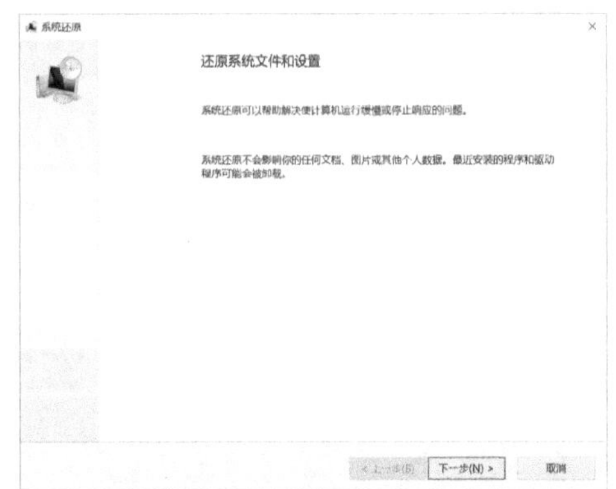

图 10-37　系统还原向导

图 10-38　选择系统还原点

系统还原过程会删除还原点之后安装的应用程序或驱动程序，如想要查看将被删除的应用程序或驱动，只需单击图 10-38 所示的【扫描受影响的程序】，如图 10-39 所示。

图 10-39　扫描受影响的程序

选择要还原的还原点之后，单击【下一步】，在出现的确认还原点界面中，确定要恢复的硬盘分区以及还原点，如图 10-40 所示，然后单击【完成】。此后，操作系统会自动完成还原过程并重新启动计算机，重启完成之后操作系统即还原至之前状态。

图 10-40 确认还原点

当操作系统无法正常启动时会自动进入高级启动界面，然后选择【系统还原】，操作系统会自动重启，进入系统还原界面。此时操作系统会要求用户选择具备管理员权限的账户，选择账户并输入密码后，计算机重新启动并进入 WinRE，自动启动系统还原向导，后续操作和上述步骤相同，这里不再赘述。

10.5 制作操作系统安装映像

系统重置功能只能保存个人数据，不能保存操作系统设置、Windows 应用和桌面应用程序。那有什么办法能保存 Windows 10 中的所有操作系统设置、Windows 应用以及桌面应用程序呢？

10.5.1 系统准备（Sysprep）工具

如果要将已安装好的 Windows 10 移动至其他计算机上使用，该如何做呢？是直接复制操作系统文件到其他计算机，然后设置引导并启动？还是使用 ImageX 或 Ghost 等

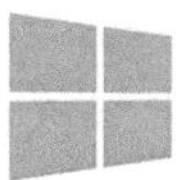

应用程序将操作系统文件直接打包为 WIM 或 GHOST 文件，然后重新部署呢？这些方法都不行，即使是使用相同配置的计算机也不行。

对于已安装的 Windows 10，其会自动生成有关该计算机的特定信息，例如计算机安全标识符（SID）。所以，要想将已安装的 Windows 10 移动至其他计算机，必须使用系统准备工具（Sysprep）删除此类特定信息才行。

Sysprep 是用于准备 Windows 安装映像文件（WIM 文件）的工具，其可以删除已经安装的 Windows 10 中的 SID、还原点、事件日志等信息，使操作系统处于未初始化状态，该过程被称为“一般化”。使用 ImageX、Dism 命令行工具可以将一般化后的操作系统制作为映像文件，用于操作系统的移植安装。

Sysprep 具有以下特点。

■ Sysprep 可以从已安装的 Windows 10 中删除所有操作系统的特定信息，包括计算机安全标识符（SID）等。

■ 将 Windows 10 配置为一般化后进入审核模式。使用审核模式可以安装第三方应用程序或驱动程序，以及测试计算机功能。

■ 将 Windows 10 配置为启动进入 OOBE 模式也就是常规安装操作系统之后进入的操作系统设置界面。

■ Sysprep 支持一般化安装于虚拟硬盘（VHD）中的 Windows 10。

■ 使用 Sysprep 一般化并部署操作系统之后，Windows 10 会自动激活，但是最多可激活 8 次。

Sysprep 具有以下限制。

■ 必须使用和已安装 Windows 10 版本相同的 Sysprep 程序。Windows 10 自带 Sysprep，位于 %WINDIR%\System32\Sysprep 目录。

■ 禁止在使用升级安装方式安装的 Windows 10 上使用 Sysprep。Sysprep 仅支持使用全新安装方式安装的操作系统。

■ 如果 Windows 10 中有 Windows 应用，则使用 Sysprep 一般化并重新安装之后，禁止通过 Windows 应用商店更新 Windows 应用，否则此类应用程序将不可用。

■ 由于某些原因程序会保存 Windows 分区的绝对路径，所以使用 ImageX 或 Dism

命令行工具部署映像文件时，必须确保部署映像文件的目标分区盘符和原始操作系统盘符相同。如果使用 Windows 安装程序部署映像文件，则无须确保盘符相同。

- 仅当计算机是非域用户时才能使用 Sysprep。如果计算机是域用户，则 Sysprep 会将其从域中删除。
- 如果在使用 EFS 加密的 Windows 分区上使用 Sysprep，则所有加密数据将损坏且不能恢复。

以管理员身份运行命令提示符，并切换至 %WINDIR%\System32\Sysprep 目录，然后输入 sysprep 命令打开系统准备工具，如图 10-41 所示。其中，系统清理操作分为进入系统全新体验（OOBE）以及进入系统审核模式两种。OOBE 就是进入桌面之前设置账户等初始化选项的阶段，审核模式适用于计算机生产商定制操作系统，这里不做介绍。图 10-41 所示的【通用】是指操作系统处理硬件抽象层（HAL）以及删除系统特定信息，以便封装的操作系统能在其他计算机上安装使用；【关机选项】是指 Sysprep 一般化操作系统之后进行的操作，可以选择关机、重新启动或退出。

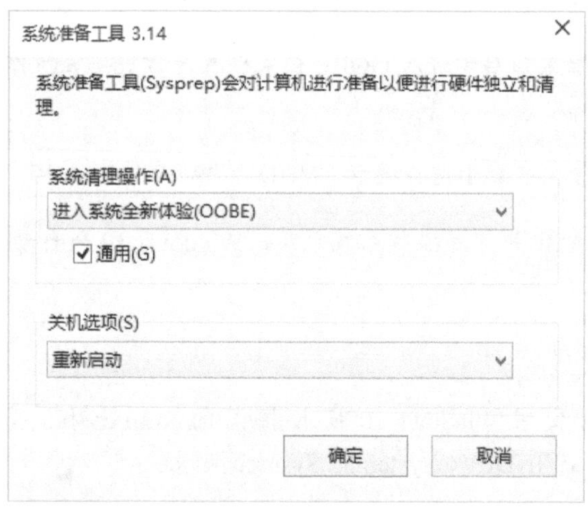

图 10-41　Sysprep

此外，Sysprep 还可以使用命令完成一般化操作，以下为 Sysprep 命令选项（见表 10-1）。

```
sysprep [/oobe|/audit] [/generalize] [/reboot|/shutdown|/quit] [/quiet] [/unattend:answerfile]
```

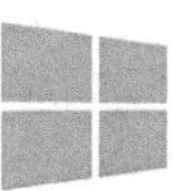

表 10-1 Sysprep 命令选项

选项	描述
/audit	重新启动计算机进入审核模式。在审核模式中可以将其他驱动程序或应用程序添加到Windows
/generalize	此命令和上面介绍的【通用】选项功能相同，如果使用此选项，所有特定系统信息将从Windows安装中删除
/oobe	重新启动计算机进入OOBE模式
/reboot	Sysprep一般化操作系统之后，重新启动计算机
/shutdown	Sysprep一般化操作系统之后，关闭计算机
/quiet	后台运行Sysprep
/quit	Sysprep一般化操作系统之后，退出Sysprep
/unattend:answerfile	按照应答文件设置，自动完成OOBE过程。answerfile为应答文件路径和文件名

这里以使用 OOBE 模式并勾选通用选项作为一般化设置，执行 Sysprep，此时应用程序开始执行，如图 10-42 所示，执行完成之后关闭计算机。

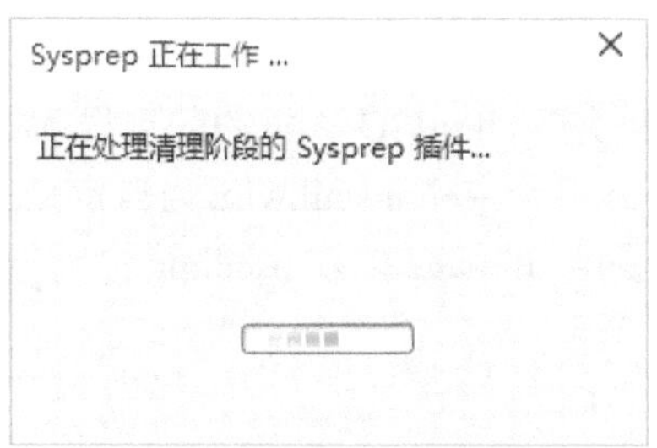

图 10-42 Sysprep 执行阶段

10.5.2 捕获系统文件并制作 WIM 文件

完成一般化之后，操作系统自动关机，此时重新启动计算机至 WinPE 环境，执行如下命令捕获 Windows 分区为 WIM 文件。

```
dism /capture-image /imagefile:f:\install.wim /capturedir:d:\ /name:“Windows 10”
```

其中 f:\install.wim 为捕获的 WIM 保存路径及名称，d: 为 Windows 分区盘符，Windows 10 为映像名称，如图 10-43 所示。等待命令执行完毕，重新启动计算机或复制 install.wim 至其他计算机。

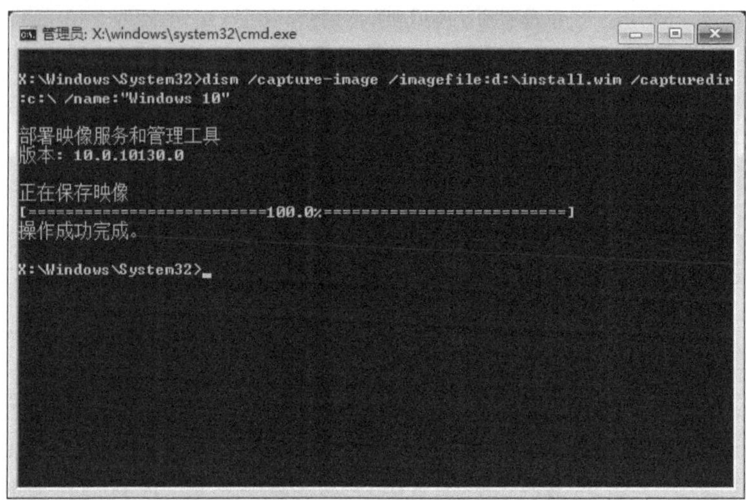

图 10-43　捕获 Windows 分区

注意　基于 WIM 文件特性，可以使用 dism /export-image 命令，把多个 WIM 文件打包为同一个 WIM 文件。

制作 WIM 文件之后，可以使用 UltraISO 之类的应用程序打开原版 Windows 10 安装镜像文件，然后替换 sources 目录中的 install.wim 为自定义的 WIM 文件，文件名必须保持一致。此外，还可以使用 cdimage 以及 oscdimg 命令行工具将操作系统安装文件打包为镜像文件。

第 11 章

系统启动与任务管理

Windows 10 延续了 Windows 8 的启动菜单，彻底摒弃了之前黑底白字的启动菜单，新的启动菜单界面也同样是扁平化风格，更加适合触摸操作。

11.1　Windows 10 启动特性

Windows 10 中的多启动过程步骤有别于旧版。例如在 Windows 10 与 Windows 7 的双操作系统环境下，启动进入 Windows 7 的实际步骤如下。

启动 Windows 10→执行 bootim.exe→设置临时启动项→重新启动计算机→使用 bootmgr 加载 Windows 7。

这个过程实际等于启动了两次，而且如果 Windows 10 的启动文件出了问题的话，可能连启动菜单都无法进入。要恢复传统的字符界面启动菜单，只需要使用 bcdedit 命令行工具把 Windows 7 设置为默认启动项即可。

11.1.1　高级选项菜单

Windows 10 同样保留了 Windows 8 中的系统故障修复选项【高级选项】界面，其实这也就是 Windows Vista/7 中的 Windows RE（Windows 恢复环境）的升级版，如图 11-1 所示。

图 11-1　高级选项界面

【高级选项】界面中包括的功能和 WinRE 中的基本一样，只是少了【Windows 内存诊断】选项，多了【启动设置】选项。

- 启动修复：操作系统无法正常启动时，此项功能可以修复大部分启动故障。
- 卸载更新：如果使用升级方式安装并保留恢复文件，可通过此选项回滚操作系统到以前的版本。
- 启动设置：【启动设置】选项就是旧版 Windows 操作系统中的【Windows 启动菜

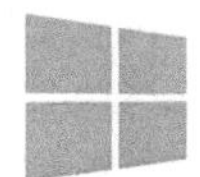

单】，功能也大体一样。

- UEFI 固件设置：如果计算机使用 UEFI 固件，则选择此选项会进入 UEFI 设置界面；如果计算机使用 BIOS 固件，则无此选项。
- 命令提示符：选择此项即可进入命令提示符。
- 系统还原：使用系统还原点，还原操作系统到早前的状态，而且系统会先对用户的身份进行确认。
- 系统映像恢复：使用创建的系统映像，恢复 Windows 分区的所有数据，包括注册表以及应用程序设置。

当 Windows 10 无法启动时，会尝试进行修复，修复完成之后显示自动修复界面。选择其中的【高级选项】即可按照提示选择进入高级选项菜单，修复启动故障。如果需要使用菜单中的启动功能，需要使用如下两种方法。

① 在 Windows 设置中依次打开【更新和安全】→【恢复】，在右侧【高级启动】下单击【立即重新启动】，如图 11-2 所示。重新启动计算机之后会自动进入高级选项界面。

② 使用 shutdown 命令行工具中的参数 /o，可进入高级选项菜单，以管理员身份运行命令提示符并执行如下命令。

```
shutdown /r /o /t 0
```

重新启动计算机之后即可进入高级选项菜单。

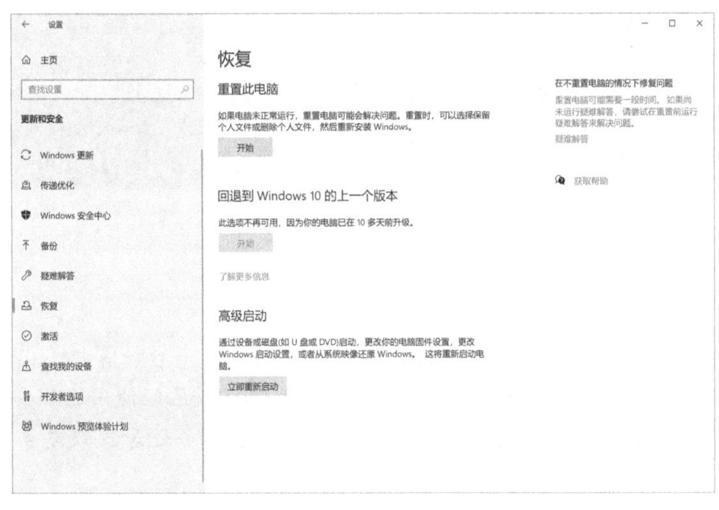

图 11-2　选择【高级启动】下的【立即重新启动】

11.1.2　安全模式

安全模式是指操作系统在仅运行 Windows 所必需的基本文件和驱动程序的情况下启动计算机，以此检测与修复操作系统故障。

当操作系统被安装了恶意程序或中毒之后，大部分用户会选择进入安全模式来杀毒。

在 Windows 8 之前的操作系统中，用户都是通过在计算机启动时按下 F8 键选择进入安全模式。但是在 Windows 10 启动时按 F8 键已经无法进入启动设置菜单。现在，有以下两种方法可以进入 Windows 10 安全模式。

进入安全模式的第一种方法是，按住 Shift 键并单击“开始”菜单中的【重启】，选择【疑难解答】→【高级选项】→【启动设置】，然后重启计算机之后即可进入【启动设置】界面，如图 11-3 所示，其中可以选择进入安全模式。

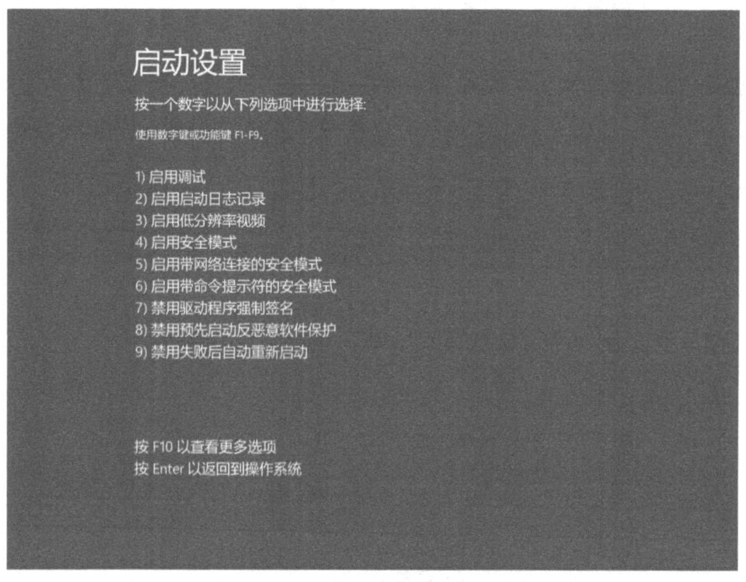

图 11-3　启动设置界面

启动设置界面中的选项对于解决计算机故障很有帮助。

- 启用调试：启动时通过串行电缆将调试信息发送到另一台计算机。必须将串行电缆连接到波特率为 115200 的 COM1 端口。如果正在或已经使用远程安装服务在该计算机上安装 Windows，则可看到与使用远程安装服务还原或恢复系统相关的附加选项。

- 启用启动日志记录：启动计算机，同时将由操作系统加载或没有加载的所有驱动程序和服务记录到启动日志文件。该启动日志文件为 ntbtlog.txt，位于 %systemroot% 目录。使用安全模式、带网络连接的安全模式和带命令提示符的安全模式时，操作系统会将一个加载所有驱动程序和服务的列表添加到启动日志文件。启动日志对于确定操作系统启动故障的原因很有帮助。
- 启用低分辨率视频：使用当前安装的显卡驱动程序以最低分辨率启动计算机。当使用安全模式、带网络连接的安全模式或带命令提示符的安全模式启动时，总是使用基本的显卡驱动程序。
- 启用安全模式：只使用基本操作系统文件和驱动程序启动计算机，基本硬件主要包括鼠标（串行鼠标除外）、监视器、键盘、大容量存储器、基本视频应用以及默认系统服务。如果在安全模式下不能启动计算机，则可能需要使用 WinRE 修复操作系统。
- 启用带网络连接的安全模式：只使用基本系统文件、驱动程序以及网络连接启动计算机。在安全模式下启动操作系统，包括访问 Internet 或网络上的其他计算机所需的网络驱动程序和服务。
- 启用带命令提示符的安全模式：只使用基本的系统文件和驱动程序启动计算机。登录操作系统之后，只出现命令提示符，所有操作都只能在命令提示符中进行。
- 禁用驱动程序强制签名：操作系统允许用户安装和使用包含未经验证的签名的驱动程序。
- 禁用预先启动反恶意软件保护：阻止计算机启动初期运行反恶意软件，从而允许安装可能包含恶意软件的驱动程序。
- 禁用失败后自动重新启动：仅当 Windows 10 启动进入循环状态（即 Windows 10 启动失败，重新启动后再次失败）时，才使用此选项。
- 启动恢复环境：重新启动进入 WinRE 恢复环境。

注意 即使已禁用了本地管理员账户，在使用安全模式时，该管理员账户仍然可用。

进入安全模式的第二种方法是，使用 bcdedit 变相恢复 F8 的功能。以管理员身份运行命令提示符或 PowerShell 并执行如下命令。

```
bcdedit /set {bootmgr} displaybootmenu yes
```

重新启动计算机，操作系统会自动进入 Windows 启动管理器，如图 11-4 所示，按下 F8 键即可进入启动设置界面。

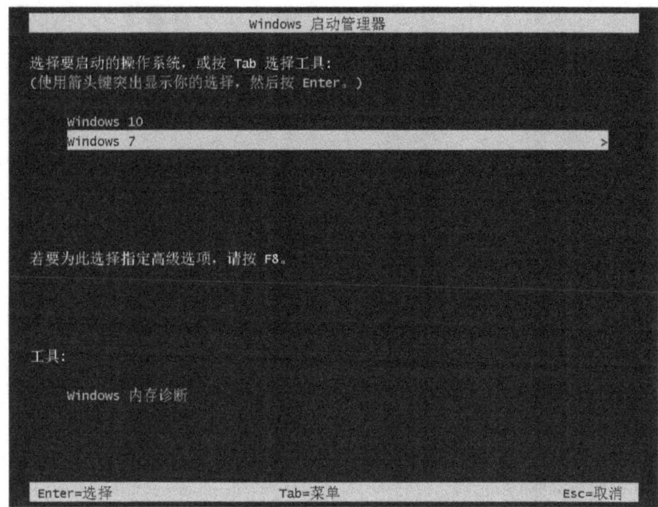

图 11-4　Windows 启动管理器

11.1.3　WIMBoot

WIMBoot 是一种支持从特定 Windows 映像文件（WIM 文件）读取并使用操作系统文件的技术，使用 WIMBoot 可以把操作系统文件存储为 WIM 压缩文件格式，可有效减少硬盘空间占用率。

1. WIMBoot 概述

WIMBoot 首次出现是作为更新功能之一被加入 Windows 8.1，Windows 10 也同样提供 WIMBoot 功能。

WIMBoot 能把 Windows 分区中的绝大部分操作系统文件打包为 WIM 文件，当操作系统或应用程序需要使用操作系统文件时，会直接从 WIM 文件中读取。WIMBoot 和虚拟硬盘（VHD）启动功能类似，但是 WIMBoot 用于存储操作系统文件的 WIM 文件是压缩格式，可以极大地节省硬盘空间，尤其是对于小容量的固态硬盘效果更加明显。同时，使用 WIMBoot 的操作系统性能也比使用虚拟硬盘启动的高。

WIMBoot 的工作原理是把操作系统文件打包为 WIM 文件并存储于非 Windows 分区，然后创建指向 WIM 文件位置的指针文件（PointerFile）并存储于 Windows 分区，操作

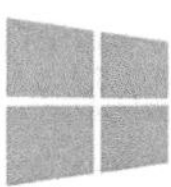

图 11-5　使用 WIMBoot 安装 C 盘容量

系统从 WIM 文件启动。当用户进行添加文件、安装程序、更新系统等操作时，所有数据都将写入指针文件，WIM 文件不会发生任何变动。此外 WIM 文件还可以作为恢复映像使用。

指针文件其实是存储于 WIM 文件中的操作系统文件索引，其在 Windows 分区中的文件结构和普通 Windows 分区结构一样，但其占用的空间远比普通 Windows 分区要小，如图 11-5 所示。

默认情况下，预装有 Windows 10 的标准分区布局如图 11-6 所示。Windows 10 标准分区布局包括 ESP 分区、MSR 分区、Windows 分区以及两个独立的恢复分区。

图 11-6　Windows 10 标准分区布局

而使用 WIMBoot 的 Windows 10 可以使用如图 11-7 所示的分区布局。

图 11-7　使用 WIMBoot 的 Windows 10 分区布局

映像分区包含系统文件（install.wim）、WinRE 恢复工具（winre.wim）以及指针文件差异备份文件（custom.wim）。

Windows 分区包含指针文件以及用户在使用过程中产生的数据，包括注册表文件、页面文件、休眠文件、用户数据和用户安装的应用程序与更新等。

注意　WinRE 恢复工具和指针文件增量存储文件为可选项目，具体操作时按需创建即可。

虽然 WIMBoot 能极大地节省 Windows 分区容量，但是使用时需注意以下几点要求。

- WIMBoot 仅适用于 x86、x64 以及 ARM 硬件架构的 Windows 8.1 with Update 和 Windows 10。
- WIMBoot 支持安全启动，所以建议使用 UEFI 固件。另外 WIMBoot 也支持 BIOS 固件。
- 由于操作系统启动需要解压并读取 WIM 文件，所以建议 WIM 文件存储于使用固态硬盘的硬盘分区中，以保证操作系统读取数据迅速，减少延迟，提升用户体验。
- 部分备份、杀毒、加密工具不兼容 WIMBoot 功能。
- WIM 文件和指针文件可以存储在同一分区，但是建议将两者分开存储。
- 不建议将存储 WIM 文件的分区使用 BitLocker 等加密工具进行加密，否则会影响操作系统性能。

2. 使用 WIMBoot 安装操作系统

制作 Windows 10 WIM 文件的过程，通俗来说就是将 Windows 10 安装到 WIM 文件。

UEFI 与 GPT 启动方式

本节以将 WIM 文件存放至隐藏的恢复分区、Windows 分区为 C 盘为例，需要使用 Windows 10 安装 U 盘或光盘。

① 使用 Windows 10 安装 U 盘或光盘启动计算机，进入 Windows 10 安装界面。

② 在 Windows 10 安装界面中，按下 Shift+F10 组合键打开命令提示符，然后使用 DiskPart 命令行工具，创建分区结构。

```
select disk 0
```

选择要创建的分区结构的硬盘为硬盘 1，如果有多块硬盘，可以使用 `list disk` 命令查看。

```
clean
```

清除硬盘中的所有数据及分区结构，请谨慎操作。

```
convert gpt
```

转换分区表为 GPT 格式。

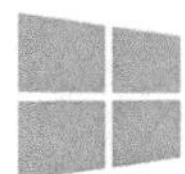

```
create partition efi size=300
```

创建大小为 300MB 的主分区，此分区即为 ESP 分区。

```
format quick fs=fat32 label= " System "
```

格式化 ESP 分区并使用 FAT32 文件系统，设置卷标为 System。

```
create partition msr size=128
```

创建大小为 128MB 的 MSR 分区。

```
create partition primary size=30000
```

创建大小为 30GB 的主分区，此分区即为 Windows 分区。

```
format quick fs=ntfs label= " Windows "
```

格式化 Windows 分区并使用 NTFS 文件系统，设置卷标为 Windows。

```
assign letter=C
```

设置 Windows 分区盘符为 C:。

```
create partition primary size=8000
```

创建大小为 8GB 的主分区，此分区即为恢复分区。

```
format quick fs=ntfs label= " Recovery "
```

格式化 Windows 分区并使用 NTFS 文件系统，设置卷标为 Recovery。

```
assign letter=F
```

设置恢复分区盘符为 F:，由于恢复分区具备隐藏数据，所以操作系统重启之后，盘符自动失效。

```
set id=de94bba4-06d1-4d40-a16a-bfd50179d6ac
```

设置恢复分区为隐藏分区。

```
gpt attributes=0x8000000000000001
```

设置恢复分区不能在磁盘管理器中被删除。

```
exit
```

退出 DiskPart 命令操作环境。

注意　如果硬盘中已有 ESP、MSR、Windows 分区以及恢复分区，则此步骤可省略。

③ 分区创建完成之后，继续在命令提示符中执行如下命令，生成包含操作系统文件并能启动的 WIM 文件，这里假设将 Windows 10 安装镜像的 install.wim 文件复制存储于 D 盘（也可以直接使用原文件）。

```
dism /export-image /wimboot /sourceimagefile:d:\install.wim /sourceindex:1 /destinationimagefile:f:\wimboot.wim
```

④ 生成指针文件（PointerFile），Windows 分区为 C 盘，执行如下命令。

```
dism /apply-image /imagefile:f:\wimboot.wim /applydir:c: /index:1 /wimboot
```

⑤ 生成引导启动菜单，执行如下命令。

```
bcdboot c:\windows
```

⑥ 重新启动计算机，此时 Windows 10 进行安装准备，等待其完成之后即可使用。

BIOS 与 MBR 启动方式

对于使用 BIOS 与 MBR 方式启动的计算机，WIMBoot 安装方式相同，这里以使用 Windows 10 安装映像的 install.wim 文件、WIM 文件存储于隐藏的恢复分区、Windows 分区为 C 盘为例。

① 使用 Windows 10 安装 U 盘或光盘启动计算机，进入 Windows 10 安装界面。

② 在 Windows 10 安装界面中，按下 Shift+F10 组合键打开命令提示符，然后使用 DiskPart 命令行工具创建分区结构。

```
select disk 0
```

选择要创建分区结构的硬盘为硬盘 1，如果有多块硬盘，可以使用 `list disk` 命令查看。

```
clean
```

清除硬盘中的所有数据及分区结构，请谨慎操作。

```
create partition primary size=350
```

创建大小为 350MB 的主分区，此分区即为系统分区。

```
format quick fs=ntfs label= " System "
```

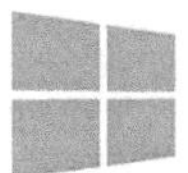

格式化系统分区并使用 NTFS 文件系统，设置卷标为 System。

```
active
```

设置系统分区为“活动”(active)。

```
create partition primary size=30000
```

创建大小为 30GB 的主分区，此分区即为 Windows 分区。

```
format quick fs=ntfs label= " Windows "
```

格式化 Windows 分区并使用 NTFS 文件系统，设置卷标为 Windows。

```
assign letter=C
```

设置 Windows 分区盘符为 C:。

```
create partition primary size=8000
```

创建大小为 8GB 的主分区，此分区即为恢复分区。

```
format quick fs=ntfs label= " Recovery "
```

格式化 Windows 分区并使用 NTFS 文件系统，设置卷标为 Recovery。

```
assign letter=F
```

设置恢复分区盘符为 F:，由于恢复分区具备隐藏数据，所以操作系统重启之后，盘符自动失效。

```
set id=27
```

设置恢复分区为隐藏分区。

```
exit
```

退出 DiskPart 命令操作环境。

注意 如果硬盘中已存在 Windows 分区以及系统分区，则此步骤可省略。

③ 分区创建完成之后，继续在命令提示符中执行如下命令，生成含有操作系统文件并能启动的 WIM 文件，这里假设将 Windows 10 安装镜像的 install.wim 文件复制存储于 D 盘（也可以直接使用原文件）。

```
dism /export-image /wimboot /sourceimagefile:d:\insatll.wim /sourceindex:1 /
destinationimagefile:f:\wimboot.wim
```

④ 生成指针文件（PointerFile），Windows 分区为 C 盘，执行如下命令。

```
dism /apply-image /imagefile:f:\wimboot.wim /applydir:c: /index:1 /wimboot
```

⑤ 生成引导启动菜单，执行如下命令。

```
bcdboot c:\windows
```

⑥ 重新启动计算机，此时 Windows 10 开始安装，如图 11-8 所示。计算机再次重启之后会自动进入 OOBE 阶段，后续安装步骤和普通安装相同，这里不再赘述。

图 11-8　使用 WIMBoot 安装操作系统

注意　制作的用于 WIMBoot 启动的映像可以存储于任意非 Windows 分区中，本节将其存储于隐藏的恢复分区是为了确保 WIM 文件安全。

3. 检测 WIMBoot

检测 Windows 10 是否使用 WIMBoot 启动，可通过以下两种方法查看。

使用磁盘管理器

按下 Win+X 组合键，在弹出菜单中选择【磁盘管理】，打开【磁盘管理】界面。如果操作系统使用 WIMBoot 功能从 WIM 文件启动，则在 Windows 分区上具有“Wim 引导”字样，如图 11-9 所示。

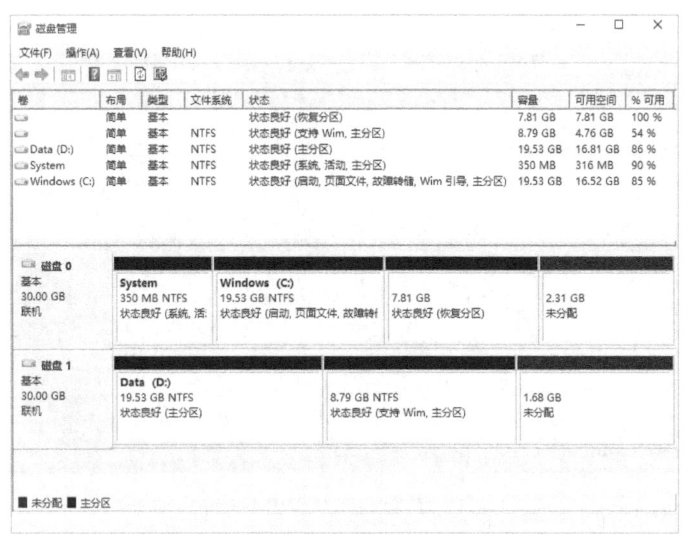

图 11-9　WIMBoot 引导标识

使用命令行工具

以管理员身份运行命令提示符或 PowerShell，然后执行如下命令。

```
fsutil wim enumwims c:
```

如果命令输出结果如图 11-10 所示，则表示计算机已设置从 WIM 文件启动。

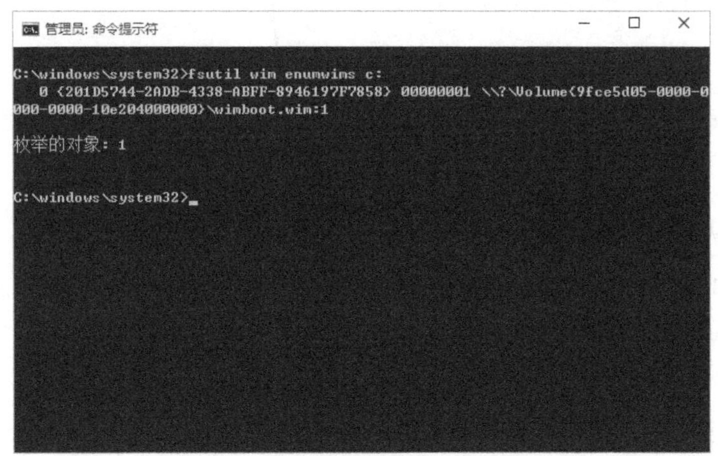

图 11-10　计算机从 WIM 文件启动

如果命令输出结果如图 11-11 所示，则表示计算机使用普通安装方式启动。

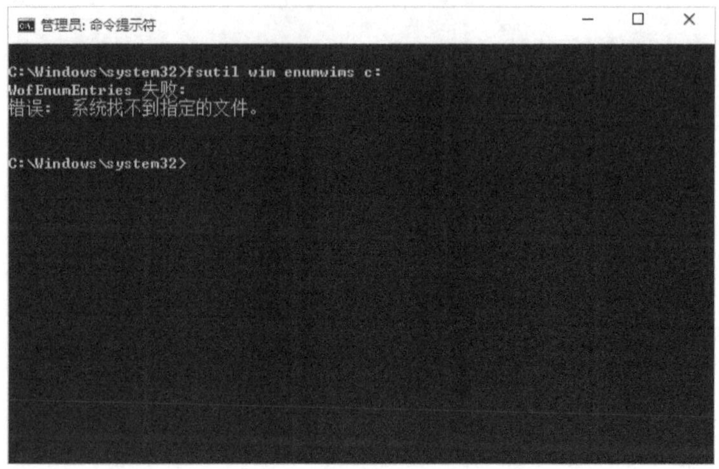

图 11-11　计算机未从 WIM 文件启动

4. 减少指针文件所占空间

存储于 Windows 分区的指针文件会随着用户的使用而逐渐变大，这对于 Windows 分区不大的计算机来说将是一种隐患。Windows 10 支持把指针文件的所有变动打包为新的差异备份 WIM 文件（custom.wim），并清除变动数据所占用的指针文件空间。也就是说，可以把用户数据及应用程序继续打包为 WIM 文件，如要使用这些数据，则由操作系统从 WIM 文件读取。进入 WinPE 或在 Windows 10 安装界面并按下 Shift+F10 组合键，然后在命令提示符中执行如下命令。

```
dism /capture-customimage /capturedir:c:
```

等待命令执行完毕，custom.wim 也创建完成，其存储位置和用于启动的 WIM 文件相同。

5. 重置 WIMBoot 功能

重置 WIMBoot 是指使用可启动的 WIM 文件重新生成指针文件，相当于重新安装操作系统。重置 WIMBoot 不会保存任何操作系统设置或应用程序，所以请备份数据后再操作。

① 启动计算机至 WinPE 或 Windows 10 安装界面，并按下 Shift+F10 组合键，然后在命令提示符中执行如下命令格式化 Windows 分区，这里以 C 盘为例。

```
format C: /Q /FS:NTFS /v: " Windows "
```

② 重新生成指针文件（PointerFile），输入如下命令。

```
dism /apply-image /imagefile:f:\install.wim /applydir:c: /index:1 /wimboot
```

等待命令执行完毕，重新启动计算机之后，按照提示操作即可，如图 11-12 所示。

```
管理员: X:\windows\system32\cmd.exe

X:\sources>dism /capture-customimage /capturedir:c:

  部署映像服务和管理工具
版本: 10.0.10130.0

正在保存映像
[==========================100.0%==========================]
正在优化系统
[==========================100.0%==========================]
操作成功完成。

X:\sources>
```

图 11-12　创建 custom.wim 文件

6. 删除 WIMBoot 功能

如果要取消从 WIM 文件启动并使用常规方式安装系统，按照以下步骤操作。

① 启动计算机至 WinPE 或 Windows 10 安装界面，并按下 Shift+F10 组合键，然后在命令提示符中执行如下命令格式化 Windows 分区，这里以 C 盘为例。

```
format C: /Q /FS:NTFS /v: " Windows "
```

② 将存储于 F 盘中的 install.wim 部署至 C 盘，执行如下命令。

```
dism /apply-image /imagefile:f:\install.wim /applydir:c:\ /index:1
```

等待命令执行完毕，重新启动计算机进入操作系统安装阶段。

11.2　任务管理器

Windows 操作系统用户对任务管理器应该不陌生。当遇到程序未响应的时候，大家最善长的操作便是打开任务管理器，关闭未响应的程序进程。

Windows 10 任务管理器有两种显示模式及简略信息模式和详细信息模式，默认打开的是简略信息模式。

打开任务管理器有如下 4 种方法。

- 同时按下 Ctrl+Shift+Esc 直接打开。
- 按下 Ctrl+Alt+Delete 在弹出的界面中选择任务管理器。
- 在任务栏上单击右键并在弹出的菜单中选择任务管理器。
- 按下 Win+R 组合键打开【运行】对话框，输入 `taskmgr.exe` 并按 Enter 键，即可打开任务管理器。

11.2.1　简略版任务管理器

第一次打开新版任务管理器时显示的只是简略信息，如图 11-13 所示。

如果在 64 位 Windows 10 中使用 32 位的应用程序，则应用程序后会标注“32 位”，如图 11-13 所示。

在简略版任务管理器中，未响应的程序右侧会呈红色的“未响应”标识，在一片空白的界面中更加醒目。

如要关闭某个应用程序。只需选中该程序，然后单击右下角的【结束任务】即可，或者在选中的应用程序上单击右键并在弹出菜单中选择【结束任务】。

虽然只是简略版任务管理器，且一些功能选项隐藏在右键菜单之中，但是其功能足够普通用户使用，如图 11-14 所示。

图 11-13　简略版任务管理器

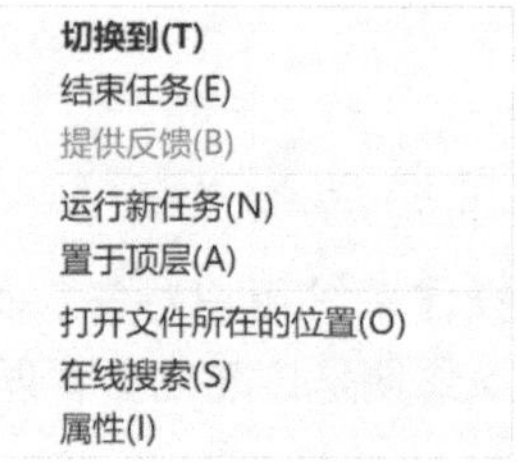

图 11-14　任务管理器右键菜单

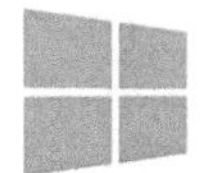

- 切换到：单击此选项，会将打开应用程序至当前屏幕显示。
- 结束任务：单击此选项即可关闭选中的应用程序。
- 运行新任务：有时候文件资源管理器崩溃，失去桌面环境，此时可手动运行 explorer.exe 来重新启动桌面环境。在【新建任务】对话框中还可以选择是否以管理员身份运行程序。
- 置于顶层：始终保持任务管理器在其他应用程序前台。
- 打开文件所在位置：打开应用程序的所在位置。
- 在线搜索：这是新版任务管理器中引入的联机搜索功能。当使用任务管理器时，用户可能会发生一些陌生的应用程序或进程，它们或许是某恶意程序。遇到这种情况，可以右键单击应用程序或进程并选择【联机搜索】，此时操作系统会调用浏览器默认的搜索引擎来搜索该应用程序或进程，搜索的关键词为进程名称加应用程序名称。
- 属性：选择此项会打开应用程序或进程的属性页。

11.2.2 任务管理器详细

如果感觉简略版不够用，可以单击简略版任务管理器左下方的【详细信息】选项切换至功能更强的完全版。在这里可以看到熟悉的进程管理器、性能监测器、用户管理器等选项页，以及新增加的应用历史记录、启动、详细信息选项页。

1. 进程选项页

新版任务管理器采用了热图显示方式，通过颜色来直观地显示应用程序或进程使用资源的情况，同时也保留了数字显示方式。由于人眼对于颜色的敏感度远高于数值，因此这种由计算机事先处理过的信息（颜色）便能保证用户更快地发现高负载应用程序。例如，当有一个应用程序出现异常，并导致操作系统出现某种资源过载时，任务管理器便会通过红色系（色系随过载程度递增）向用户报警。而当过载特别严重时，提醒色会瞬间变为深红色，使得用户能够迅速发现问题所在，如图 11-15 所示。

【进程】选项页默认情况下依次显示：名称、状态、进程名称、CPU（程序使用 CPU 状况）、内存（程序占用内存大小）、磁盘（程序占用磁盘空间大小）、网络（程序使用网络流量的多少）。另外，【进程】选项页还可以显示类型、发布者、PID、进程名称、命令行等项目，只需在选项栏中单击右键并在弹出的菜单中选择相应选项即可，如图 11-16 所示。

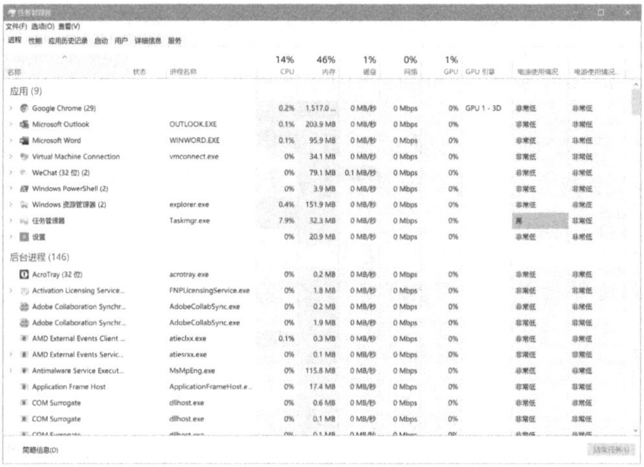

图 11-15　详细版任务管理器

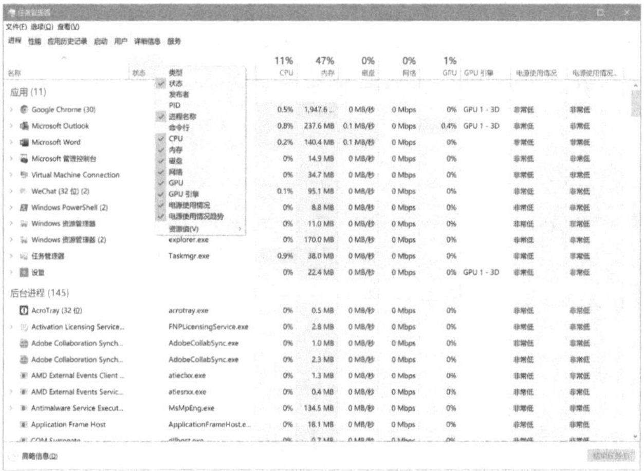

图 11-16　显示更多项目

名称一栏显示的进程分为 3 组：应用、后台程序、Windows 进程。更加贴心的是，每个程序下面会包括一些打开的子程序，例如打开多个 Word 文档，在 Word 程序下面会分别显示，如图 11-17 所示。

单击【名称】栏可以按照资源使用值（不包括磁盘使用值）降序或升序排列。同样单击【CPU】【内存】【磁盘】【网络】栏也能对应用程序按照使用资源量来排列。如果有应用程序未响应，则会在状态栏中显示“未响应”字样。

Microsoft OneNote (2)
InfiniBand技术简介 - OneN...
What RDMA hardware is s...

图 11-17　进程子菜单

【内存】【磁盘】【网络】三栏列表，不仅可以以具体使

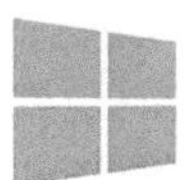

用数值来显示资源使用情况，也可以使用百分比的方式来显示。右键单击某个应用程序并在弹出的菜单中选择【资源值】，然后在打开的二级菜单中选择【内存】【磁盘】【网络】中的某一项，选择以百分比显示，如图 11-18 所示。

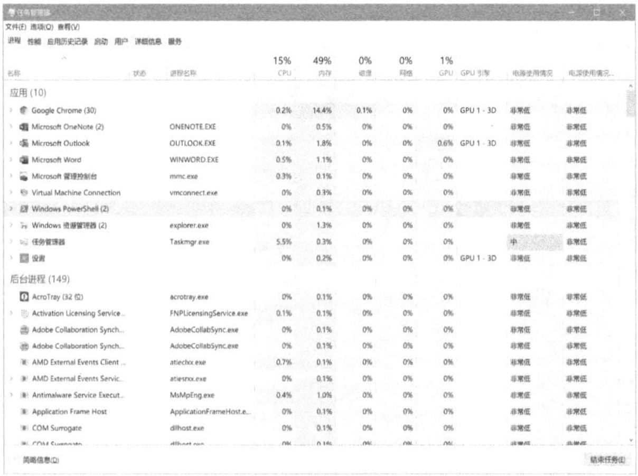

图 11-18　资源占用率显示方式

2. 性能选项页

新版任务管理器中的【性能】选项页得到了极大的改进与完善，完全可以替代第三方性能监视器。新版任务管理器在旧版的基础上增加了【磁盘】【Wi-Fi】【以太网】和【GPU】四大图表，并且显示更加简洁合理，使得用户能够更直观地查看相关资源，如图 11-19 所示。

在【性能】选项页显示的是系统所监视的设备列表与资源使用率动态图，双击列表或动态图即可单独显示，如图 11-20 所示，再次双击即可恢复。

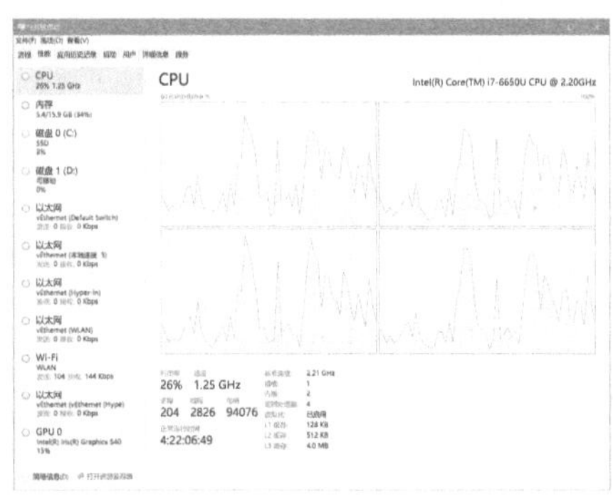

图 11-19　性能选项页

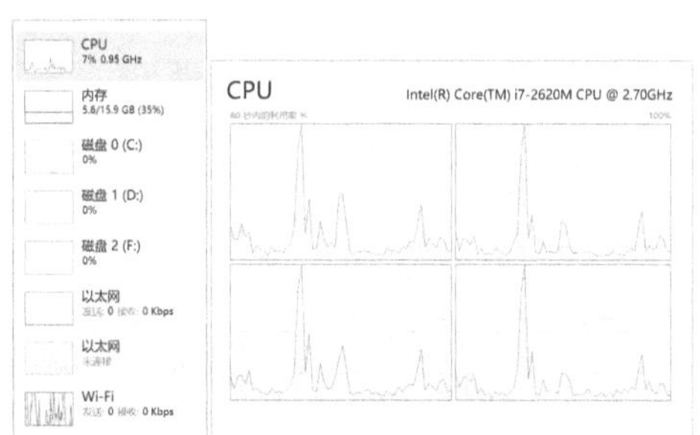

图 11-20　单独显示列表

【CPU】图表页

在【CPU】图表页会显示所用 CPU 名称、最大运行频率、当前运行频率、内核数等信息。

【内存】图表页

【内存】图表页显示计算机内存的总大小、使用率以及内存的硬件信息，如图 11-21 所示。

图 11-21 【内存】图表页

【磁盘】图表页

磁盘图表页主要监测硬盘的读写速度以及活动时间，如图 11-22 所示。

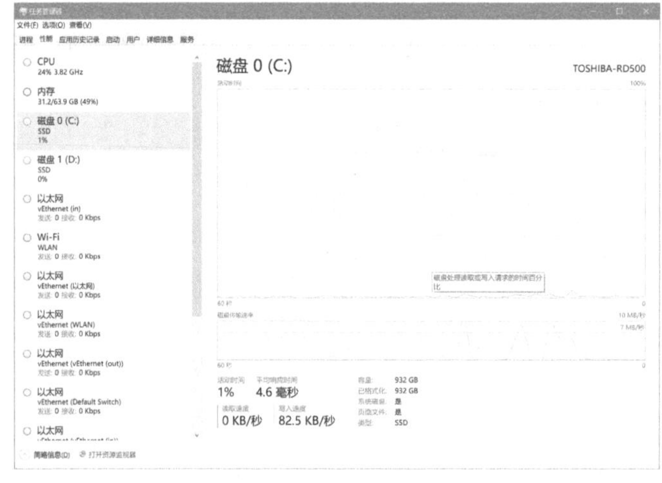

图 11-22 【磁盘】图表页

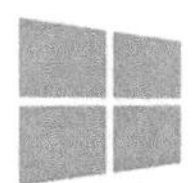

【Wi-Fi】图表页

【Wi-Fi】图表页主要监测网络数据的接收与发送情况，表中也会显示无线网络连接的相关信息，如图 11-23 所示。

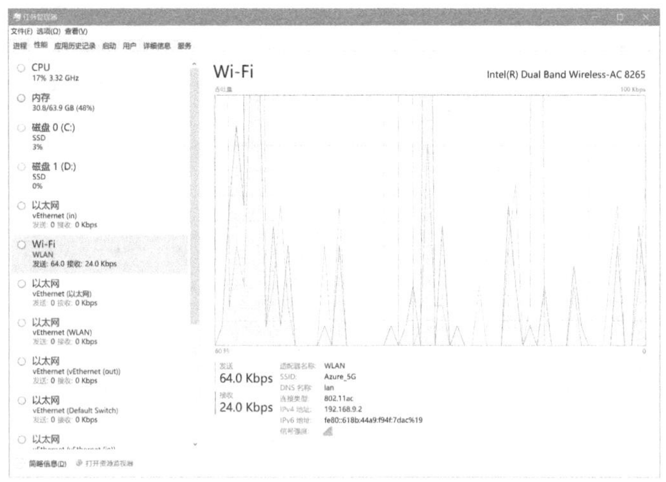

图 11-23 【Wi-Fi】图表

【GPU】图表页

【GPU】图表页主要显示当前计算机中应用程序使用显卡相关资源的信息，包括显示资源利用率、显存利用率以及显卡驱动程序等，如图 11-24 所示。

图 11-24 【GPU】图表页

3.【应用历史记录】标签页

在新版任务管理器中，新增的【应用历史记录】标签页主要用来统计 Windows 应用的运行信息。Windows 10 其实是给用户提供了一个全局版信息统计平台，可以显示每一款 Windows 应用占用的 CPU 时间、网络流量以及更新 Windows 应用耗费的网络流量等信息，如图 11-25 所示。右键单击标签页并在弹出的菜单中选择显示更多选项。如果用户使用的是按流量计费的网络，那么此标签页对用户来说很实用。

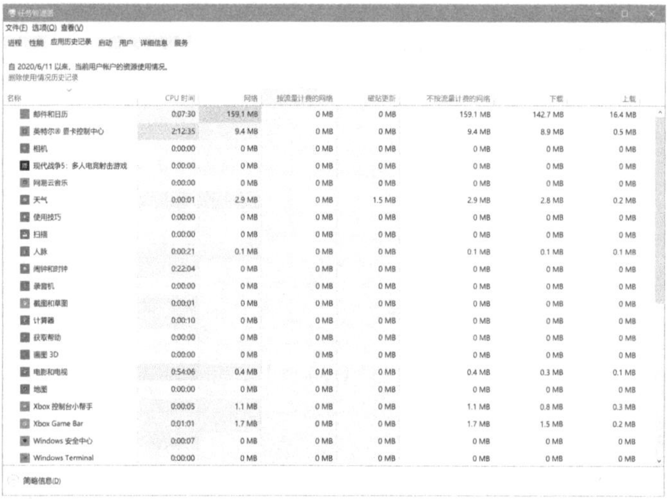

文件(F)　选项(O)　查看(V)

进程　性能　应用历史记录　启动　用户　详细信息　服务

自 2020/6/11 以来，当前用户帐户的资源使用情况。
删除使用情况历史记录

名称	CPU 时间	网络	按流量计费的网络	磁贴更新	不按流量计费的网络	下载	上载
邮件和日历	0:07:30	159.1 MB	0 MB	0 MB	159.1 MB	142.7 MB	16.4 MB
英特尔® 显卡控制中心	2:12:35	9.4 MB	0 MB	0 MB	9.4 MB	8.9 MB	0.5 MB
相机	0:00:00	0 MB	0 MB	0 MB	0 MB	0 MB	0 MB
现代战争5：多人电竞射击游戏	0:00:00	0 MB	0 MB	0 MB	0 MB	0 MB	0 MB
网易云音乐	0:00:00	0 MB	0 MB	0 MB	0 MB	0 MB	0 MB
天气	0:00:01	2.9 MB	0 MB	1.5 MB	2.9 MB	2.8 MB	0.2 MB
使用技巧	0:00:00	0 MB	0 MB	0 MB	0 MB	0 MB	0 MB
扫描	0:00:00	0 MB	0 MB	0 MB	0 MB	0 MB	0 MB
人脉	0:00:21	0.1 MB	0 MB	0 MB	0.1 MB	0.1 MB	0.1 MB
闹钟和时钟	0:22:04	0 MB	0 MB	0 MB	0 MB	0 MB	0 MB
录音机	0:00:00	0 MB	0 MB	0 MB	0 MB	0 MB	0 MB
截图和草图	0:00:01	0 MB	0 MB	0 MB	0 MB	0 MB	0 MB
计算器	0:00:10	0 MB	0 MB	0 MB	0 MB	0 MB	0 MB
获取帮助	0:00:00	0 MB	0 MB	0 MB	0 MB	0 MB	0 MB
画图 3D	0:00:00	0 MB	0 MB	0 MB	0 MB	0 MB	0 MB
电影和电视	0:54:06	0.4 MB	0 MB	0 MB	0.4 MB	0.3 MB	0.1 MB
地图	0:00:00	0 MB	0 MB	0 MB	0 MB	0 MB	0 MB
Xbox 控制台小帮手	0:00:05	1.1 MB	0 MB	0 MB	1.1 MB	0.8 MB	0.3 MB
Xbox Game Bar	0:01:01	1.7 MB	0 MB	0 MB	1.7 MB	1.5 MB	0.2 MB
Windows 安全中心	0:00:07	0 MB	0 MB	0 MB	0 MB	0 MB	0 MB
Windows Terminal	0:00:00	0 MB	0 MB	0 MB	0 MB	0 MB	0 MB

简略信息(D)

图 11-25 【应用历史记录】标签页

4.【启动】标签页

原本属于系统配置程序中的启动设置功能也被整合到了新版任务管理器中，同时还新增了【启动】标签页，主要作用是显示启动项对 CPU 与磁盘活动的影响程度。显示【无】表明此启动项对 CPU 与磁盘活动的影响程度低，对操作系统启动速度的影响不大。显示【高】表明此启动项在操作系统启动过程中对 CPU 与磁盘活动的影响程度大，因此操作系统的启动速度也会因此变慢。和其他标签页一样，右键单击选项卡，可以显示更多选项。

如果用户对操作系统启动速度有特殊要求的话，可以禁止某些程序在开机时启动，加快操作系统启动速度。选中列表中的程序，即可在右下角设置启用（开机启动）或禁用（开机不启动），如图 11-26 所示。

5.【用户】标签页

【用户】标签页较旧版任务管理器实用了许多，最明显的变化就是能够同时显示不同

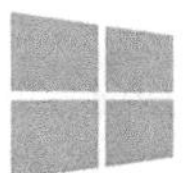

用户的 CPU、内存、磁盘、网络流量、GPU 等使用情况，如图 11-27 所示。

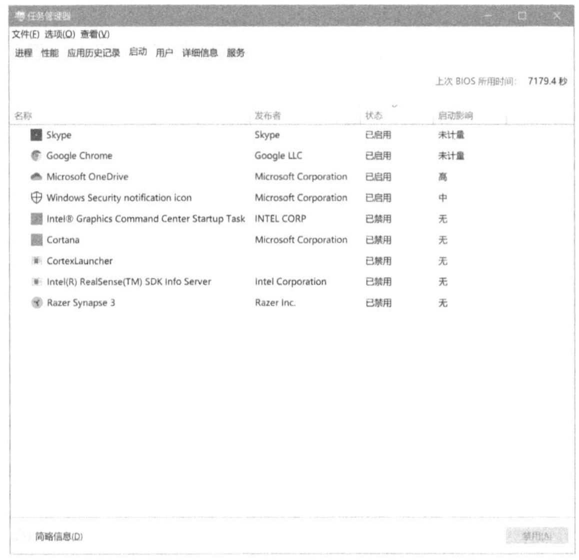

图 11-26 【启动】标签页

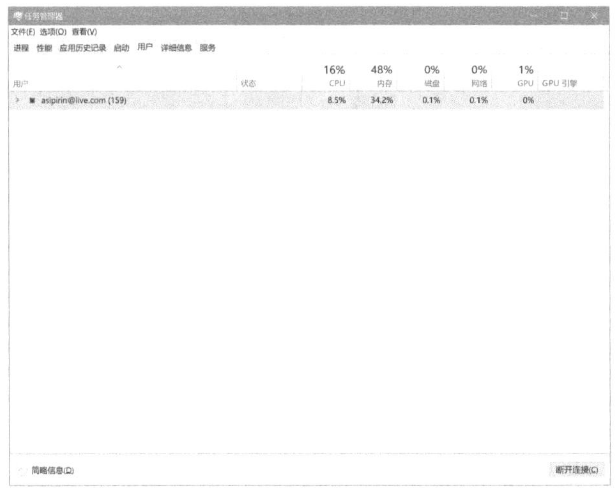

图 11-27 【用户】标签页

6.【详细信息】标签页

【详细信息】标签页其实就是旧版任务管理器中的【进程】标签页，如图 11-28 所示。右键菜单中为用户提供了进程树中止、设置优先级、设置 CPU 内核从属关系、通过进程定位服务等进程高级操作。此外，【详细信息】标签页可显示的参数列表有 46 种之多，用户可非常详细地查看进程的各种资源使用情况。

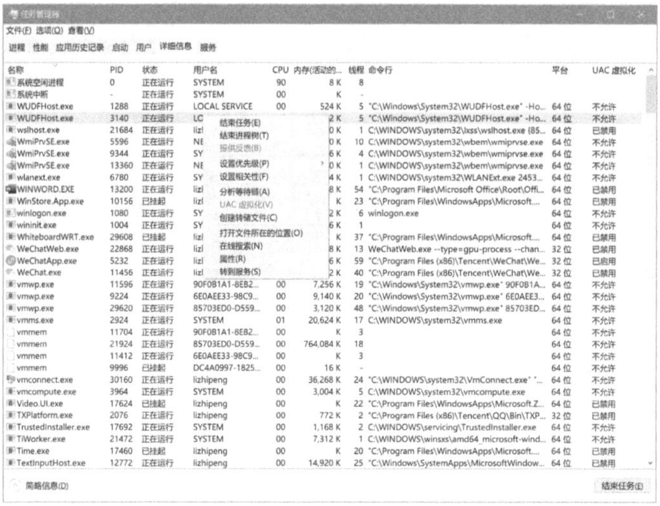

图 11-28 【详细信息】标签页

7.【服务】标签页

在新版任务管理器中【服务】标签页基本没有变化，启动服务 / 关闭服务可以使用右键菜单来实现，选择右键菜单中的【打开服务】选项可以查看服务的完整信息，如图 11-29 所示。

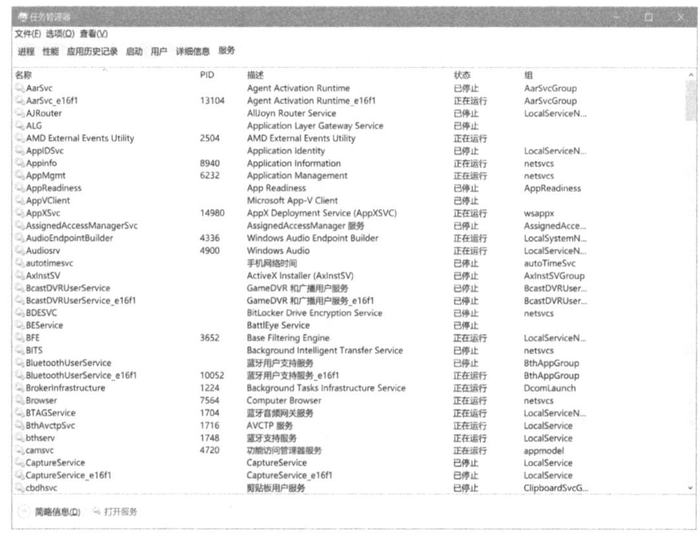

图 11-29 【服务】标签页

第 12 章

账户管理

微软不仅着力统一所有产品的界面风格，而且也统一了多种微软账户类型，包括 MSN、Windows Live、Windows Phone、Xbox 账户。自 Windows 8 开始，微软就把这些类型的账户全部统一至 Microsoft 账户，Microsoft 账户也就是以前的“Windows Live ID”的新名称。

使用 Microsoft 账户，可以登录并使用任何 Microsoft 应用程序或服务，例如 Outlook、OneDrive、Xbox 和 Office 等。本节主要介绍 Microsoft 账户在 Windows 10 中的使用方式。

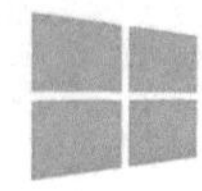

12.1　Microsoft 账户基础知识

Microsoft 账户不但可以统一管理包括 Outlook、Office 365、Xbox、OneDrive 等平台的账户，而且在 Windows 10 中，用户还可以使用 Microsoft 账户登录本地计算机并进行管理。

很多用户在重新安装操作系统之后最大的烦恼就是重新对 Windows 进行个性化设置、重新输入保存各个网站的密码，耗时又耗精力。幸好 Windows 10 有了 Windows 设置漫游功能，用户可以在安装 Windows 8/8.1/10 操作系统的计算机之间使用微软云服务来漫游 Windows 设置。当使用 Microsoft 账户登录计算机之后，即可自动启用 OneDrive 服务。漫游的 Windows 设置数据都保存于 OneDrive 中，并且 Windows 设置数据不会占用原有的 OneDrive 空间容量。

Windows 10 还对一些 Windows 应用提供了原生的云存储服务，这些程序包括邮件、日历、人脉、照片和消息等。因此当使用 Microsoft 账户登录计算机时，电子邮件、日历、联系人、消息等应用程序中原有的数据都可以在新操作系统中显示出来。这里需要说明的是，使用某些 Windows 应用必须要使用 Microsoft 账户登录才可以使用。

当使用 Microsoft 账户登录 Windows 10 之后，再登录同样需要 Microsoft 账户的网站或应用程序时，不需要再重新输入账户和密码，操作系统会自动登录，为用户带了极大的便利。

Microsoft 账户还允许用户查看通过 Microsoft 在线服务进行的购物以及更新账户信息。

12.1.1　使用 Microsoft 账户登录 Windows 10

Windows 10 提供了两种账户用以登录操作系统，分别是本地账户和 Microsoft 账户。在操作系统安装设置阶段系统会询问用户使用何种账户登录计算机，默认选项为 Microsoft 账户，同时也提供了注册 Microsoft 账户选项，如图 12-1 所示。当然前提是计算机要连接到互联网。

在无网络连接的情况下，只能使用本地账户登录操作系统，单击图 12-1 所示的【脱机账户】选项，即可创建本地账户登录操作系统。

图 12-1　使用 Microsoft 账户登录计算机

12.1.2　设置同步选项

在 Windows 10 中可以漫游操作系统使用和创

建的桌面主题，包括颜色、声音和桌面壁纸（对于背景壁纸，如果图片小于 2MB，系统则将漫游原始图像；如果图片大于 2MB，系统将会对图片进行压缩并剪裁至 1920×1200 分辨率），以及计算机设置、浏览器收藏夹、密码等。Windows 10 中默认启用同步设置，在 Windows 设置中选择【账户】→【同步你的设置】，如图 12-2 所示，在该选项下即可开启或关闭同步功能，也可以手动设置同步数据类型。Windows 10 可同步设置总计有以下 4 种。

- 主题（主题、背景、锁屏壁纸及用户头像）。
- 密码（用于某些应用、网站、网络和家庭组的登录信息）。
- 语言首选项（键盘、其他输入法和显示语言等）。
- 其他 Windows 设置（文件资源管理器、鼠标及更多设置）。

图 12-2　Windows 10 同步选项

对于同步的这些设置和数据，尤其是密码，安全和隐私是重中之重。Windows 10 采用了一套信任机制来保护数据和设置的安全。同步密码时，操作系统要求 Microsoft 账户和计算机建立信任关系。如图 12-3 所示，单击【验证】，操作系统会要求用户通过手机短信或电子邮件验证登录此计算机的 Microsoft 账户的合法性，这里按照提示操作即可。验证完成之后，此计算机即被 Microsoft 账户标记为可信任的计算机，这样就可以同步 Microsoft 账户保存的密码了。

为了确保这些同步的数据安全，系统采取多种措施保护。首先，对于从计算机发送到云存储中的数据和设置均使用 SSL/TLS 协议进行传输。其次，对于密码信息，操作系统会对这些数据和设置进行二次加密，即使是微软本身的服务也无法访问这些数据。

图 12-3　提示验证才能同步密码

12.2　Microsoft 账户设置

本节主要介绍 Microsoft 账户常用的设置方法。

12.2.1　注册 Microsoft 账户

在安装 Windows 10 时，不是每个人都会使用 Microsoft 账户登录。由于是在没有网络、没有 Microsoft 账户的情况下。创建 Microsoft 账户，可以通过两种途径来注册，一是通过浏览器访问微软官网进行注册，二是通过 Windows 10 的 Microsoft 账户注册链接进行注册。

注册 Microsoft 账户时，请务必设置有效的手机号码及电子邮件地址，以便在后续登录操作系统或同步密码进行验证时使用。由于注册过程简单，按照提示操作即可完成，这里不再赘述。

12.2.2　从本地账户切换至 Microsoft 账户

因为本地账户无法使用某些 Windows 应用且无法同步操作系统设置数据，所以为了能体验完整的 Windows 10 功能，请务必使用 Microsoft 账户登录操作系统。

在 Windows 设置中依次打开【账户】→【你的信息】，如图 12-4 所示，单击【改

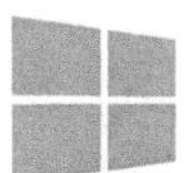

用 Microsoft 账户登录】并按照要求输入 Microsoft 账户及密码，然后操作系统会要求用户使用注册 Microsoft 账户登录，按照提示输入账户及密码，验证通过之后，当前登录账户自动切换为 Microsoft 账户，如图 12-5 所示，此时在该界面会提示进行 Microsoft 账户身份验证，验证通过之后才能同步漫游的配置信息。

图 12-4 账户设置

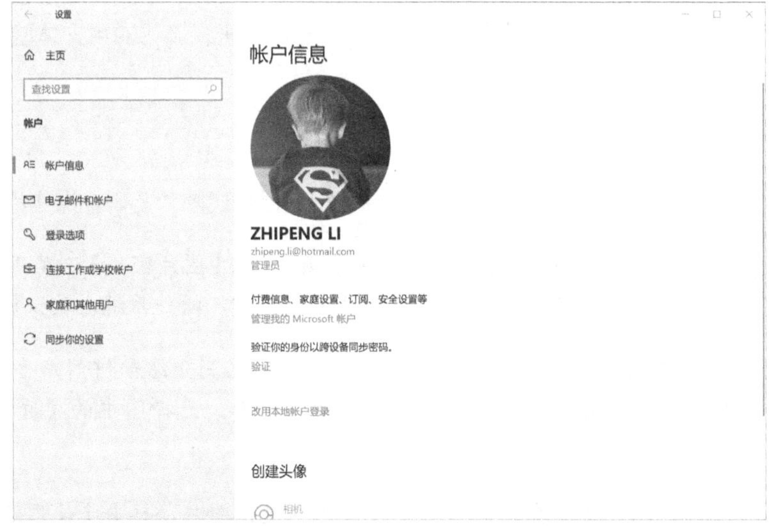

图 12-5 Microsoft 账户信息

12.2.3 登录模式

传统的 Windows 操作系统都使用字符式密码来验证用户身份，在 Windows 7 中，用户可以使用指纹识别设备来登录操作系统，但是这需要额外的硬件支持。

随着技术的进步，纯粹的字符式密码已无法满足用户需求，因此在 Windows 8 中，新增了两种登录模式：图片密码和 PIN。而 Windows 10 不仅具备这两种登录模式，还新增了更加先进的生物识别技术登录模式，也就是 Windows Hello。

因此，Windows 10 操作系统共有 5 种登录模式，分别是字符密码、安全密码、图片密码、WindowsHello PIN、Windows Hello（需硬件支持），本节对其中的 3 种模式进行介绍。

注意 如果是通过远程方式登录计算机，则只能使用字符式密码登录模式。此外，如果系统启用了【需要通过 Windows Hello 登录 Microsoft 账户】选项，则不会显示密码、图片密码设置选项。

1. 图片密码

图片密码就是指预先在一张图片上绘制一组手势，操作系统保存这组手势，当用户登录操作系统时，需要重新在这张图片上绘制手势。如果绘制的手势和之前设置的手势相同，即可登录操作系统。使用图片密码登录将得到快速、流畅的用户体验，而且图片密码所使用的图片支持自定义。

启用图片密码

Windows 10 操作系统默认关闭图片密码，需要用户自己创建图片密码，操作步骤如下。

① 在 Windows 10 设置中选择【账户】→【登录选项】，在【图片密码】选项下单击【添加】，即可打开创建图片密码向导。在创建图片密码之前，操作系统会验证密码。

② 如果是第一次使用图片密码，则操作系统会在界面左侧介绍如何创建手势，并且右侧界面还有创建手势的演示动画，看完演示动画之后，选择图中的【选择图片】，如图 12-6 所示。

③ 选择图片之后，操作系统会询问用户是否要使用这张图片，单击【使用这张图片】确认，开始创建手势组合。如果不喜欢，可以单击【选择新图片】重新选取图片，如图 12-7 所示。

图 12-6 创建图片密码

图 12-7 选择密码图片

④ 确定使用的图片之后，开始创建手势组合。因为每个图片密码只允许创建 3 个手势，所以图中醒目的 3 个数字表示当前已创建至第几个手势，如图 12-8 所示。手势可以使用鼠标绘制任意圆、直线和点等图形，手势的大小、位置和方向以及画这些手势的顺序，都将成为图片密码的一部分，因此必须牢记。建手势即可。

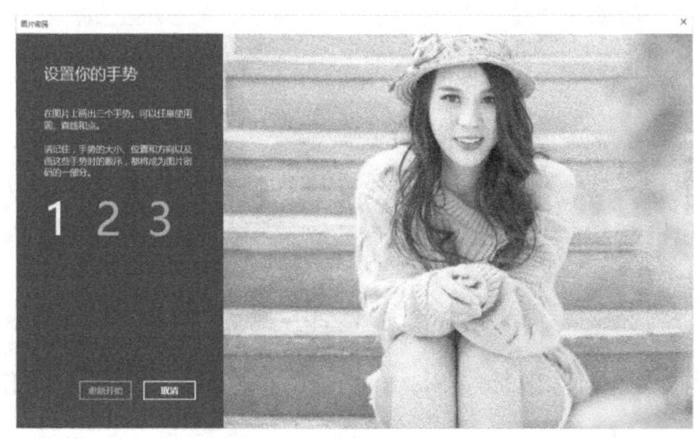

图 12-8 创建手势组合

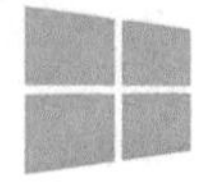

⑤ 创建完成手势组合之后，操作系统会要求用户确认手势组合密码，如图 12-9 所示，重新绘制手势并验证通过之后，会提示图片创建成功，如图 12-10 所示。

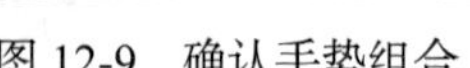
图 12-9　确认手势组合

图 12-10　成功创建图片密码

创建完成图片密码之后，重新登录或解锁操作系统时，会自动使用图片密码登录模式，如图 12-11 所示。如果不想用图片密码，可以使用【登录选项】使用其他登录模式登录 Windows 10。

图 12-11　图片密码登录方式

注意　图片密码输入错误次数达到 5 次，操作系统将会阻止用户继续使用图片密码登录操作系统，用户只能使用纯字符式密码登录操作系统。

注意　图片密码只能在登录 Microsoft 账户的 Windows 10 中使用。

修改图片密码

图片密码和字符密码同样可以修改，同时，也建议用户定期修改图片密码。

在 Windows 设置中依次打开【账户】→【登录选项】，然后在右侧的【图片密码】选项下单击【更改】，按照提示重新绘制新的手势即可，这里不再赘述。

删除图片密码

如果不想使用图片密码，在【登录选项】的【图片密码】选项下单击【删除】选项，即可删除图片密码。

2. Windows Hello PIN

PIN 全称 Personal Identification Number，即个人识别码。在 Windows 10 中，使用 PIN 登录更加易用快捷。

启用 PIN 之后，操作系统将其与 Microsoft 账户绑定，因此可以跨设备平台使用。此外，用户可以使用 PIN 在 Windows 应用商店购买应用，无须输入密码。

启用 PIN

在 Windows 10 操作系统 OOBE 阶段，如果设置使用 Microsoft 账户，则操作系统会要求用户启用 PIN，如图 12-12 所示。如果是在使用本地账户已经安装完成的 Windows 10 中启用 PIN，则需要先使用 Microsoft 账户登录并通过短信或邮件验证之后，才能启用 PIN，如图 12-13 所示。

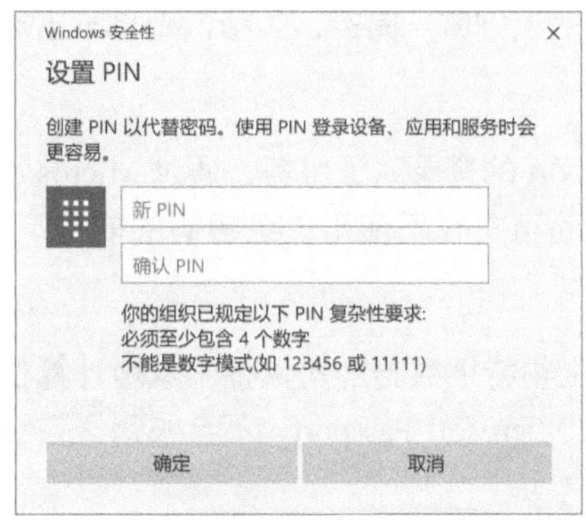

图 12-12　创建 PIN

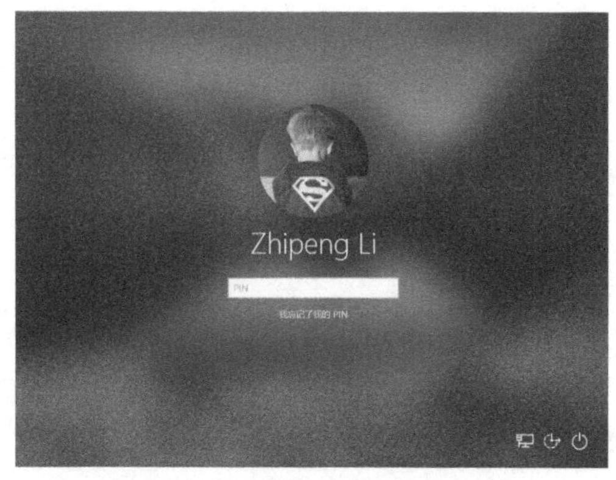

图 12-13　使用 PIN 登录操作系统

注意　PIN 输入错误的次数达到 5 次，操作系统将会阻止用户使用该功能，之后用户只能使用纯字符密码登录操作系统。

修改 PIN

要修改 PIN，只需在【PIN】选项下单击【更改】，然后在修改 PIN 界面中，输入旧 PIN 和新 PIN，最后单击【确定】等待操作系统完成修改。

重置 PIN

如果忘记设置的 PIN，可在【登录选项】的【PIN】选项下，单击【我忘记了我的 PIN】，然后按照提示重置 PIN。

3. Windows Hello

Windows Hello 是 Windows 10 中全新的安全认证识别技术，它能够在用户登录操作系统时，对当前用户的指纹、人脸和虹膜等生物特征进行识别。Windows Hello 比传统密码更加安全，用户今后将不需要记忆复杂的密码，直接使用自身的生物特征就能解锁计算机。

Windows Hello 需要特定硬件支持：指纹识别需要指纹收集器；而人脸和虹膜识别则需要使用 Intel 3D 实感（RealSense）相机，或者采用该技术并且得到微软认证的传感器。

有了 Windows Hello，用户只需在 Windows 10 的锁屏界面前露一下脸或刷一下指纹，即可瞬间准确验证信息并登录 Windows 10。

Windows Hello 在不同光线条件下也保持有很高的识别率。同时，人脸识别也相当准确，即使是双胞胎也能准确识别。

此外，Windows 10 还引入了名为 Microsoft Passport 的登录认证服务，通过 Microsoft Passport 和 Windows Hello，Windows 10 可以帮助用户在不使用传统密码的前提下，为应用程序、网站和网络授权。

为了防止用户生物特征数据泄露，所以系统将生物特征数据加密保存于本地计算机中。另外，这些数据只能用于 Windows Hello 和 Microsoft Passport，不会被用于在线身份验证。

启用 Windows Hello 之后，必须启用 PIN，以便在 Windows Hello 无法使用时用户还能使用 PIN 解锁操作系统。如果已经启用 PIN，在【Windows Hello 人脸】选项下单

击【设置】，即可启动【Windows Hello 人脸】设置向导，如图 12-14 所示，单击【开始】，验证 PIN 码，然后向导程序提示开始采集人脸特征数据，如图 12-15 所示。之后，可选择【提高识别能力】，再一次进行人脸数据采集，以便提高人脸解锁精确度，如图 12-16 所示，按照提示操作即可。如果启用 Windows Hello 之前未设置 PIN，则系统会要求用户设置 PIN，否则 Windows Hello 设置无效。

其他类型的生物验证特征采集过程与人脸采集过程类似，按照提示设置即可。

图 12-14　启用 Windows Hello

图 12-15　开始采集人脸信息

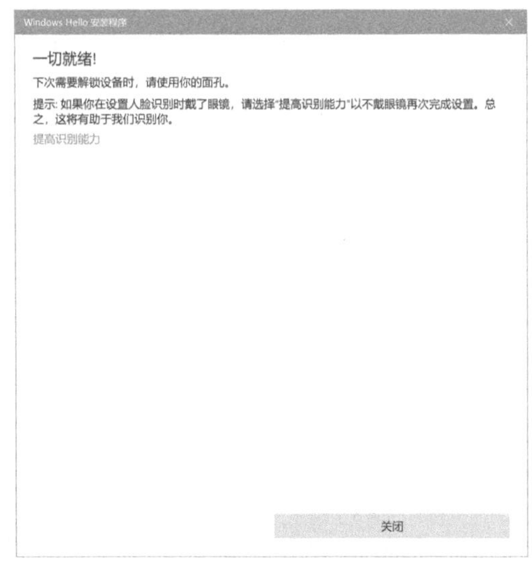

图 12-16　设置完成

12.3　账户管理

由于 Windows 10 默认禁用 Administrator（管理员），因此该账户也是通常情况下需要用户启用或禁用的目标账户。对于 Administrator 账户而言，Windows 10 专业版和企业版可以通过组策略编辑器中的【本地用户和组】管理单元进行操作，而 Windows 10 家庭版则需要使用 `Net User` 命令来管理操作系统内置 Administrator 账户。本节通过两种方式来介绍如何启用和禁用用户账户。

在 Windows 10 中，新建以及更改账户信息等设置选项位于 Windows 设置界面，如要进行此类操作请在 Windows 设置界面中修改。

12.3.1　使用本地用户和组管理账户

对于使用 Windows 10 专业版和企业版的用户，可以使用组策略编辑器中的本地用户和组管理单元，对 Windows 10 中的账户进行管理。

1. 启用 Administrator 账户

本节以启用 Administrator 账户为例，操作步骤如下。

① 按下 Win+R 组合键，在打开的【运行】对话框中执行 `lusrmgr.msc` 命令。

② 在本地用户与组管理单元中选择【用户】，然后单击【Administrator】，如图 12-17 所示。

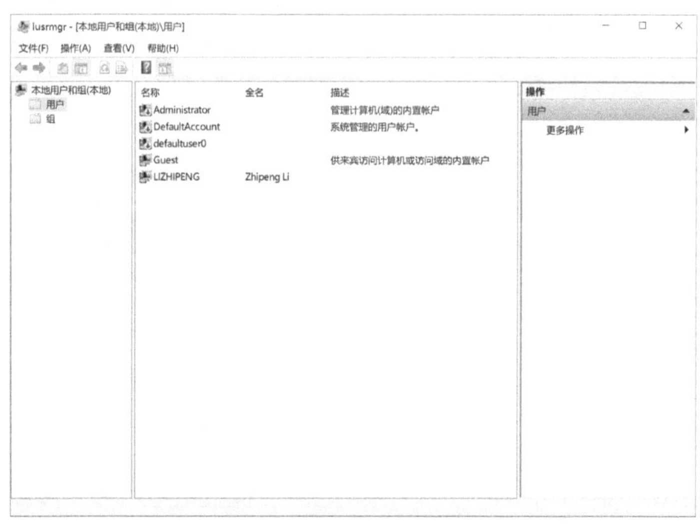

图 12-17　本地用户和组管理单元

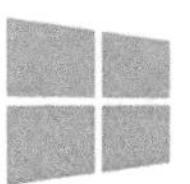

③ 在【Administrator 属性】页面中，取消勾选【账户已禁用】，单击【确定】，如图 12-18 所示。然后注销当前登录账户，即可使用 Administrator 账户登录操作系统。如果是第一次以 Administrator 账户登录操作系统，操作系统会对 Administrator 账户进行初始化。如要为 Administrator 账户设置密码，如图 12-17 所示，右键单击 Administrator 账户，在弹出菜单中选择【设置密码】即可。

注意 开启 Administrator 账户操作过程中不会为其设置密码，强烈建议为 Administrator 账户设置密码。

图 12-18　启用 Administrator 账户

2. 向用户组添加账户

使用本地用户和组管理单元，还可以把账户添加至特定的用户组，相当于改变账户类型。例如把一个 Administrator 账户添加至来宾用户组等。这里以把标准账户添加至来宾用户组为例，操作步骤如下。

① 在本地用户和组管理单元左侧导航栏中，定位至【组】节点，然后在右侧一栏中双击【Guests】。

② 在【Guests 属性】页面中单击【添加】，如图 12-19 所示，然后在【选择用户】对话框中输入账户的完整名称，最后单击【确定】。

图 12-19　Guests 属性

③ 此时查看【Guests 属性】页面，账户已被添加至 Guests 用户组成员列表，最后单击【确定】。当下次登录操作系统时，此设置才会生效。

12.3.2　使用 Net User 命令管理账户

通过控制面板和 Windows 设置，可对 Windows 账户进行简单的管理；使用本地用户和组管理单元，可对账户进行完全管理。但本地用户和组管理单元只有在 Windows 10 专业版和企业版中才具备，Windows 10 家庭版没有此项功能。使用 Windows 10 家庭版的用户要启用 Administrator 账户，可以使用 `Net User` 命令来操作。

`Net User` 命令适用于所有 Windows 10 版本的账户启用、禁用以及修改密码等操作。如图 12-20 所示，启用或关闭 Administrator 账户以及设置密码，只需以管理员身份运行命令提示符，执行如下命令。

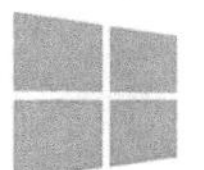

```
net user administrator /active:yes
```

启用 Administrator 账户。

```
net user administrator 1234567
```

为 Administrator 账户设置密码，其中 1234567 为设置的密码。

```
net user administrator /active:no
```

禁用 Administrator 账户。

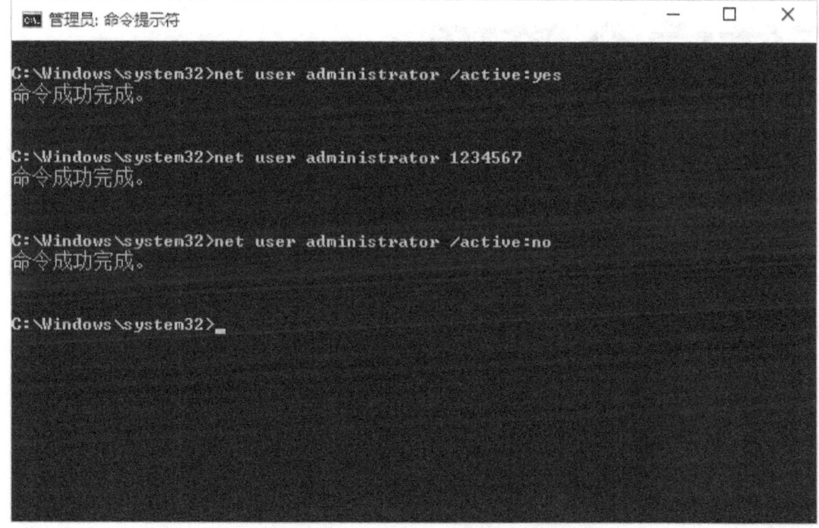

图 12-20　通过 Net User 命令来启用或禁用账户

第 13 章

系统安全管理

Windows 服务是一种在操作系统后台运行的应用程序类型，除了提供操作系统的核心功能，例如 Web 服务、音视频服务、文件服务、网络服务、打印、加密以及错误报告等功能等外，部分应用程序也会创建自有 Windows 服务为其使用。

13.1 Windows 服务（Windows Service）

13.1.1 Windows 服务概述

Windows 服务由三部分组成：服务应用、服务控制程序（SCP）以及服务控制管理器（SCM）。服务应用实质上也是普通的 Windows 可执行程序，但是其必须要符合 SCM 的接口和协议规范才能使用。SCP 是一个负责在本地或远程计算机上与 SCM 进行通信的应用程序，负责执行 Windows 服务的启动、停止、暂停、恢复等操作。SCM 负责使用统一和安全的方式去管理 Windows 服务，其存在于 %windir%\System32\services.exe 中，当操作系统启动以及关闭时，其自动被呼叫去启动或关闭 Windows 服务。

Windows 服务有 3 种运行状态，分别是运行、停止和暂停。

出于安全原因，用户需要确定 Windows 服务运行时创建的进程可以访问哪些资源，并给予特定的运行权限。因此，Windows 10 采用了本地系统账户（local system）、本地服务账户（local service）、网络账户（network service）3 种类型的账户，以供需要不同权限的 Windows 服务运行使用。

要查看本地计算机 Windows 服务的运行状态，可以打开任务管理器并切换到【服务】标签页，里面显示了所有 Windows 服务的运行状态，如图 13-1 所示。

任务管理器

文件(F) 选项(O) 查看(V)

进程 性能 应用历史记录 启动 用户 详细信息 服务

名称	PID	描述	状态	组
AarSvc		Agent Activation Runtime	已停止	AarSvcGroup
AarSvc_e16f1	13104	Agent Activation Runtime_e16f1	正在运行	AarSvcGroup
AJRouter		AllJoyn Router Service	已停止	LocalServiceN...
ALG		Application Layer Gateway Service	已停止	
AMD External Events Utility	2504	AMD External Events Utility	正在运行	
AppIDSvc		Application Identity	已停止	LocalServiceN...
Appinfo	8940	Application Information	正在运行	netsvcs
AppMgmt	6232	Application Management	正在运行	netsvcs
AppReadiness		App Readiness	已停止	AppReadiness
AppVClient		Microsoft App-V Client	已停止	
AppXSvc	14924	AppX Deployment Service (AppXSVC)	正在运行	wsappx
AssignedAccessManagerSvc		AssignedAccessManager 服务	已停止	AssignedAcce...
AudioEndpointBuilder	4336	Windows Audio Endpoint Builder	正在运行	LocalSystemN...
Audiosrv	4900	Windows Audio	正在运行	LocalServiceN...
autotimesvc		手机网络时间	已停止	autoTimeSvc
AxInstSV		ActiveX Installer (AxInstSV)	已停止	AxInstSVGroup
BcastDVRUserService		GameDVR 和广播用户服务	已停止	BcastDVRUser...
BcastDVRUserService_e16f1		GameDVR 和广播用户服务_e16f1	已停止	BcastDVRUser...
BDESVC		BitLocker Drive Encryption Service	已停止	netsvcs
BEService		BattlEye Service	已停止	
BFE	3652	Base Filtering Engine	正在运行	LocalServiceN...
BITS		Background Intelligent Transfer Service	已停止	netsvcs
BluetoothUserService		蓝牙用户支持服务	已停止	BthAppGroup
BluetoothUserService_e16f1	10052	蓝牙用户支持服务_e16f1	正在运行	BthAppGroup
BrokerInfrastructure	1224	Background Tasks Infrastructure Service	正在运行	DcomLaunch
Browser	7564	Computer Browser	正在运行	netsvcs
BTAGService	1704	蓝牙音频网关服务	正在运行	LocalServiceN...
BthAvctpSvc	1716	AVCTP 服务	正在运行	LocalService
bthserv	1748	蓝牙支持服务	正在运行	LocalService
camsvc	4720	功能访问管理器服务	正在运行	appmodel
CaptureService		CaptureService	已停止	LocalService
CaptureService_e16f1		CaptureService_e16f1	已停止	LocalService
cbdhsvc		剪贴板用户服务	已停止	ClipboardSvcG...
cbdhsvc_e16f1	10868	剪贴板用户服务_e16f1	正在运行	ClipboardSvcG...
CDPSvc	6992	连接设备平台服务	正在运行	LocalService
CDPUserSvc		连接设备平台用户服务	已停止	UnistackSvcGr...
CDPUserSvc_e16f1	10056	连接设备平台用户服务_e16f1	正在运行	UnistackSvcGr...

简略信息(D) 打开服务

图 13-1 【服务】标签页

同时也可以使用【服务】控制台对本地计算机或远程计算机中的 Windows 服务进行管理。在【运行】对话框中执行 services.msc 命令，单击图 13-1 底部的【打开服务】，即可打开服务控制台，如图 13-2 所示。

服务控制台界面右侧显示当前计算机的所有 Windows 服务信息及运行状态，选中并双击某项服务即可打开服务属性设置界面，服务属性设置界面由多个选项页组成。

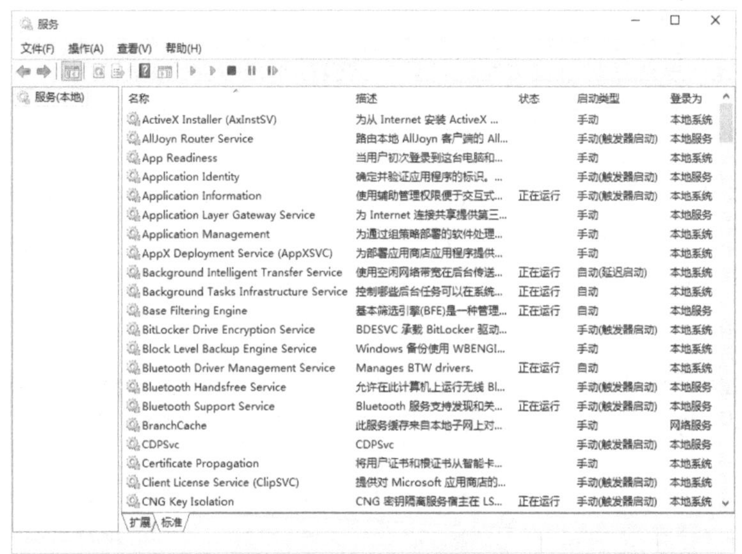

图 13-2　服务控制台

■ 常规

【常规】选项页中主要显示 Windows 服务名、显示名称、描述信息、启动类型、运行状态、启动参数设置等，如图 13-3 所示。Windows 服务启动类型有【自动（延迟启动）】【自动】【手动】和【禁用】4 种配置可供选择。其中，【自动】是指 Windows 服务随操作系统启动而自动启动运行，【自动（延迟启动）】是指等操作系统启动成功之后再自动启动，【手动】是指由用户运行应用程序触发其启动，【禁止】指禁止服务启动。

在【常规】标签页中，用户可以对 Windows 服务进行启动、停止、暂停、恢复等操作，还可以对 Windows 服务设置启动参数，以便完成特殊任务。

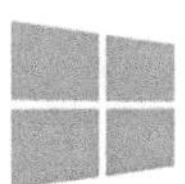

■ 登录

在【登录】标签页中，用户可以设置 Windows 服务运行时所使用的账户，如根据需要，使用本地服务账户、网络账户以及本地系统账户。使用本地系统账户只需选中图 13-4 中的【本地系统账户】。如要使用本地服务账户或网络账户，选中【此账户】，然后单击【浏览】按钮并在出现的【选择用户】对话框中输入 local service（本地服务账户）或 network service（网络账户），确定后重启 Windows 服务即可使用设置的账户身份运行。

图 13-3 【常规】标签页

图 13-4 【登录】标签页

■ 恢复

在【恢复】标签页中可设置 Windows 服务启动失败之后的操作，如无操作、重新启动服务、运行一个程序、重新启动计算机等，如图 13-5 所示。

■ 依存关系

部分 Windows 服务运行时，要依赖其他服务、驱动程序以及服务启动顺序，所以在该选项页下可查看 Windows 服务运行时的依存关系以及系统组件对该服务的依存关系，如图 13-6 所示。

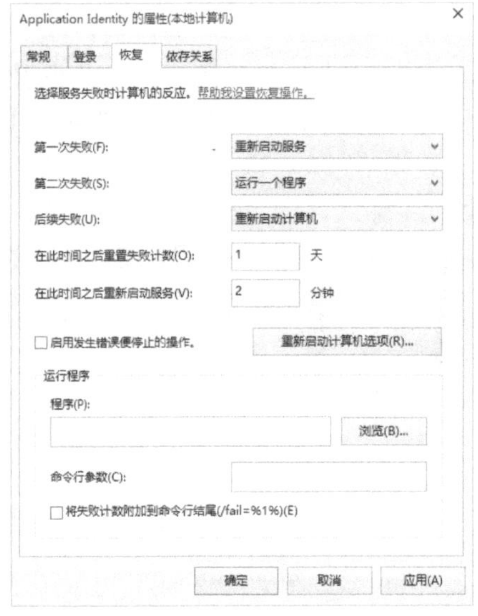

图 13-5 【恢复】标签页　　　　图 13-6 【依存关系】标签页

更改默认服务设置可能会导致关键服务无法正常运行，请谨慎操作。

13.1.2　Windows 服务的启动与停止

Windows 服务的启动、停止及暂停等操作，可以在任务管理器【服务】标签页、服务控制台等环境下进行，右键单击 Windows 服务，在弹出菜单中选择相应的选项即可。

此外，用户还可以使用 net 和 sc 命令行工具对 Windows 服务进行操作。

使用 net 命令对 Windows 服务进行操作（见图 13-7）

以管理员身份运行命令提示符，执行如下命令。

启动 Windows 服务输入：`net start service`（服务名称）

停止 Windows 服务输入：`net stop service`（服务名称）

暂停 Windows 服务输入：`net pause service`（服务名称）

恢复 Windows 服务输入：`net continue service`（服务名称）

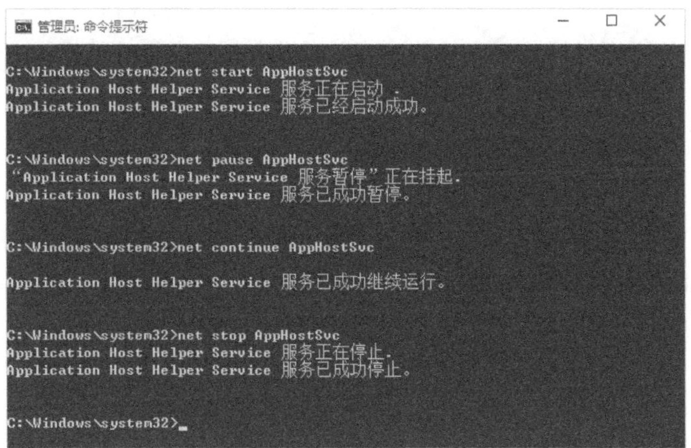

图 13-7　使用 net 命令对服务进行操作

使用 sc 命令对 Windows 服务进行操作

以管理员身份运行命令提示符，执行如下命令，如图 13-8 所示。

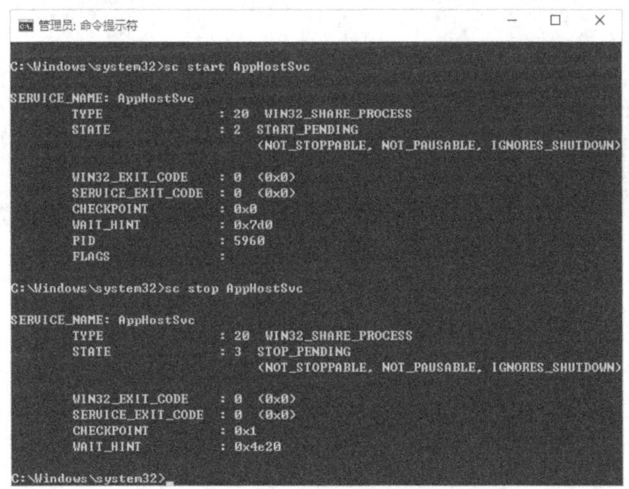

图 13-8　使用 sc 命令对服务进行操作

启动 Windows 服务输入：`sc start service`（服务名称）

停止 Windows 服务输入：`sc stop service`（服务名称）

暂停 Windows 服务输入：`sc pause service`（服务名称）

恢复 Windows 服务输入：`sc continue service`（服务名称）

注意　如果停止、启动或重新启动某项服务，也会影响所有依存服务。启动服务时，并不会自动重新启动其依存服务。

13.1.3　Windows 服务的添加与删除

某些情况下，已经被卸载的应用程序所创建的服务会继续在操作系统后台运行，对于此类 Windows 服务，在以管理员身份运行的命令提示符下，执行 `sc delete service`（服务名称）命令即可将其删除，如图 13-9 所示。

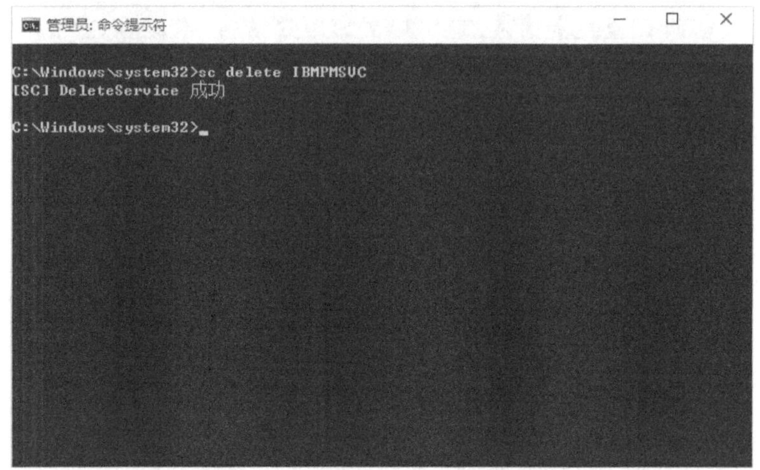

图 13-9　使用 sc 命令删除服务

另外，还可以通过注册表编辑器删除 Windows 服务。按下 Win+R 组合键，在【运行】对话框中执行 `regedi.exe` 命令，即可打开【注册表编辑器】。在【注册表编辑器】左侧列表中，定位到 HKEY_LOCAL_MACHINE\SYSTEM\CurrentControlSet\Services 节点，如图 13-10 所示。在 Services 节点下包含操作系统中安装的所有 Windows 服务，右键单击要删除的服务，然后在弹出菜单中选择【删除】即可。

注意　删除 Windows 服务之前，请确定该项服务不存在依存服务或系统组件，如果存在依存关系，请谨慎操作。

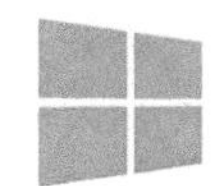

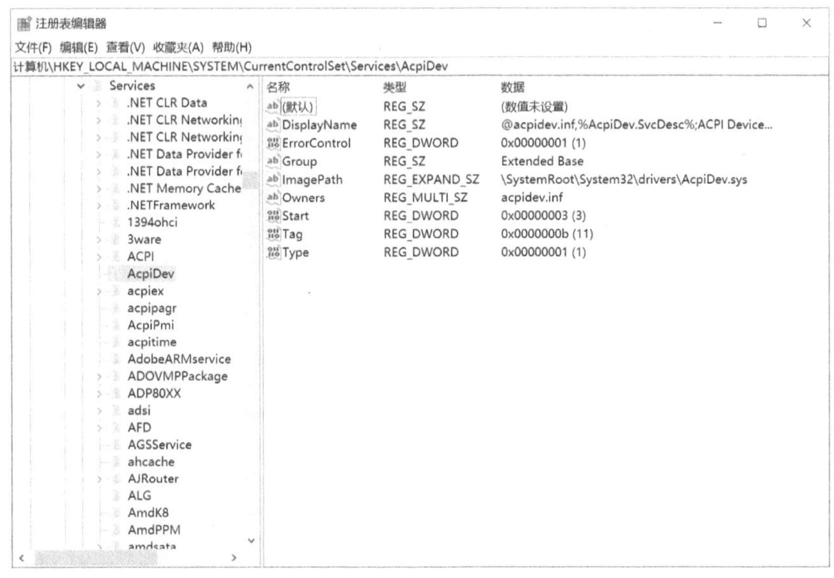

图 13-10　使用注册表删除服务

13.2　用户账户控制（UAC）

用户账户控制（User Account Control，UAC）作为 Windows 10 中的一项重要的安全功能，用来减少操作系统受到恶意软件侵害的机会并提高操作系统安全性。

13.2.1　UAC 概述

Windows Vista 之前的操作系统由于安全方面的问题广受外界批评，所以 Windows Vista 操作系统中引入了全新的安全技术 UAC，旨在提高操作系统安全性。

使用 UAC 后，用户在执行可能会影响操作系统运行或影响其他用户设置的操作之前，需要提供权限或管理员密码。其次，通过应用程序的数字签名显示该应用程序的名称和发行者等信息，确保它正是用户所要运行的应用程序。

通过启动前的验证，UAC 可以有效防止恶意程序和间谍程序篡改操作系统设置。例如，某些影响操作系统安全的操作会自动触发 UAC，需要用户确认后才能继续执行操作，如图 13-11 所示。

图 13-11　UAC 提示框

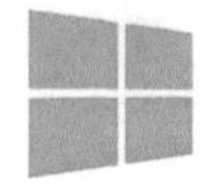

能够触发 UAC 的操作如下。

- 修改 Windows Update 配置。
- 运行需要特定权限的应用程序。
- 增加或删除用户账户。
- 改变用户的账户类型 。
- 改变 UAC 设置。
- 安装 ActiveX 控件。
- 安装或卸载程序。
- 安装设备驱动程序。
- 修改和设置家长控制。
- 增加或修改注册表。
- 将文件移动或复制到 Program Files 或是 Windows 目录。
- 访问其他用户目录。

UAC 的工作原理之一就是临时提升当前账户权限，使其具备部分操作系统权限。默认情况下，大部分应用程序只有普通权限，不能对操作系统的关键区域进行修改或使用，所以也不需要 UAC 进行提升权限操作。但是某些需要操作系统权限才能运行的应用程序，必须通过 UAC 临时获得操作系统权限才能运行。同时也可以在应用程序图标上单击右键选择【以管理员身份运行】，手动获取操作系统权限。

Windows Vista 操作系统中的 UAC 由于设计不够完善，导致频繁弹出权限验证对话框，影响了正常的用户体验。而 Windows 7/8 中的 UAC 功能得到了完善并加入了 UAC 等级设置功能，分别对应 4 个级别，每个级别对应一种权限获取通知等级。Windows 10 也继承了 Windows 7/8 中的这些功能改进。在“开始”菜单中搜索关键词“uac”，如图 13-12 所示，或打开【运行】对话框，执行 `UserAccountControlSettings.exe` 命令，可打开 UAC 设置界面。

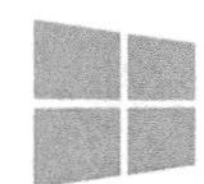

图 13-12 用户账户控制设置

13.2.2 4 种 UAC 提示框详解

当需要提升权限以运行应用程序时，UAC 会使用 4 种提示框中的一种来通知用户。

- Windows 10 中包含的应用程序需要获得用户确认才能运行，如图 13-13 所示。这种提示框只在运行 Windows 自带的应用程序时才会出现，也就是 UAC 可验证该程序的发布者是否为“Microsoft Windows”。如果出现的是此类型的提示框，表示可以安全地运行此应用程序。如果不确定，可以单击图中的【显示详细信息】来查看应用程序的所在位置以及证书信息。

- 第三方应用程序需要用户确认才能运行，如图 13-14 所示。此类应用程序都具有有效的数字签名，数字签名可验证该应用程序发布者的身份。如果出现的是此类型的提示框，请确认该应用程序是否为想要运行的程序，以及是否由可信任的应用程序发布者发布。

- 应用程序没有数字签名，需要用户确认才能运行，如图 13-15 所示。此类应用程序不具有数字签名，但不代表它不安全，因为许多正规应用程序都没有数字签名。运行此类应用程序之前请确认应用程序的来源是否可靠，因为有些恶意程序会冒充正规应用程序。

- 操作系统不允许此应用程序在计算机上运行，如图 13-16 所示。操作系统判断出此类应用程序对计算机有害，不允许其在计算机上运行，所以请及时删除此类应用程序。

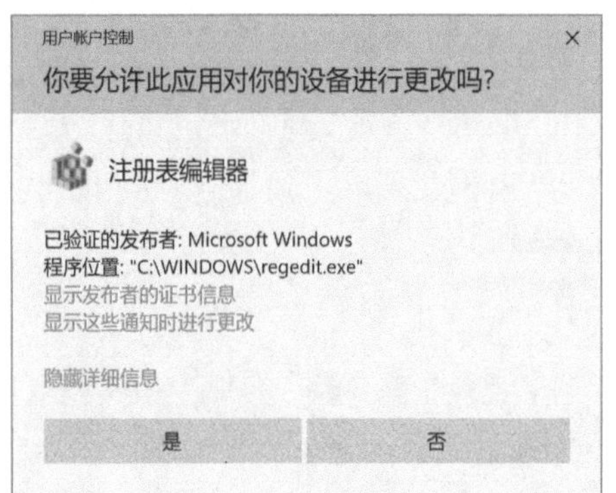

图13-13　Windows自带应用程序UAC提示框

图13-14　具有数字签名的应用程序UAC提示框

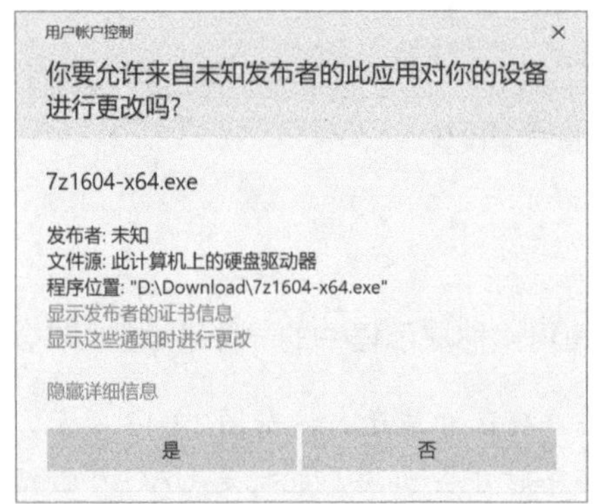

图 13-15　未知应用程序 UAC 提示框

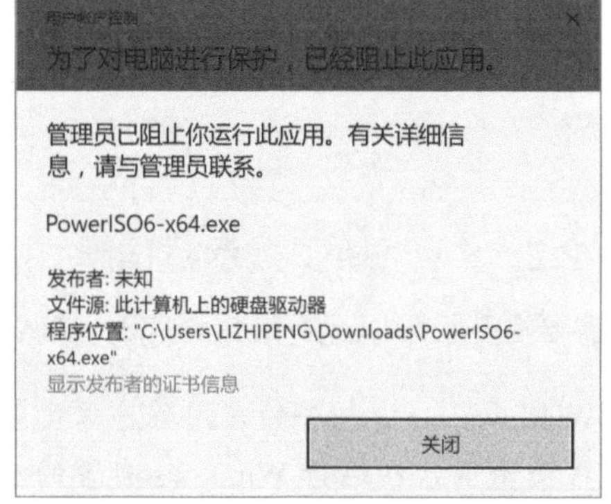

图 13-16　危险应用程序 UAC 提示框

注意　如果要禁止某类应用程序使用 UAC 提升权限运行，可以将该类程序的证书导出并使用软件限制策略进行限制。

13.2.3　配置 UAC 规则

Windows 10 默认开启 UAC，并有 4 种运行级别。

■ **出现以下情况时始终通知我（最高级别）**

如图 13-17 所示，在高级运行级别下，用户安装或卸载应用程序、更改 Windows 设置时，都会触发 UAC 并显示提示框，此时桌面将会变暗，用户必须先确认或拒绝 UAC 提示框中的请求，才能在计算机上执行此操作。变暗的桌面称为安全桌面，其他应用程序在桌面变暗时无法运行。由此可见该级别是最安全的级别，适合在公共计算机上使用，禁止他人随意更改操作系统设置或安装、卸载应用程序。

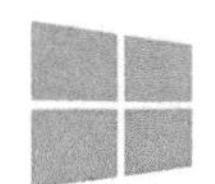

图 13-17　始终通知运行级别

■ 仅当应用尝试更改我的计算机时通知我（默认级别）

如图 13-18 所示，在此运行级别下，只在应用程序试图改变计算机设置时才会触发 UAC，而用户主动对 Windows 设置进行更改操作则不会触发 UAC。因此，此运行级别既不干扰用户的正常操作，又可以有效防范恶意程序篡改操作系统设置。推荐大部分用户采用此运行级别。

图 13-18　UAC 默认运行级别

■ 仅当应用尝试更改计算机时通知我（不降低桌面亮度）

如图 13-19 所示，与默认运行级别不同的是，该运行级别将不启用安全桌面，也就是说可能会出现恶意程序绕过 UAC 更改操作系统设置的情况。不过一般情况下，如果用户启动某些应用程序而需要对操作系统设置进行修改，则可以直接运行，不会产生安全问题。但如果用户没有运行任何应用程序却触发 UAC 并显示提示框，则有可能是恶意程序在试图修改操作系统设置，此时应果断阻止。该运行级别适用于有一定操作系统使用经验的用户。

图 13-19 “仅当应用尝试更改计算机时通知我”运行级别

■ 出现以下情况时始终不要通知我（最低级别）

如图 13-20 所示，在该运行级别下，如果是以管理员账户登录操作系统，则所有操作都将直接运行而不会有任何提示框，包括病毒或木马程序对操作系统的操作。如果是以标准账户登录，则任何需要管理员权限的操作都会被自动拒绝。使用该运行级别后，病毒或木马程序可以任意连接访问网络中的其他计算机，甚至进行通信或数据传输。在 Windows 7 中选择此级别就会关闭 UAC，但是在 Windows 10 中选择此运行级别不会关闭 UAC。

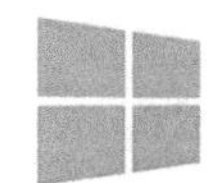

图 13-20　UAC 最低运行级别

13.2.4　开启 / 关闭 UAC

在 Windows 7 中可以很容易地关闭 UAC，但是在 Windows 10 中就没有那么容易了，必须要通过组策略编辑器才能将 UAC 彻底关闭。出于安全考虑强烈建议不要关闭 UAC。关闭 UAC 操作步骤如下。

① 按下 Win+R 组合键，在【运行】对话框中执行 `gpedit.msc` 命令，打开【本地组策略编辑器】。

② 在【本地组策略编辑器】左侧列表中，选择【计算机配置】→【Windows 设置】→【安全设置】→【本地策略】→【安全选项】。

③ 在右侧列表中双击【用户账户控制：以管理员批准模式运行所有管理员】，如图 13-21 所示。

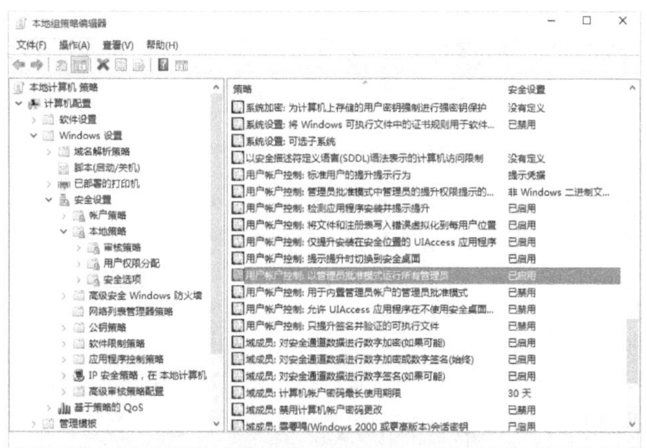

图 13-21　UAC 组策略相关设置

④ 在【用户账户控制：以管理员批准模式运行所有管理员属性】中选择【已禁用】，单击【确定】，如图 13-22 所示，然后重新启动计算机，即可完全关闭 UAC。

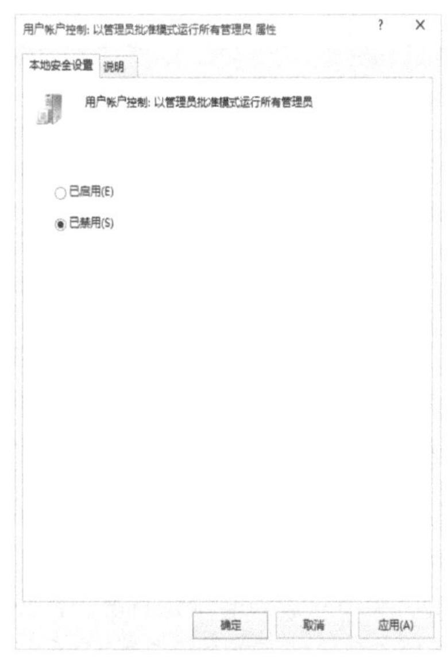

图 13-22　彻底关闭 UAC

重新开启 UAC，只要在用户账户控制界面设置运行级别，然后重新启动计算机即可打开 UAC。

启用 UAC 之后，运行部分应用程序会自动触发 UAC 并需要用户确认才能执行，但对于需要后台运行的应用程序（例如某些插件、客户端程序），UAC 也会阻止其运行。这就给用户造成了很大的困扰：关闭 UAC 会导致操作系统不安全，启用 UAC 又会导致后台应用程序无法运行或每次运行都必须用户确认。如果遇到此类情况，可以使用 Microsoft Application Compatibility Toolkit 应用程序包中的工具，将可信任的应用程序添加至 UAC 可信任应用程序名单，这样以后运行该应用程序时就不会触发 UAC。

注意　在【本地组策略编辑器】中可对更多的 UAC 选项策略进行设置。

13.3　Windows 安全中心

Windows 10 中的 Microsoft 安全中心是一款完整的反病毒软件，并且整合到了 Windows 安全中心。如果用户对操作系统的安全性要求不是很高，完全可以使用 Windows 安全中心和 Windows 防火墙来保护计算机，而不必安装第三方防护软件。

在“开始”菜单或控制面板中搜索“安全中心”即可打开 Windows 安全中心。之后可以看到任务栏通知区域中显示的白色盾牌图标，移动鼠标指针至图标上会显示计算机保护状态，双击该图标可打开 Windows 安全中心。

13.3.1　界面初体验

Windows 安全中心界面很简洁，如图 13-23 所示，其中集合了【病毒和威胁防护】【设备性能和运行状况】【防火墙和网络保护】以及【家庭选项】等。

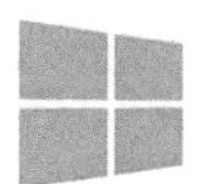

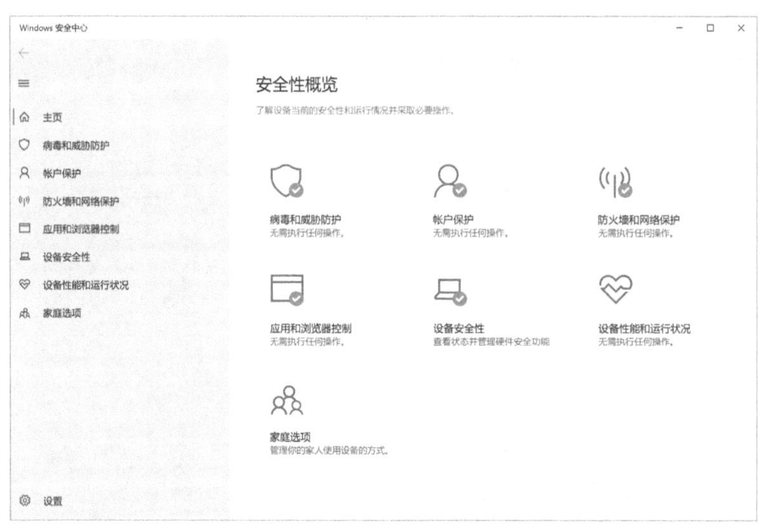

图 13-23　Windows 安全中心界面

13.3.2　病毒和威胁防护

【病毒和威胁防护】如图 13-24 所示，在其中会显示病毒扫描历史、文件扫描等。

注意 Microsoft Defender 也提供对 Windows Subsystem for Linux 的支持。

图 13-24　病毒和威胁防护

病毒文件扫描方式有 4 种，默认为快速扫描，单击图 13-24 所示的【扫描选项】会显示更多扫描选择，如图 13-25 所示。

图 13-25　高级扫描

- 快速扫描：Microsoft 安全中心只会扫描系统关键文件和启动项，扫描速度也是最快的。
- 完全扫描：完全扫描及扫描计算机内的所有文件，扫描速度也是最慢的。
- 自定义扫描：用户自定义扫描文件或文件夹，扫描速度取决于自定义扫描文件的数量。
- Microsoft Defender 脱机版扫描：由于某些顽固病毒无法在系统正常运行的情况下删除，使用此扫描模式会重启计算机并进入 Windows RE 环境进行病毒扫描，如图 13-26 所示。

在图 13-24 所示的【病毒和威胁防护】设置界面中，会显示有关病毒防护的有关选项，可以选择关闭与开启，如图 13-27 所示。强烈建议启用实时保护。

启用云保护之后，Microsoft 安全中心会向微软发送一些潜在的安全问题，以便能获得更好、更快的保护体验。建议启用该功能。

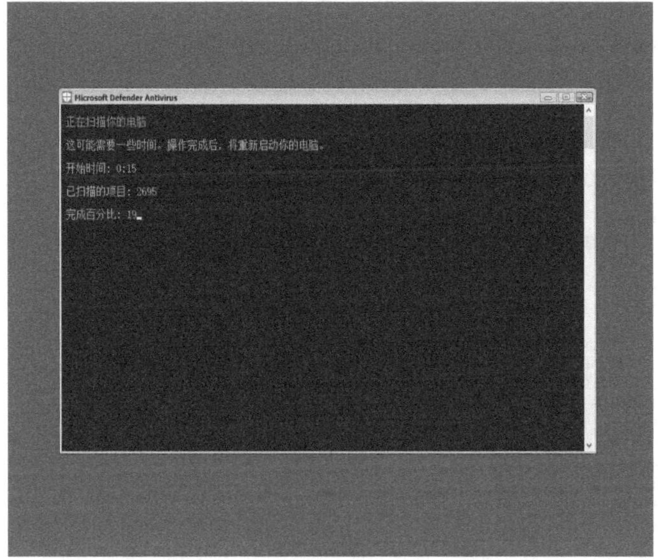

图 13-26　Microsoft Defender 脱机版扫描

图 13-27　病毒与威胁防护设置

■ 自动提交样本

自动提交样本的主要功能是向微软发送检测到的恶意软件信息以便进行分析。建议开启此选项。同时也可以手动通过网页提交样本。

■ 篡改防护

防止恶意程序修改重要的安全功能，主要用了防止恶意程序关闭 Windows 安全中心相关功能。

■ 文件夹限制访问

防止恶意程序对计算机中的文件、文件夹以及内存区域进行修改。

■ 排除项

排除设置中包含文件、文件夹、文件类型、进程 4 种排除选项，如图 13-28 所示。如果对计算机某些位置的安全情况有所了解，可以选择【文件夹】选项，在扫描时排除这些位置，以加快扫描速度。如果计算机上有大量的视频文件或图片，可以使用【文件】或【文件类型】排除选项，排除此类文件。

图 13-28 排除项

Microsoft Defender 在扫描时也会扫描当前操作系统运行的进程，用户可以使用【进程】排除选项，排除某些安全的进程来提高扫描速度。排除的进程只能是 EXE、COM 和 SCR 程序创建的进程，手动输入进程的名称即可。

■ 通知

Microsoft 安全中心会发送包含重要安全信息的通知，可在该设置中修改通知内容。

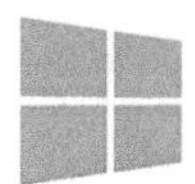

当 Windows 10 检测到病毒或恶意软件时，会在桌面右上角弹出提示窗口，并伴有声音提示，如图 13-29 所示。

单击弹出的提示之后，自动打开 Windows 安全中心中的【病毒与威胁防护】模块，在其中选择【扫描历史记录】→【查看完整历史记录】，可以查看病毒的具体情况，如图 13-30 所示。

图 13-29　Microsoft Defender 提示框提示

Microsoft Defender 的警报级别有如下 4 种。

- 严重：表示检测到病毒文件，它会大规模传播并且会造成计算机瘫痪。推荐用户删除文件。
- 高：表示检测到危害性很强的恶意软件，类似于木马程序。推荐用户删除文件。
- 中：表示检测到一般性恶意软件，也就是普通的恶意软件，推荐用户将文件隔离。
- 低：表示检测到恶意软件的行为，总体来说安全，用户可以查看文件详细信息来确定安全性。

图 13-30　显示详细信息

在更新选项中可以看到关于 Microsoft Defender 更新的一些信息，也可以手动更新病毒库，如图 13-31 所示。Microsoft Defender 通过操作系统的 Windows 更新自动更新病毒库。

图 13-31　更新

13.3.3　设备性能与运行状况

在【设备性能与运行状况】中，会显示包括 Windows 更新、硬盘可用空间、设备驱动程序、电池使用时间等方面的信息，如图 13-32 所示，Microsoft 安全中心会定期自动扫描计算机并生成运行报告。

图 13-32　设备性能与运行状况

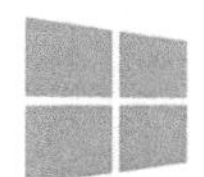

13.3.4 防火墙与网络保护

在【防火墙与网络保护】模块中，用户可以设置在某些网络模式下的防火墙策略，如图 13-33 所示。

图 13-33　防火墙与网络保护

13.3.5 应用和浏览器控制

在【应用和浏览器控制】模块中，主要是有关 SmartScreen 的选项，如图 13-34 所示。SmartScreen 功能适用的对象主要有应用与文件、Microsoft Edge 浏览器以及 Microsoft 应用商店，用户可以按需选择是否启用或关闭 SmartScreen 功能。

图 13-34　应用和浏览器控制

13.3.6　家庭选项

在【家庭选项】中，主要用于设置孩子使用计算机时的行为控制、跟踪孩子活动以及游戏娱乐方面的内容，如图 13-35 所示。

图 13-35　家庭选项

13.3.7　设置

Windows 10 的 Microsoft Defender 防病毒功能，默认情况下无法完全关闭，即使关闭实时保护功能，Microsoft Defender 也会继续在后台保护操作系统安全。如果要完全关闭 Microsoft Defender 防病毒功能，需要使用组策略编辑器，操作步骤如下。

① 使用 Win+R 组合键打开【运行】对话框，并执行 `gpedit.msc` 命令，打开【本地组策略编辑器】。

② 在【本地组策略编辑器】中，在左侧列表中选择【计算机管理】→【管理模板】→【Windows 组件】→【Microsoft Defender】，如图 13-36 所示。

③ 如图 13-36 所示，在右侧列表中选中【关闭 Microsoft Defender 防病毒】并双击打开该策略，如图 13-37 所示，启用该策略，然后重新启动计算机或在命令提示符中执行 `gpupdate` 命令，更新策略信息即可完全关闭 Microsoft Defender 防病毒功能。

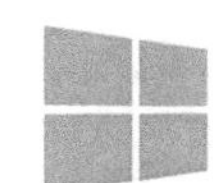

图 13-36　【本地组策略编辑器】界面

图 13-37　启用【关闭 Microsoft Defender 防病毒】策略

注意　如非必要，不要完全关闭 Windows Defender 防病毒功能，否则会提升操作系统被侵害的机率。

13.4　Windows 防火墙

自从 Windows XP SP2 操作系统中内置了 Windows 防火墙之后，其功能也更加完善，而且通过 Windows 10 网络位置的配置文件，Windows 防火墙可以灵活地保护不同网络环境下的通信安全。

使用 Windows 防火墙，再配合 Windows 自带的其他安全功能，足够保护操作系统的安全。本节主要介绍 Windows 防火墙的配置操作。

13.4.1　开启 / 关闭 Windows 防火墙

Windows 防火墙默认处于开启状态，所以用户在安装 Windows 10 之后，无需安装第三方防火墙软件，操作系统就能立即受到保护。

Windows 防火墙属于轻量级防火墙，对普通用户来说完全够用。但是对操作系统安全性要求高的专业用户，建议使用专业级别防火墙软件。虽然安装第三方防火墙之后，会自动关闭 Windows 防火墙，但是在这里还是有必要介绍一下开启或关闭 Windows 防火墙的方法。

① 在“开始”菜单中搜索关键词“防火墙”，打开防火墙设置界面，如图 13-38 所示。

图 13-38　Windows 防火墙设置界面

② 在左侧列表中选择【启用或关闭 Windows Defender 防火墙】。

③ 在自定义设置界面中，分别选中专用网络设置和公用网络设置分类下面的【关闭 Windows 防火墙】，如图 13-39 所示，然后单击【确定】即可关闭 Windows 防火墙。如要开启 Windows 防火墙，分别选中专用网络设置和公用网络设置分类下面的【启用 Windows Defender 防火墙】即可。

图 13-39 关闭 Windows 防火墙

13.4.2 Windows 防火墙网络位置类型

当安装好 Windows 10 之后，第一次连接到网络时，Windows 防火墙会自动为所连接网络的类型设置适当的防火墙和安全设置。这样可以让用户不需做任何操作，就能使所有的对网络的通信操作得到保护。Windows 10 中有 3 种网络位置类型。

■ 公用网络

默认情况下，操作系统会把新的网络连接设置为公用网络位置类型。使用公用网络位置时，操作系统会阻止某些应用程序和服务运行，这样有助于保护计算机免受未经授权的访问。

如果计算机的网络连接采用的是公用网络位置类型，并且 Windows 防火墙处于启用状态，则某些应用程序或服务可能会要求用户允许它们通过防火墙进行通信，以便让这些应用程序或服务可以正常工作。例如，当用户第一次运行迅雷时，Windows 防火墙会出现安全警报提示框，如图 13-40 所示。提示框中会显示所运行的应用程序信息，包括文件名、发布者、路径。如果是可信任的应用程序，单击【允许访问】就可以使该应用程序不受限制地进行网络通信。

图 13-40　Windows 安全警报

■ 专用网络

专用网络适合于家庭计算机或工作网络环境。Windows 10 的网络连接都默认设置为公用网络位置类型，用户可以把特定应用程序或服务设置为专用网络位置类型。专用网络防火墙规则通常要比公用网络防火墙规则允许更多的网络活动。

■ 域

此网络位置类型用于域网络（例如在企业工作区的网络）。仅当检测到域控制器时才应用域网络位置类型。此类型下的防火墙规则最严格，而且位置由网络管理员控制，因此无法选择或更改。

13.4.3　允许程序或功能通过 Windows Defender 防火墙

在 Windows 防火墙中，可以设置特定应用程序或功能通过 Windows 防火墙进行网络通信。如图 13-38 所示，在右侧选择【允许应用或功能通过 Windows Defender 防火墙】，在打开的界面中单击【更改设置】，如图 13-41 所示，然后修改应用程序或功能的网络位置类型。如果程序列表中没有所要修改的应用程序，可以单击【允许其他应用】，手动添加应用程序。

应用程序的通信许可规则可以区分网络类型，并支持独立配置，互不影响，所以这对经常更换网络环境的用户来说非常有用。

图 13-41　允许应用通过 Windows Defender 防火墙进行通信

注意　当使用进行网络连接，Windows 防火墙默认不对浏览器、Windows 应用商店等操作系统自带的应用程序网络通信设限。

13.4.4　配置 Windows 防火墙的出站与入站规则

前面介绍了 Windows 防火墙的基本配置选项，但是 Windows 防火墙的功能不仅限于此。如图 13-38 所示，在右侧列表中选择【高级设置】，打开高级安全 Windows 防火墙设置界面，如图 13-42 所示，这里才是 Windows 防火墙最核心的地方。

所谓出站规则，就是本地计算机上产生的数据信息要通过 Windows 防火墙才能进行网络通信。例如，只有将 Windows 防火墙中的 QQ 的出站规则设为允许，好友才能收到我发送的消息，反之亦然。

在【高级安全 Windows 防火墙】设置界面中，用户可以新建应用程序或功能的出站与入站规则，也可以修改现有的出站与入站规则。

出站规则和入站规则的创建方法一样，为了不重复，这里只介绍出站规则的创建步骤。

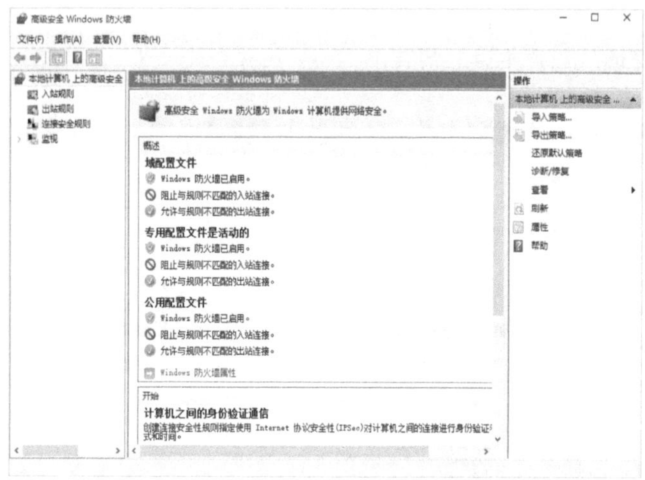

图 13-42　高级安全 Windows 防火墙

■ 创建出站规则

本节以创建 QQ 出站规则为例。

① 在图 13-42 所示的左侧列表中选择【出站规则】，然后在右边窗格栏中选择【新建规则】打开新建出站规则向导，如图 13-43 所示。

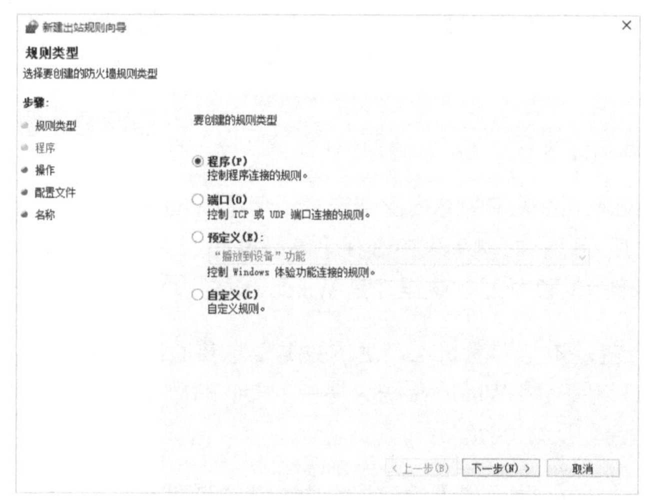

图 13-43　新建出站规则向导主界面

在创建规则类型页中，不但可以选择【程序】规则类型，还可以选择【端口】【预定义】（主要是操作系统功能）【自定义】（包括前面 3 种规则类型），这几类适合对操作系统

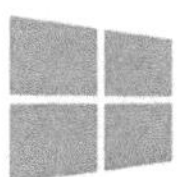

有深入了解的用户使用。

② 选择出站规则适用于所有程序还是特定程序。这里选择出站规则的对象为特定程序并填入程序路径，然后单击【下一步】，如图 13-44 所示。

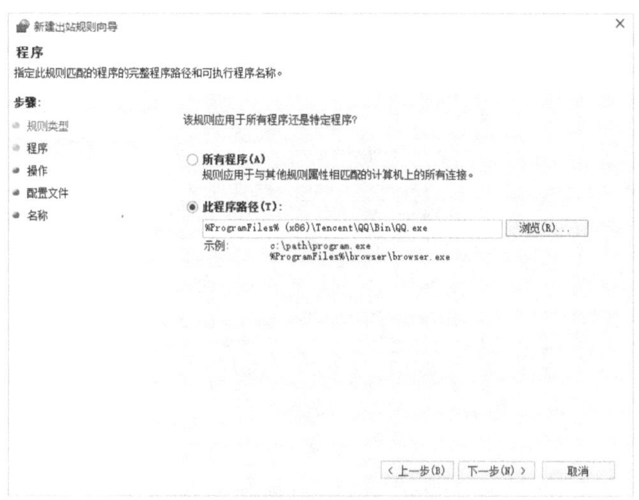

图 13-44　选择出站规则适用对象

③ 这里设置 QQ 程序进行网络通信时防火墙该采用何种操作，默认为【阻止连接】操作，如图 13-45 所示。此外还有【只允许安全连接】操作，选择此项操作可以保证网络通信中的数据安全。这里保持默认选项即可，然后单击【下一步】。

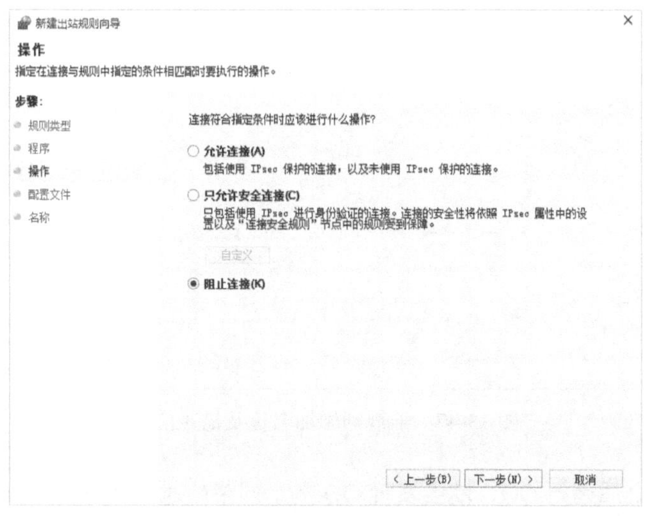

图 13-45　选择规则操作类型

④ 选择使用何种网络位置类型的网络环境时出站规则才有效，如图 13-46 所示。出站规则可以有选择地在不同网络环境中生效。这里只保留【公用】选项即可，然后单击【下一步】。

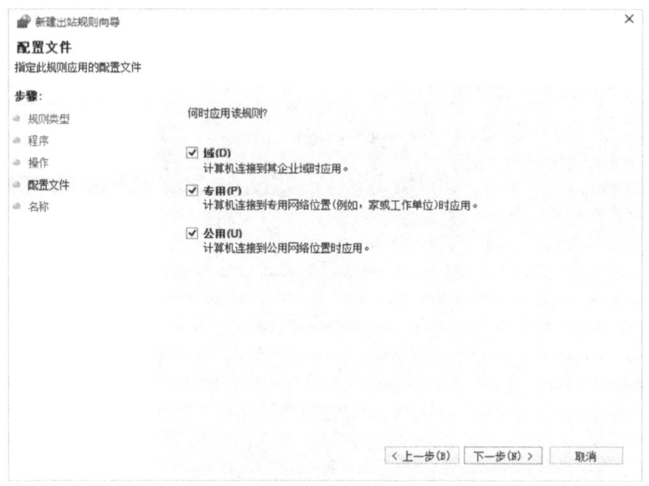

图 13-46　选择出站规则何时有效

⑤ 最后，设置出站规则名称以及描述信息，如图 13-47 所示，然后单击【完成】。

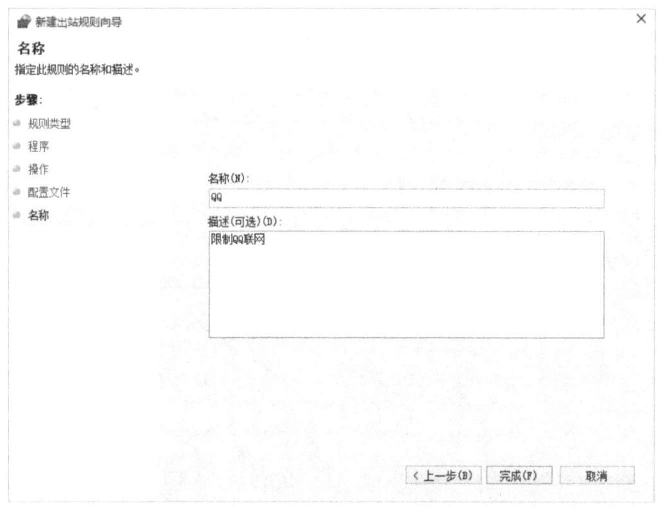

图 13-47　给规则添加名称及描述信息

设定完成规则之后运行 QQ，就会发现 QQ 提示网络超时无法登录，因此表明此出站规则已经生效。

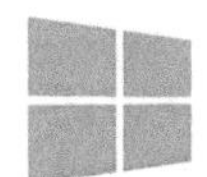

■ 修改出站规则

创建完出站规则，只需双击该规则，即可打开出站规则属性页，在此对其进行修改，如图 13-48 所示。

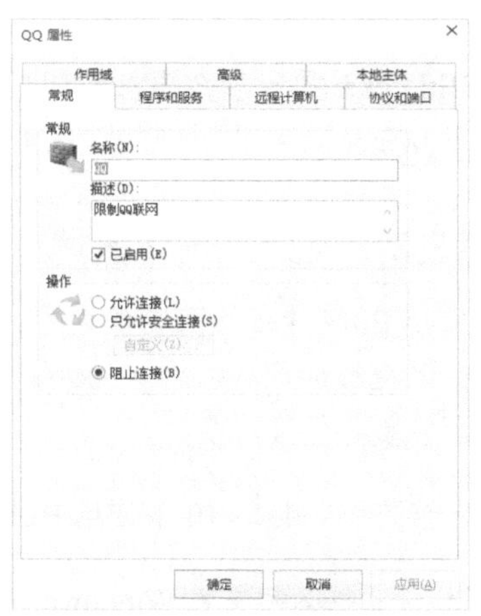

图 13-48　出站规则属性

13.4.5 Windows 防火墙策略的导出与导入

每次重新安装操作系统之后，设置 Windows 防火墙的出站与入站规则都是一件很繁琐的事情。在【高级安全 Windows 防火墙】设置界面中，可以对出站与规则进行导入和导出操作。

如图 13-49 所示，选中界面左侧树形节点顶端的【本地计算机上的高级安全 Windows 防火墙】，然后单击右键，在弹出的菜单中导入与导出策略。

图 13-49　导入 / 导出策略

注意　导入新的策略之后，原先设置的策略会全部删除。导出的策略文件以 .wfw 结尾。

13.5　BitLocker 驱动器加密

BitLocker 是一项数据加密保护功能，它可以加密整个 Windows 分区或数据分区。随着 Windows 操作系统的迭代更新，BitLocker 功能也更加完善与强大。

13.5.1　BitLocker 概述

使用 BitLocker 加密硬盘之后，可以防止被盗或丢失的计算机、可移动硬盘、U 盘上的数据被盗窃或泄漏。另外，从使用 BitLocker 加密的分区上恢复数据比从未加密分区恢复要困难得多。

若要在 Windows 10 中使用 BitLocker，必须要满足一定的硬件和软件要求。

- 计算机必须安装 Windows 10、Windows Server 2016 或 Windows Server 2019 操作系统。BitLocker 是 Windows Server 2016 与 2019 的可选功能。
- TPM 版本 1.2 或 2.0。TPM（受信任的平台模块）是一种微芯片，能使计算机具备一些高级安全功能。TPM 不是 BitLocker 的必备要求，但是只有具备 TPM 的计算机才能为预启动操作系统完整性验证和多重身份验证赋予更多安全性。
- 必须设置为从硬盘启动计算机。
- BIOS 或 UEFI 必须能在计算机启动过程中读取 U 盘中的数据。
- 使用 UEFI/GPT 方式启动的计算机，硬盘上必须具备 ESP 分区以及 Windows 分区。使用 BIOS/MBR 启动的计算机，硬盘上必须具备系统分区和 Windows 分区。

在非 Windows 分区上使用 BitLocker 有如下硬件和软件要求。

- 要使用 BitLocker 加密的数据分区或移动硬盘、U 盘，必须使用 exFAT、FAT16、FAT32 或 NTFS 文件系统。
- 加密的硬盘数据分区或移动存储设备，可用空间必须大于 64MB。

使用 BitLocker 时还需注意以下事项。

- BitLocker 不支持对虚拟硬盘（VHD）加密，但允许将 VHD 文件存储在 BitLocker 加密的硬盘分区中。
- 不支持在由 Hyper-V 创建的虚拟机中使用 BitLocker。

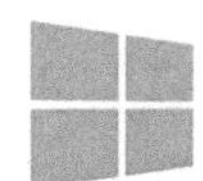

■ 在安全模式中，仅可以解密受 BitLocker 保护的移动存储设备。

■ 使用 BitLocker 加密后，操作系统只会增加不到 10% 的性能损耗，所以不必当心操作系统性能问题。

Windows 10 中，用户可以对任何数量的各类磁盘应用 BitLocker 加密，磁盘支持情况如表 13-1 所示。

表 13-1　　BitLocker 支持的磁盘类型

磁盘配置	支持	不支持
网络	无	网络文件系统（NFS） 分布式文件系统（DFS）
光学媒体	无	CD文件系统（CDFS） 实时文件系统 通用磁盘格式（UDF）
软件	基本卷	使用软件创建的RAID系统 可启动和不可启动的虚拟硬盘（VHD/VHDX）动态卷 RAM磁盘
文件系统	NTFS FAT16 FAT32 exFAT	弹性文件系统（ReFS）
磁盘连接方式	USB Firewire SATA SAS ATA IDE SCSI eSATA iSCSI（仅Windows 8之后版本支持） 光纤通道（仅Windows 8之后版本支持）	Bluetooth（蓝牙）
设备类型	固态类型磁盘。例如U盘、固态硬盘 使用硬件创建的RAID系统 硬盘	

虽然经过 BitLocker 加密的硬盘分区或移动存储设备很难被破解，但是恶意用户可以对其进行格式化操作，删除其中的所有数据。

13.5.2　BitLocker 功能特性

Windows 10 中的 BitLocker 还具备如下功能特性。

■ 安装 Windows 10 之前启用 BitLocker 加密

在 Windows 10 中，可以在安装操作系统之前，通过 WinPE（Windows 预安装环境）或 WinRE（Windows 恢复环境）使用 manage-bde 命令行工具加密硬盘分区，前提是计算机必须具备 TPM 且已被激活。

■ 仅加密已用磁盘空间

在 Windows 7 中，BitLocker 会默认加密硬盘分区中的所有数据和可用空间。在 Windows 10 中，BitLocker 提供两种加密方式，即“仅加密已用磁盘空间”和“加密整个驱动器”。使用“仅加密已用磁盘空间”可以快速加密硬盘分区。

■ 普通权限账户更改加密分区 PIN 和密码

普通权限账户需要输入加密分区的最新 PIN 或密码才能更改 BitLocker PIN 或 BitLocker 密码。用户有 5 次输入机会，如果达到重试次数限制，普通权限账户将不能更改 BitLocker PIN 或 BitLocker 密码。当计算机重新启动或者管理员重置 BitLocker PIN 或 BitLocker 密码时，计数器才能归零。

■ 网络解锁

使用有线网络启动操作系统时，可以自动解锁 BitLocker 加密的 Windows 分区（仅支持 Windows Server 2012 以上版本创建的网络）。此外，网络解锁要求客户端硬件在其 UEFI 固件中实现 DHCP 功能。

■ BitLocker 密钥可以保存在 Microsoft 账户中

BitLocker 备份密钥可以保存至 Microsoft 账户，这样可以有效防止备份密钥丢失。

13.5.3　使用 BitLocker 加密 Windows 分区

使用 BitLocker 加密 Windows 分区，默认计算机必须具备 TPM，不过 TPM 不是很流行，在普通计算机中很难见到，因此 Windows 10 也支持在没有 TPM 的计算机上加密 Windows 分区。在【运行】对话框中执行 `gpedit.msc` 命令，打开【本地组策略编辑器】，在左侧列表中依次打开【计算机配置】→【管理模板】→【Windows 组件】→【BitLocker 驱动器加密】→【操作系统驱动器】→【启动时需要附加身份验证】，

如图 13-50 所示，选择启用此策略，并确保选中【没有兼容的 TPM 时允许 BitLocker（在 U 盘上需要密码或启动密钥）】选项，然后单击【确定】。重新启动计算机或在命令提示符中执行 gpupdate 命令使策略生效。这样即可在没有 TPM 的计算机上使用 BitLocker 加密 Windows 分区。

图 13-50　配置"启动时需要附加身份验证"策略

加密 Windows 分区时，必须具备 350MB 大小的系统分区。如果没有系统分区，则 BitLocker 会提示自动创建该分区。但是创建系统分区的过程中可能会损坏存储于该分区中的文件，所以请谨慎操作。

加密 Windows 分区操作步骤如下。

① 在文件资源管理器中选择 Windows 分区，单击右键并在弹出菜单中选择【启用 BitLocker】，随后向导程序会检测当前计算机是否符合加密要求，如果检测通过，则向导程序首先会提示用户启用 BitLocker 需要执行的步骤信息，如图 13-51 所示。然后单击【下一步】。

② 此时向导程序提示用户，需要创建新的恢复分区才能加密 Windows 分区，并且提示用户注意备份重要数据，如图 13-52 所示。然后单击【下一步】继续。此时向导程

序开始创建恢复分区，并显示操作步骤，如图 13-53 所示，等待执行完成。

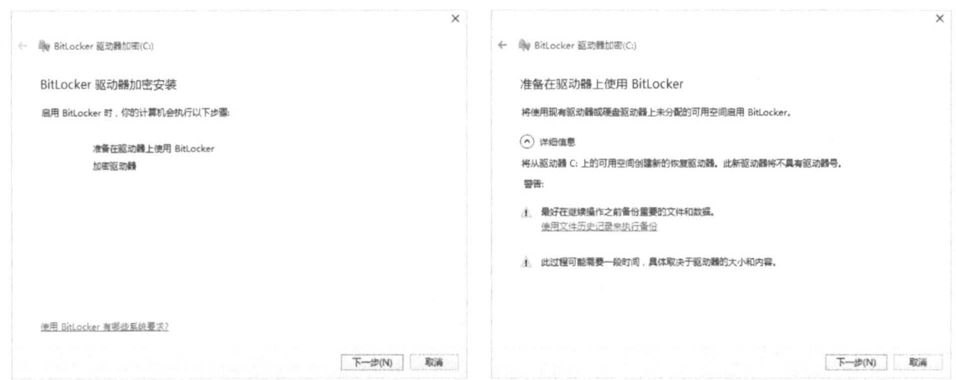

图 13-51　BitLocker 执行步骤　　　　图 13-52　BitLocker 加密准备

③ BitLocker 加密准备完成之后，会自动进入如图 13-54 所示的界面，提示用户已完成加密，单击【下一步】继续进行加密。

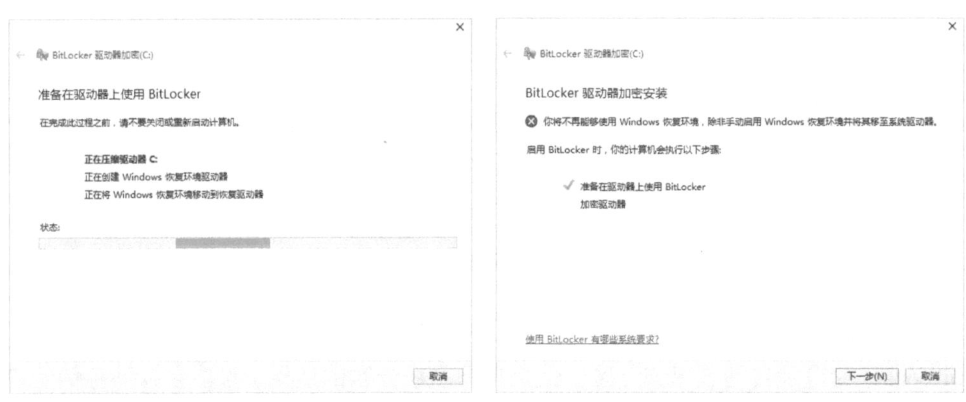

图 13-53　执行 BitLocker 加密准备　　　　图 13-54　BitLocker 加密分区

④ 此时向导程序会要求用户选择以何种方式解锁加密的 Windows 分区，默认有 U 盘和密码两种解锁方式，如图 13-55 所示。如果计算机具备 TPM 并能正常使用，则有 3 种解锁方式，分别是 PIN、U 盘、自动解锁。PIN 解锁使用 4 至 20 位的数字作为解锁密码，这也是推荐的解锁方式。U 盘解锁是使用 U 盘作为解锁工具解锁加密分区，适合对计算机安全性要求高的用户使用。自动解锁是操作系统完成解锁过程，用户无须做任何操作，适合不需要每次启动计算机都解锁的用户。Surface 平板计算机使用的就是自动解锁方式。这里以选择使用“输入密码”解锁方式为例。

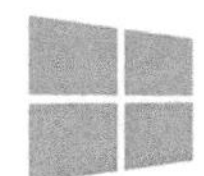

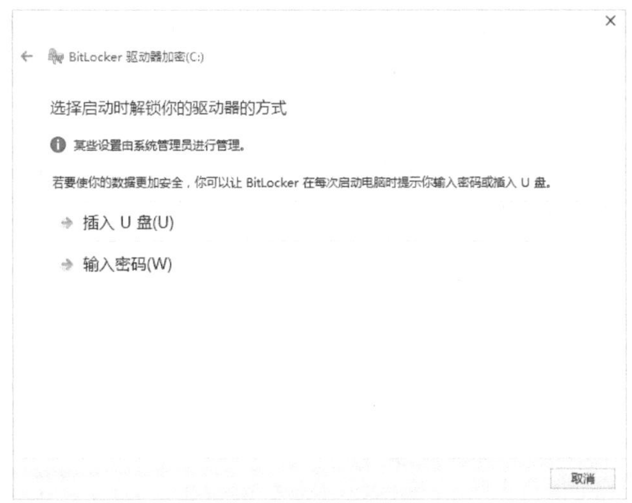

图 13-55 选择解锁方式

⑤ 如图 13-56 所示，按照提示创建解锁密码，然后单击【下一步】。如果选择使用 U 盘解锁，向导程序会要求用户插入 U 盘并在 U 盘中生成解锁信息。

图 13-56 设置解锁密码

⑥ 为了避免解锁密钥丢失而造成加密分区无法解锁，操作系统要求用户必须备份恢复密钥，并且提供了 4 种备份方式：【保存到 Microsoft 账户】【保存到 U 盘】【保存到文件】和【打印恢复密钥】，如图 13-57 所示。如果选择保存到文件，则恢复密钥不可保存至被加密的分区，也不可保存于非移动存储设备或分区的根目录。强烈建

议用户妥善保管此恢复密钥，因为如果忘记解锁密码且没有恢复密钥，将无法启动 Windows 10，只能通过重新安装操作系统才能使用计算机。建议选择【保存到 Microsoft 账户】，然后等待提示完成，单击【下一步】。

⑦ 选择加密方式。加密方式分为两种，适合不同环境的计算机，如图 13-58 所示，这里保持默认，然后单击【下一步】。

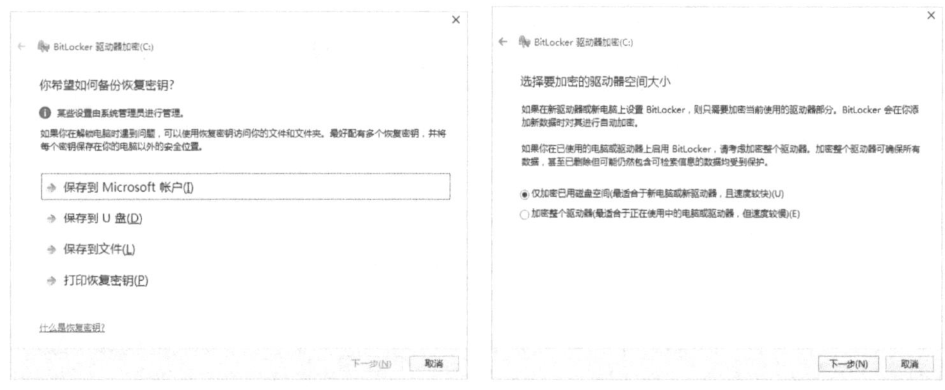

图 13-57　选择恢复密钥备份方式　　　　图 13-58　选择加密方式

⑧ 勾选【运行 BitLocker 系统检查】，操作系统会检测之前的配置是否正确，如图 13-59 所示。最后确认要加密系统分区并单击【继续】。此时操作系统提示用户需要重启计算机以完成加密分区过程。

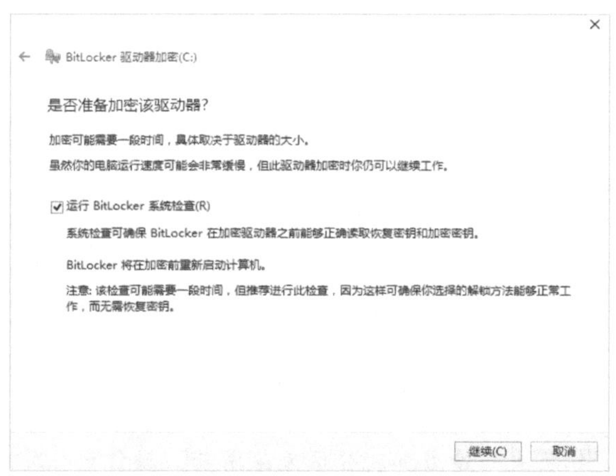

图 13-59　确认加密操作系统分区

⑨ 重新启动计算机时，操作系统会要求用户输入解锁密码，以继续启动操作系统，

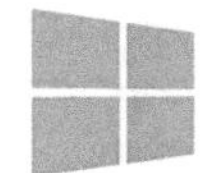

如图 13-60 所示。如果使用 U 盘解锁，则请在重新启动计算机之前插入 U 盘。重新启动计算机过程中，操作系统会自动从 U 盘中读取并验证解锁密钥，继续启动操作系统。如果没有插入 U 盘或插入的不是解锁 U 盘，则操作系统就会提示要插入正确的解锁 U 盘。

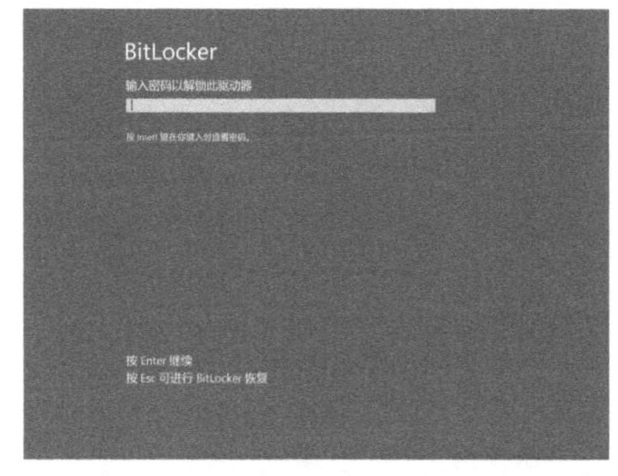

图 13-60　输入解锁密码才能启动操作系统

⑩ 重新启动计算机之后，操作系统即刻开始加密 Windows 分区，如图 13-61 所示。

加密完成之后，打开文件资源管理器，就会发现 Windows 分区的图标上多了一把解开的锁，如图 13-62 所示，代表此分区受 BitLocker 加密保护并已解锁。

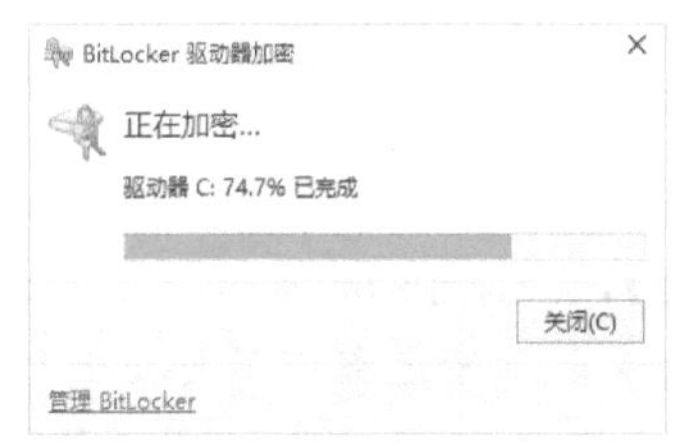

图 13-61　正在加密 Windows 分区

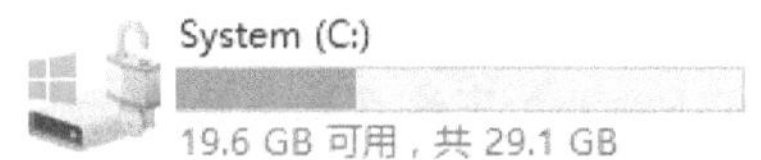

图 13-62　Windows 分区已经解锁图标

13.5.4　使用 BitLocker To Go 加密移动存储设备

加密本地硬盘使用 BitLocker，而加密可移动存储设备使用的是 BitLocker To Go。两种程序的加密过程相同。使用 BitLocker To Go 对移动存储设备加密是 BitLocker 的重要功能之一。从安全角度来说，移动存储设备是易感染对象，所以保护 U 盘等移动存储设备免受病毒感染也被广大用户所重视，尤其是学生用户。

加密本地硬盘数据分区和使用 BitLocker To Go 加密移动存储设备的操作步骤一样，所以本节只介绍移动存储设备的加密过程并以加密 U 盘为例。

使用 BitLocker To Go 加密 U 盘操作步骤如下。

① 在文件资源管理器中，在 U 盘上单击右键并在弹出菜单中选择【启用 BitLocker】，BitLocker 加密向导会检测该 U 盘是否适合加密，然后要求用户选择 U 盘解锁方式。这里有两种方式，即密码解锁和智能卡解锁，如图 13-63 所示。选择密码解锁后设置解锁密码，并单击【下一步】。

② 和加密 Windows 分区一样，必须要备份恢复密钥，如图 13-64 所示，根据需要选择相应的备份方式，然后单击【下一步】。

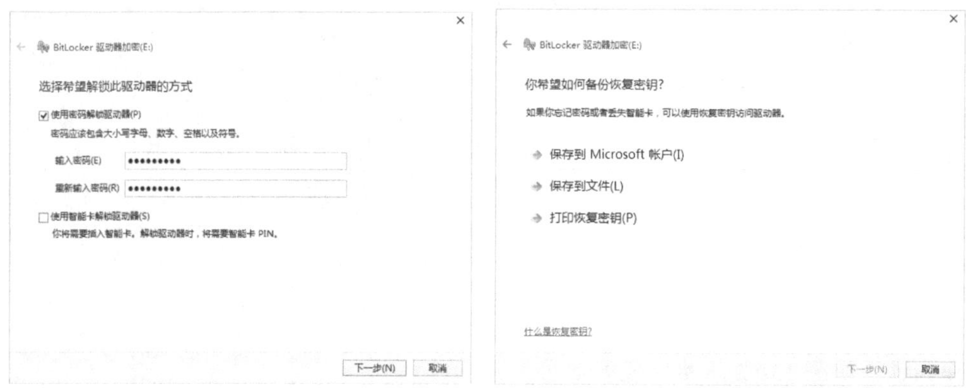

图 13-63　选择 U 盘解锁方式并设置密码　　图 13-64　选择备份恢复密钥方式

③ 选择 U 盘加密方式，按需选择即可。这里保持默认设置，然后单击【下一步】，如图 13-65 所示。

④ 最后确认要加密的 U 盘，然后单击【开始加密】，如图 13-66 所示。此时操作系统开始加密 U 盘，加密速度取决于 U 盘中的文件数量。加密过程中不要拔出 U 盘，否则可能会损坏文件。

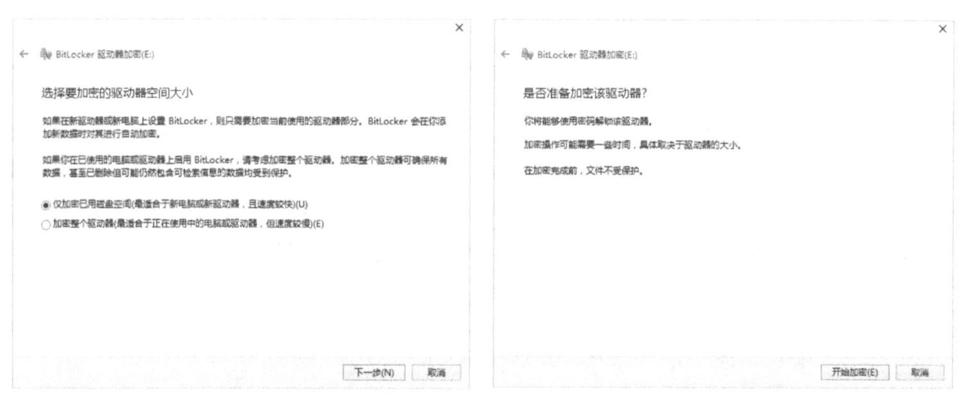

图 13-65　选择 U 盘加密方式　　图 13-66　确认加密 U 盘

加密完成之后，打开文件资源管理器，U 盘的图标上多了一把解开的灰锁，这就表明此设备已被解锁，如果 U 盘图标上是一把黄色的锁，如图 13-67 所示，则表明此设备当前未被解锁。

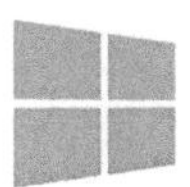

经过加密的移动存储设备可以在任何安装了 Windows 7/8/10 的计算机上随意使用。但是对于安装了 Windows XP SP2、Windows XP SP3、Windows Vista 的计算机，必须要借助 BitLocker To Go 阅读器才能读取移动存储设备中的数据，如图 13-68 所示，而且移动存储设备使用的文件系统必须是 FAT16、FAT32 或 exFAT 才可被识别。如果移动存储设备使用 NTFS 文件系统，则打开设备时操作系统会提示需要格式化该设备。BitLocker To Go 阅读器不允许对加密设备中的数据进行除读取外的其他操作，如图 13-69 所示。

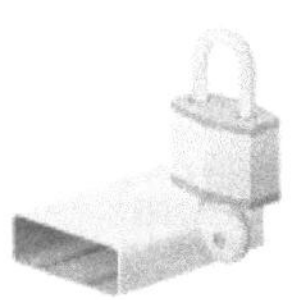

图 13-67　U 盘加密后的图标

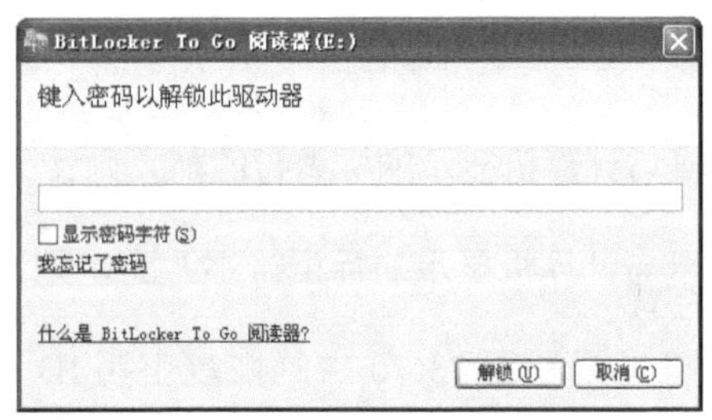

图 13-68　BitLocker To Go 解锁界面

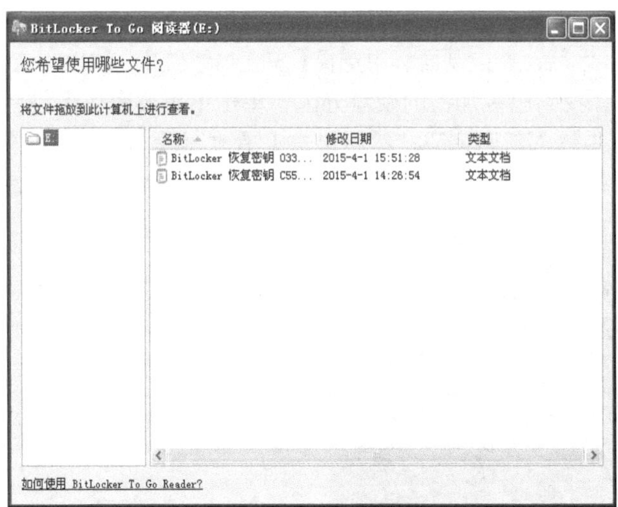

图 13-69　BitLocker To Go 阅读器界面

13.5.5　管理 BitLocker

通过 Windows 10 自带的 BitLocker 管理选项，可以更加方便地使用 BitLocker 加密功能。

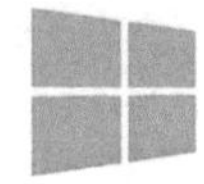

1. 使用恢复密钥解锁 Windows 分区

用户在某些情况下会忘记解锁密码，不过如果用户在加密过程中已经备份过恢复密钥且没有丢失，则完全不必担心这种情况。

如果忘记 Windows 分区的解锁密码，可以在输入解锁密码的界面中，按下 Esc 键进入 BitLocker 恢复界面，如图 13-70 所示。打开之前备份的恢复密钥文本文件，每个恢复密钥都有唯一的标识符，用以区别加密分区，恢复密钥文件名中也包含该标识符。

要验证这是否为正确的恢复密钥，请将以下标识符的开头与计算机上显示的标识符值进行比较。

如果标识符与计算机显示的标识符匹配，则使用密钥解锁你的驱动器。

如果标识符与计算机显示的标识符不匹配，则该密钥不是正确密钥。

核对标识符是否和图 13-70 中的恢复密钥 ID 相同，然后找到【恢复密钥】字段下的 48 位的恢复密钥，输入恢复密钥，如果恢复密钥正确，操作系统即可正常启动。

2. 更改密码

进入 Windows 10 之后，在控制面板中选择【安全与系统】→【BitLocker 驱动器加密】，如图 13-71 所示，找到已被加密的硬盘分区，单击【更改密码】，在打开的【更改启动密码】对话框中输入新旧密码，然后单击【更改密码】，如图 13-72 所示。如果忘记解锁密码，则单击【重置已忘记的密码】，并按照提示创建新解锁密码。

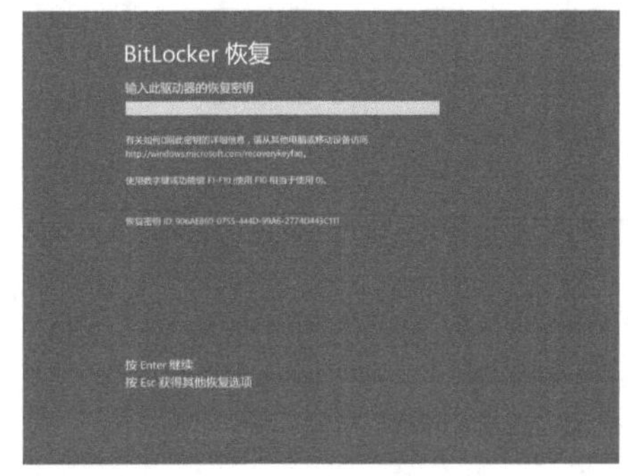

图 13-70　BitLocker 密钥恢复界面

图 13-71　BitLocker 管理界面

3. 暂停保护

暂停保护就是暂停对 Windows 分区的加密保护功能，那么什么时候需要暂停保护呢？

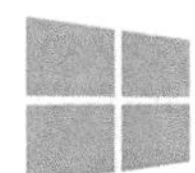

- BISO/UEFI 固件更新。
- TPM 更新。
- 修改启动项，例如在 BCD（启动配置数据）文件中添加其他操作系统引导项。

单击图 13-71 中的【暂停保护】，在打开的提示框中确认暂停操作，然后单击【是】，如图 13-73 所示。此时 Windows 分区将暂停加密保护功能。完成上述操作之后，重新选择恢复保护即可。如果忘记恢复保护，那么操作系统会在下次重新启动计算机时，自动恢复对 Windows 分区的加密保护。

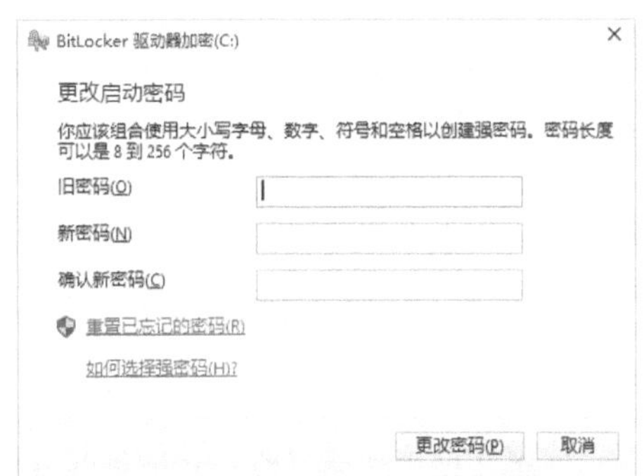

图 13-72　修改 BitLocker 密码

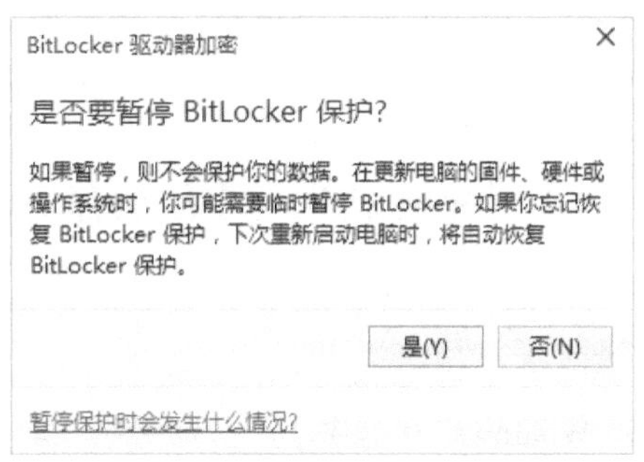

图 13-73　挂起 BitLocker 保护

4. 自动解锁

如果在常用的计算机上经常使用已被 BitLocker To Go 加密的移动存储设备，则可设置该设备在插入计算机时自动完成解锁。自动解锁功能只能用于硬盘分区和移动存储设备，如图 13-74 所示，用户只需选择【启用自动解锁】即可。同时，用户也可以在硬盘分区或移动存储设备解锁界面中勾选【在这台计算机上自动解锁】选项，即可启用自动解锁功能。

图 13-74　BitLocker To Go 加密驱动器管理界面

5. 备份恢复密钥

如果用户不慎丢失了备份的解锁密钥文件，但能解锁硬盘分区或移动存储设备，则可以对其进行重新备份。如图 13-71 所示，单击【备份恢复密钥】，然后按照提示完成即可。

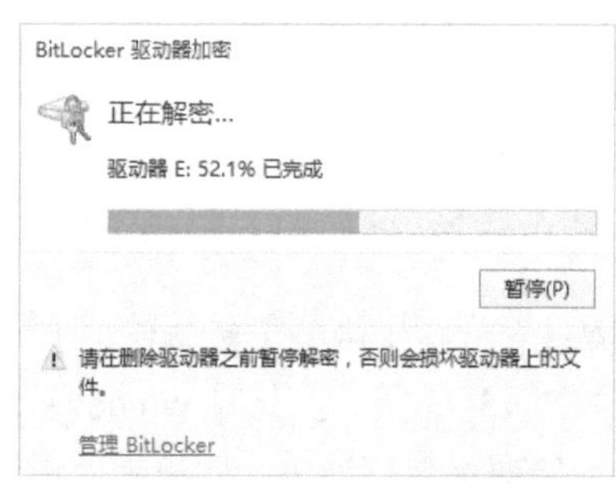

图 13-75 解锁被加密的驱动器

6. 关闭 BitLocker

在不需要使用 BitLocker 加密功能时，可以单击图 13-71 中的【关闭 BitLocker】选项，确认关闭 BitLocker 操作之后，操作系统开始解锁硬盘分区或移动存储设备，如图 13-75 所示。等待解锁完成即可完全关闭对该设备的 BitLocker 加密功能。

7. 重新锁定硬盘分区或移动存储设备

如果解锁硬盘分区或移动存储设备之后，要对其重新锁定，则必须重新启动计算机或重新插入移动存储设备。

不过 Windows 10 提供了一个命令行工具可以快速重新锁定硬盘分区或移动存储设备。如图 13-76 所示，在命令提示符中执行如下命令。

```
manage-bde e: -lock
```

其中 e: 为所要重新锁定设备的盘符。

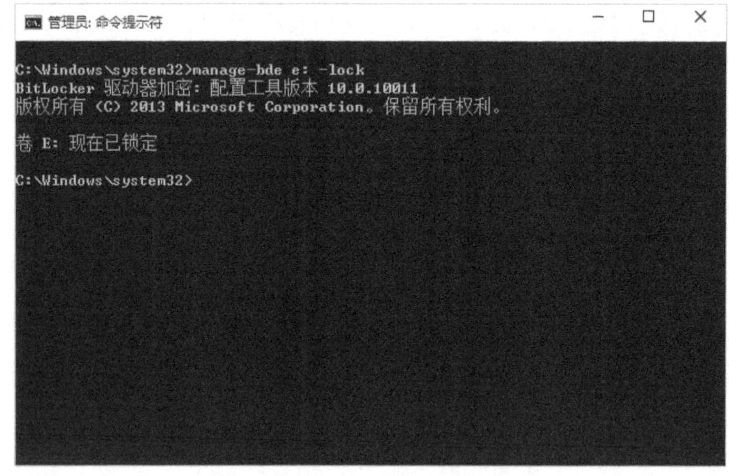

图 13-76 重新锁定驱动器

13.6 应用程序控制策略

有时候用户可能出于各种理由需要限制某些应用程序的运行，但是传统的第三方软件又不是很好用，此时可以通过修改应用程序名而跳过限制。

Windows 10 中的 AppLocker 可以说是一款完美的应用程序限制工具，通过简单的设置即可限制应用程序运行。

13.6.1 AppLocker 概述

AppLocker 可以帮助用户制定策略，限制运行应用程序和文件，其中包括 EXE 可执行文件、批处理文件、MSI 文件、DLL 文件（默认不启用）等。

Windows 10 自带的软件限制策略功能只对所有计算机用户起作用，不能对特定账户进行限制。而使用 AppLocker 可以为特定的用户或组单独设置限制策略，这也使 AppLocker 可以更灵活地应用于各种计算机环境。

AppLocker 主要通过 3 种途径来限制应用程序运行，即文件哈希值、应用程序路径和数字签名（数字签名中包括发布者、产品名称、文件名和文件版本）。

AppLocker 规则行为只有两种。

■ **允许**

指定允许哪些应用程序或文件可以运行或使用，以及对哪些用户或用户组开放运行权限，还可以设置例外应用程序或文件。

■ **拒绝**

指定不允许哪些应用程序或文件运行或使用，以及对哪些用户或用户组拒绝运行，还可以设置例外应用程序或文件。

按下 Win+R 组合键，在【运行】对话框中执行 `secpol.msc` 命令，打开【本地安全策略】编辑器，然后选择【应用程序控制策略】→【AppLocker】，如图 13-77 所示。

AppLocker 只适用于 Windows 10 企业版，虽然在 Windows 10 专业版中可以创建 AppLocker 规则，但这些规则无法运行。

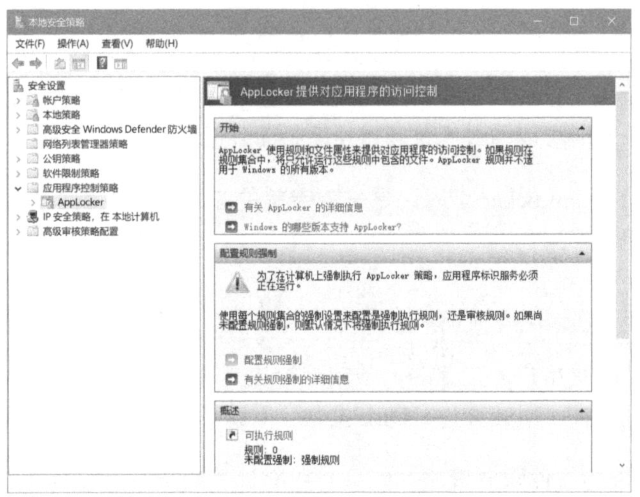

图 13-77　AppLocker 主界面

13.6.2　AppLocker 默认规则类型

AppLocker 默认可以对 5 种类型的应用程序或文件设置限制策略，默认情况下只启用 4 种规则。

1. 可执行规则

在可执行规则下，可以对 EXE 和 COM 等格式的文件以及与应用程序相关联的任何文件设置限制规则。由于所有可执行规则集合的默认规则都基于文件夹的路径，因此这些路径下的所有文件都可运行或使用。表 13-2 所示为可执行规则集合的默认规则。

表 13-2　可执行规则集合的默认规则

目的	名称	用户	规则条件类型（AppLocker路径变量）
允许本地Administrators组的成员运行所有应用程序	（默认规则）所有文件	BUILTIN\Administrators	路径：*
允许所有用户组的成员运行位于Windows文件夹中的应用程序	（默认规则）位于Windows文件夹中的所有文件	每个人	路径：%WINDIR%*
允许所有组的成员运行位于Program Files文件夹中的应用程序	（默认规则）位于Program Files文件夹中的所有文件	每个人	路径：%PROGRAMFILES%*

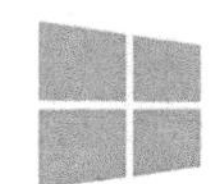

2. Windows 安装程序规则

Windows 安装程序规则主要针对 MSI、MSP 和 MSP 格式的 Windows 安装程序设置限制规则。表 13-3 所示为 Windows 安装程序规则集合的默认规则。

表 13-3　　Windows 安装程序规则集合的默认规则

目的	名称	用户	规则条件类型（AppLocker路径变量）
允许本地Administrators组的成员运行所有Windows Installer文件	（默认规则）所有Windows Installer文件	BUILTIN\Administrators	路径：*.*
允许所有用户组的成员运行数字签名的Windows Installer文件	（默认规则）所有数字签名的Windows Installer文件	每个人	发布者：*（所有签名文件）
允许所有用户组的成员运行位于%systemdrive%\Windows\Installer中的所有Windows Installer文件	（默认规则）%systemdrive%\Windows\Installer中的所有Windows Installer文件	每个人	路径：%WINDIR%\Installer*

3. 脚本规则

在脚本规则下，可以对 PS1、BAT、CMD、VBS、JS 等格式的脚本文件设置限制策略。表 13-4 所示为脚本规则集合的默认规则。

表 13-4　　脚本规则集合的默认规则

目的	名称	用户	规则条件类型（AppLocker路径变量）
允许本地Administrators组的成员运行所有脚本	（默认规则）所有脚本	BUILTIN\Administrators	路径：*
允许所有用户组的成员运行位于Windows文件夹中的脚本	（默认规则）位于Windows文件夹中的所有脚本	每个人	路径：%WINDIR%*
允许所有用户组的成员运行位于Program Files文件夹中的脚本	（默认规则）位于“程序文件”文件夹中的所有脚本	每个人	路径：%PROGRAMFILES%*

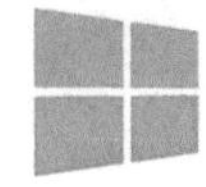

4. 封装应用规则

此规则主要是针对 Windows 应用设置限制策略。表 13-5 所示为封装应用规则集合的默认规则。

表 13-5　　封装应用规则集合的默认规则

目的	名称	用户	规则条件类型 （AppLocker 路径变量）
允许所有用户组的成员运行签名的封装应用	（默认规则）所有签名的封装应用	每个人	发布者：*（所有签名文件）

5. DLL 规则

在 DLL 规则下，可以对 DLL、OCX 等文件格式设置限制策略。表 13-6 所示为 DLL 规则集合的默认规则。

表 13-6　　DLL 规则集合的默认规则

目的	名称	用户	规则条件类型 （AppLocker路径变量）
允许本地Administrators组的成员加载所有DLL	（默认规则）所有DLL	BUILTIN\Administrators	路径：*
允许所有用户组的成员加载位于Windows文件夹中的DLL	（默认规则）Microsoft Windows DLL	每个人	路径：%WINDIR%*
允许所有用户组的成员加载位于Program Files文件夹中的DLL	（默认规则）位于“程序文件”文件夹中的所有 DLL	每个人	路径：%PROGRAMFILES%*

默认状态下用户不能对 DLL 文件设置限制策略，因为 DLL 属于应用程序运行必备文件。如果使用 DLL 规则，则 AppLocker 会检查每个应用程序加载的 DLL 文件，这样就会导致应用程序打开缓慢，影响用户体验。

在图 13-77 所示的 AppLocker 节点上单击右键，在弹出菜单中选择【属性】，在 AppLocker 属性页的【高级】选项卡中勾选【启用 DLL 规则集合】，如图 13-78 所示，然后单击【确定】，即可启用 DLL 规则。

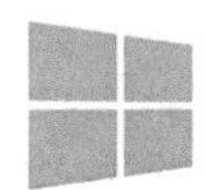

13.6.3 开启 Application Identity 服务

首先启动名为 Application Identity 的服务，使 AppLocker 设置的规则生效。默认状况下，此服务需手动启动。这里将其设置为开机自动运行，才能保证限制策略的有效性。

① 按下 Win+R 组合键，在【运行】对话框中执行 `services.msc` 命令，打开【服务】配置界面，如图 13-78 所示。

② 在服务列表中双击打开 Application Identity 服务，修改【启动类型】为【自动】，如图 13-79 所示。然后单击【启动】，等待服务启动之后，单击【确定】。

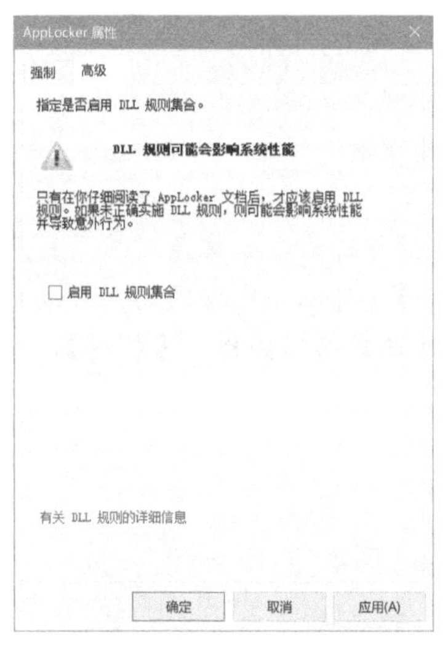

图 13-78 启用 DLL 规则集合

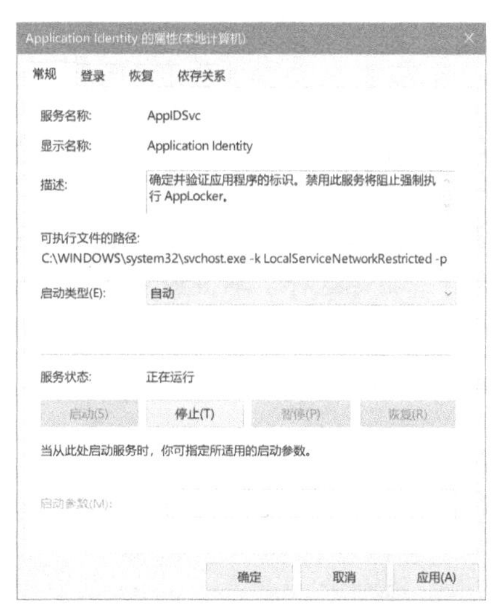

图 13-79 启动 Application Identity 服务

13.6.4 创建 AppLocker 规则

1. AppLocker 针对可执行文件的规则

该规则不仅可以对可执行文件进行限制，如不让别人在计算机中使用 QQ、玩游戏等，同时也可以防止恶意程序或病毒运行。这里以设置拒绝 Excel 程序运行规则为例，操作步骤如下。

① 在图 13-77 中单击【可执行规则】节点，然后在右侧一栏中单击右键并在弹出菜单中选择【创建新规则】。

② 创建可执行规则向导会显示一些注意事项，可以勾选【默认情况下将跳过此页】，如图 13-80 所示。下次创建规则时此页将不再显示，然后单击【下一步】。

图 13-80　创建规则注意事项

③ 在权限设置页中，可以选择 AppLocker 规则的操作行为，也就是对应用程序使用允许运行或拒绝运行。单击图 13-81 所示的【选择】，可以指定特定的用户或用户组才对此规则有效，默认对所有用户组的成员有效。这里选择操作为【拒绝】，对所有用户有效，然后单击【下一步】。

图 13-81　选择操作行为

④ 在条件设置页中，选择要用何种方式来限制应用程序或文件，如图 13-82 所示。使用【发布者】方式，应用程序必须具备有效的数字签名，推荐具备数字签名的应用程序使用此方式。使用【路径】方式，可以通过路径限制应用程序运行，如果选择文件夹，则整个文件夹下的应用程序都会受到规则的影响，推荐对经常进行更新的应用程

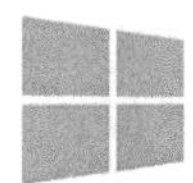

序使用此方式。使用【文件哈希值】方式，操作系统会计算应用程序或文件的哈希值，然后通过哈希值来识别应用程序，推荐对没有数字签名的程序使用此方式。这里选择条件类型为【发布者】，然后单击【下一步】。

图 13-82　选择条件类型

⑤ 使用【发布者】条件类型并选择 Excel 应用程序之后，操作系统会自动识别应用程序的数字签名信息，如图 13-83 所示。可以通过右侧的滑块来决定使用数字签名中的哪种信息来生成限制规则，默认为【文件版本】。如果勾选【使用自定义值】，可以在【文件版本】信息右侧下拉列表中选择针对程序文件版本，使用只运行此版本的应用程序、只运行此版本及以上的应用程序或此版本及以下的程序。这里保持默认即可，然后单击【下一步】。

图 13-83　选择【发布者】规则类型

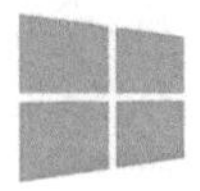

如果选择【路径】条件类型，则需要在此处选择特定应用程序或文件夹的路径，如图 13-84 所示。文件或文件夹路径可以使用通配符，例如输入 `D:\*.exe`，就会影响 D 盘下所有的 EXE 文件。

图 13-84 选择应用程序路径

如果选择【文件哈希值】条件类型，则操作系统会自动计算应用程序哈希值，如图 13-85 所示。

图 13-85 生成文件哈希值

⑥ 如果使用【发布者】或【路径】条件类型，则此处可以设置例外程序，排除于规则之外。例外程序也可以使用【发布者】【路径】【文件哈希】方式添加，如图 13-86

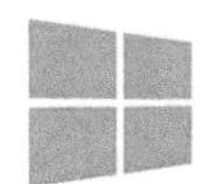

所示。如使用【文件哈希】条件类型，则不能设置例外程序。例外程序规则行为遵循：拒绝操作里的例外是允许，允许操作里的例外是拒绝。这里不设置例外程序，单击【下一步】继续。

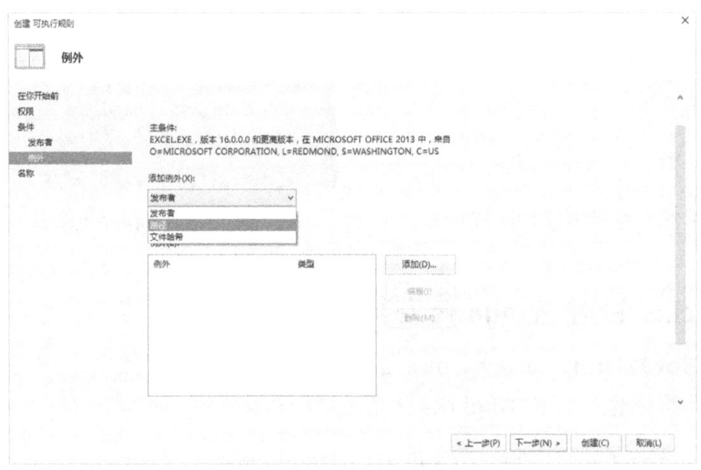

图 13-86　设置例外程序

⑦ 此页设置规则名称，以及程序受到规则影响之后的描述信息，如图 13-87 所示，然后单击【创建】。此时 AppLocker 会提示为了确保操作系统正常运行，需要创建默认规则，如图 13-88 所示。强烈建议创建默认规则，否则大部分操作系统自带的应用程序或功能可能无法使用，不管创建的规则使用的是【拒绝】还是【允许】操作行为。这里单击【是】，创建默认规则。

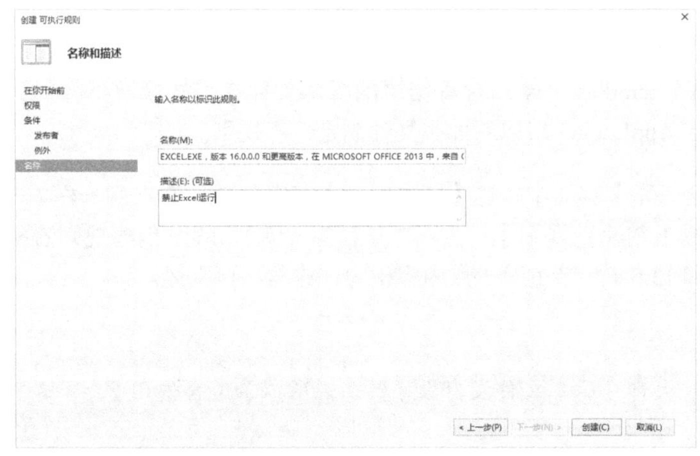

图 13-87　修改规则名称或添加描述信息

创建完规则之后运行 Excel，此时操作系统提示该程序已被管理员阻止运行，如图 13-89 所示。

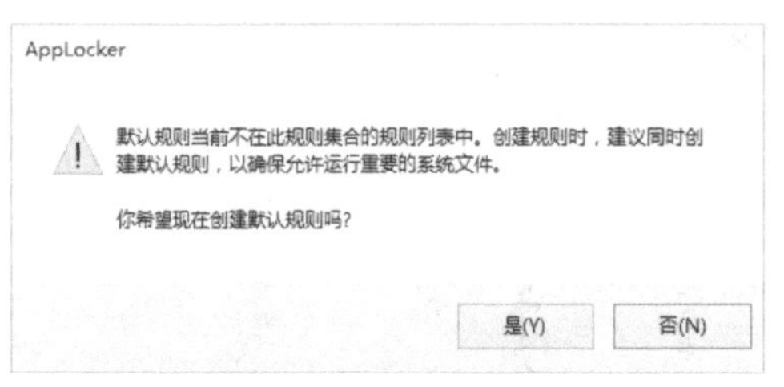

图 13-88　提示创建默认规则

图 13-89　程序无法运行提示

2. AppLocker 针对 Windows 安装程序的规则

部分安装程序是以 .msi、.msp 和 .mst 结尾，由 Windows 安装程序来安装此类应用程序。此类应用程序也可以由 AppLocker 制定运行规则。

在【本地安全策略】界面中单击【Windows 安装程序规则】节点，然后在右侧单击右键并在弹出菜单中选择【创建新规则】，单击【下一步】，跳过创建规则流程简介。剩下的操作步骤和 13.6.4 小节的第 1 点内容相同，这里不再赘述。

如图 13-90 所示，被限制的 Windows 安装程序运行时会出现此错误提示。

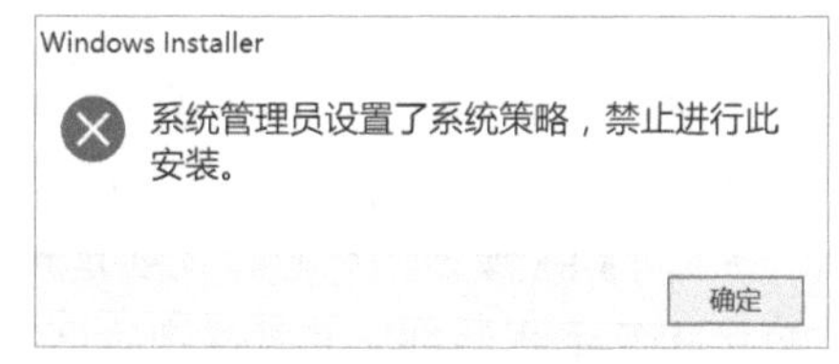

图 13-90　运行 Windows 安装程序错误提示

3. AppLocker 针对脚本文件的规则

以 .ps1 、.bat 、.cmd 、.vbs 、.js 等结尾的脚本文件在某些情况下会对计算机造成危害，所以使用 AppLocker 可以对此类文件制定运行规则。

在【本地安全策略】界面中单击【脚本规则】节点，然后在右侧一栏单击右键并在弹出菜单中选择【创建新规则】，然后单击【下一步】，跳过创建规则流程简介。剩下的操作步骤和 13.6.4 小节的第 1 点内容相同，这里不再赘述。

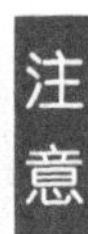

大部分脚本文件没有数字签名，所以不适合使用【发布者】条件类型。

例如对 PowerShell 脚本文件设置拒绝运行操作行为之后，当用户运行 PowerShell 脚本文件时，会出现如图 13-91 所示的错误提示。

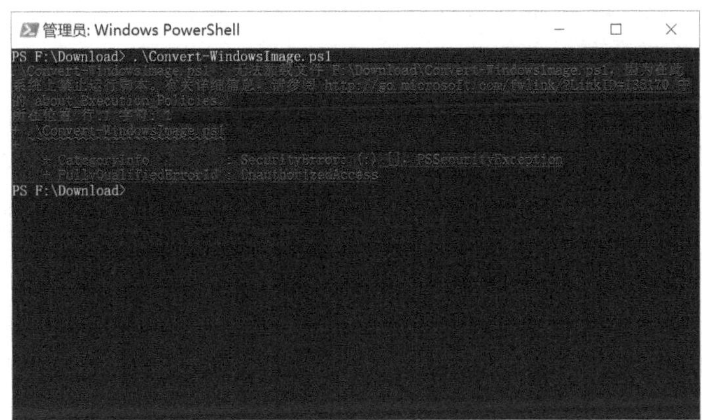

图 13-91 运行 PowerShell 脚本文件错误提示

4. AppLocker 针对 DLL 文件的规则

DLL 文件是应用程序运行必须使用的文件，限制使用此类文件，可以变相地限制应用程序运行。但是需要注意，每个 DLL 文件可能有多个应用程序在使用，也包括操作系统，所以对此类文件要慎重操作。

注意 强烈建议用户创建 DLL 默认规则，否则可能会导致大部分应用程序无法运行，不管规则使用的是【拒绝】还是【允许】操作行为。

在【本地安全策略】界面中单击【DLL 规则】节点，然后在右侧一栏中单击右键并在弹出的菜单中选择【创建新规则】。然后单击【下一步】，跳过创建规则流程简介。剩下的操作步骤和 13.6.4 小节的第 1 点内容相同，这里不再赘述。

例如对 QQ 的某个 DLL 文件使用拒绝操作行为，则用户运行 QQ 时，系统就会发出如图 13-92 所示的错误提示。

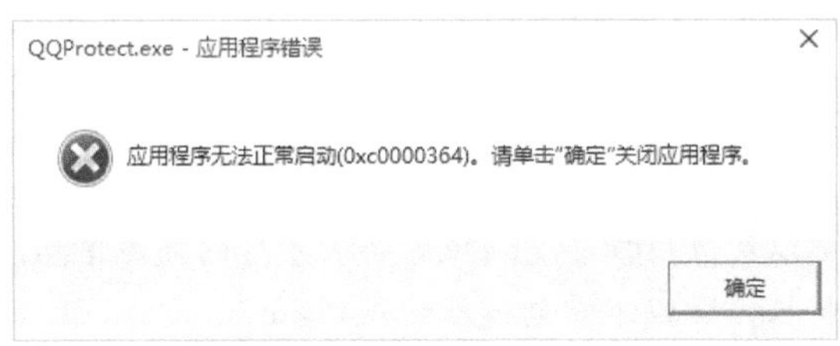

图 13-92 QQ 无法运行错误提示

5. AppLocker 针对封装应用的规则

AppLocker 还可以针对 Windows 应用制定限制策略。本节以禁用操作系统自带的天气应用为例，操作步骤如下。

① 在【本地安全策略】界面中单击【封装应用规则】节点，然后在右侧一栏单击右键并在弹出菜单中选择【创建新规则】，单击【下一步】，跳过创建规则流程简介。

② 在权限设置界面中，选择操作行为【拒绝】，规则适用用户为当前登录用户，然后单击【下一步】。

③ Windows 应用只能使用【发布者】条件类型。这里可以选择 Windows 应用的适用对象是已安装的应用，还是未安装的应用文件，如图 13-93 所示。

图 13-93　选择 Windows 应用类型

一般情况下，用户很难获得 APPX 格式的文件，所以本节只介绍如何禁止运行已安装的 Windows 应用。单击图 13-93 所示的【选择】按钮，在打开的窗口中选择想要禁止运行的 Windows 应用，这里选择 QQ 应用，如图 13-94 所示，然后单击【确定】。此时界面中会显示 Windows 应用签名信息，如图 13-95 所示，然后单击【下一步】。

④ 最后设置规则名称以及应用程序受到规则影响之后的描述信息，然后单击【创建】，由于 Windows 应用特性，所以不需创建默认规则。

图 13-94　选择已安装的 Windows 应用

图 13-95　设置 Windows 应用限制条件

13.6.5　AppLocker 规则的仅审核模式

针对规则使用仅审核模式，则 Windows 10 不强制执行该规则。当运行包含在使用拒绝行为规则中的应用程序时，该应用程序可以正常运行，有关该应用程序运行的信息会保存到 AppLocker 事件日志。所以使用仅审核模式可以记录应用程序的使用情况，

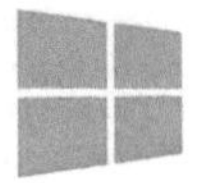

通过此模式用户可以先了解规则的执行情况，然后决定是否真正执行规则。

在本地安全策略编辑器中，右键单击 AppLocker，在弹出菜单中选择【属性】，如图 13-96 所示。在打开的【AppLocker 属性】界面中，勾选想要使用仅审核模式的规则集合，然后在下拉列表中选择【仅审核】，最后单击【确定】，如图 13-97 所示。

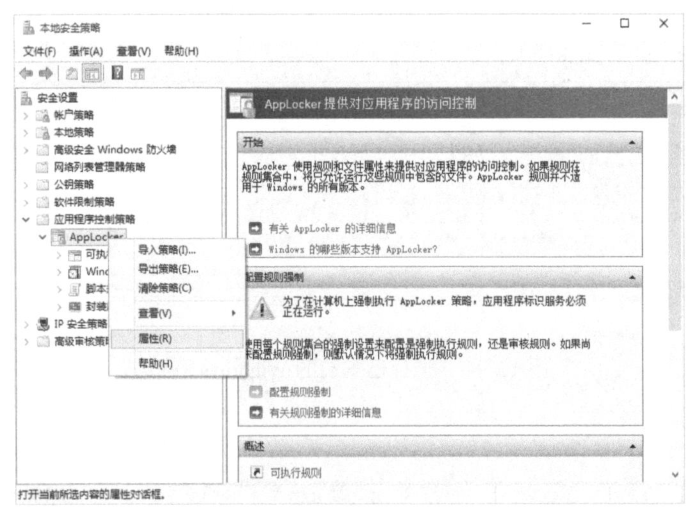

图 13-96　打开 AppLocker 属性页

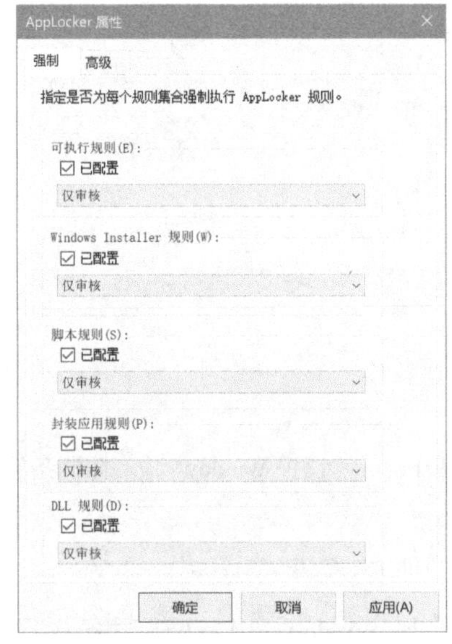

图 13-97　启用仅审核模式

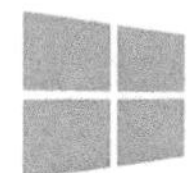

13.6.6　管理 AppLocker

1. 导出规则策略

创建完规则策略之后，可以导出规则策略对其做备份，以备不时之需。在图 13-96 中选择【导出策略】，然后选择保存路径及填写文件名，单击【确定】即可。保存的策略文件是 XML 格式。

2. 导入规则策略

如果重新安装操作系统或要在其他安装有 Windows 10 企业版的计算机使用 AppLocker 规则策略，如图 13-96 所示，选择【导入策略】，然后选择备份的规则策略文件即可。

在 Windows 10 中创建的 AppLocker 规则策略无法用于 Windows 7 之前的系统。

3. 清除所有规则

当不需要使用 AppLocker 功能时，可以清除所有设置的限制规则，以保证所有文件和应用程序正常使用。如图 13-96 所示，选择【清除策略】，等待操作系统清除完成即可。

4. 修改规则

如果需要对已经创建的规则进行修改，例如修改规则操作行为、添加例外程序，只需在规则列表中，选中双击打开修改的规则，如图 13-98 所示，修改的设置和创建该规则时的设置相同，这里不再赘述。

图 13-98　修改策略

5. 更新策略

某些情况下会导致创建的规则策略无效，此时可以通过重新启动计算机使策略生效，但这样会稍显麻烦。使用 Windows 10 自带的 gpupdate 命令行工具可以快速更新策略。

以管理员身份运行命令提示符，执行 gpupdate 命令，等待策略更新完毕。